新手学

前沿文化 / 编著

电脑组装、系统安装日常维护与故障排除

超值实用版

科学出版社
北京

内容简介

《新手学——电脑组装、系统安装、日常维护与故障排除》一书完全从学习者的角度出发，选择“最实用、最有用”的知识，让您的学习不做无用功。在讲解上采用了图解的方式，省去了复杂且不易理解的文字描述，真正做到了简单明了、直观易懂。

本书在内容选择上遵循“实用、全面”的原则，全书共包括10章，内容包括电脑的构成与组装、安装电脑操作系统、优化和备份系统、保护与拯救硬盘数据、排除电脑软硬件故障以及日常维护等知识。在讲解知识的同时，每章还设置了若干实用技巧，用于提高您应对实际问题的能力。

本书既适合刚接触电脑的初学者学习，又适合相关培训班作为教材使用。

图书在版编目（CIP）数据

电脑组装、系统安装、日常维护与故障排除/前沿文化编著. —北京：科学出版社，2013.1
（新手学）
ISBN 978-7-03-035819-6

Ⅰ. ①电… Ⅱ. ①前… Ⅲ. ①电子计算机－基本知识 Ⅳ. ①TP3

中国版本图书馆CIP数据核字(2012)第249238号

责任编辑：周晓娟　韩小溪 / 责任校对：高宝云
责任印刷：华　程 / 封面设计：彭　彭

科学出版社 出版
北京东黄城根北街16号
邮政编码：100717
http://www.sciencep.com

北京市艺辉印刷有限公司印刷
中国科技出版传媒股份有限公司新世纪书局发行　各地新华书店经销

*

2013年1月第 一 版　开本：32开（145mm×210mm）
2013年10月第二次印刷　印张：8.5
字数：310 000

定价：29.80元（含1CD价格）

Preface

前言

本书适合谁

本书主要针对刚开始使用电脑的初学者，以及会使用电脑但总会遇到问题和困扰的读者。本书从读者在日常工作、学习中的实际情况出发重在培养读者实际应用能力，努力让您做到能够全面使用电脑的各种功能，遇到问题不求人！

本书主要特点

● 内容全面 案例实用

本书系统全面地讲解了电脑系统安装的基本操作、实用技巧，完全覆盖了电脑组装与使用中最实用、最常用的功能，能够满足您工作、学习中的各种需求。

本书包含60个主题，所选内容均来源于实际应用，有的是笔者教学中的典型讲解，有的是在生活中解决问题的经验，以求使您全面掌握电脑组装与系统安装等功能。

● 讲解细致 循序渐进

本书采用了图解的方式，省去了复杂且不易理解的文字描述，真正做到了简单明了、直观易懂。

本书每章分为“新手入门”、“新手提高”和“新手问答”三部分，对不同情况的读者提供了最合适的学习方法，让您的学习有的放矢、事半功倍（具体说明请参见下页“图书阅读说明”）。

● 视频教学 资源丰富

光盘中包含书中部分实例的操作步骤，还包含书中大部分实例的多媒体视频教学演示视频，共计35个，演示时间共计140分钟，让读者可以更直观地学习如何操作。此外，为使读者能够掌握更多的知识，特赠送了《电脑安全与黑客攻防》的视频教程（光盘具体使用方法请阅读后面的“光盘使用说明”）。

致谢

最后，真诚感谢读者购买本书。您的支持是我们最大的动力，我们将不断努力，为您奉献更多、更优秀的图书！由于计算机技术发展非常迅速，加上笔者水平有限，疏漏之处在所难免，敬请广大读者和同行批评指正。

编著者

2012年10月

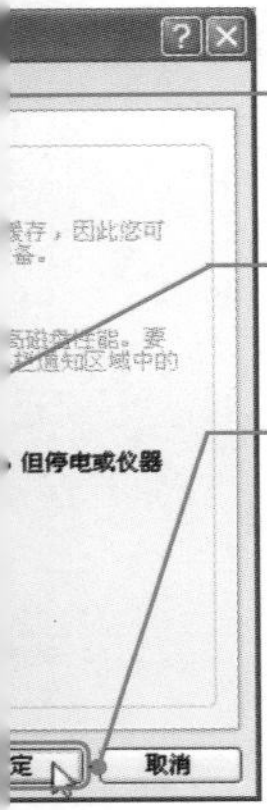

5 在弹出的对话框中选择“策略”选项卡。

6 单击“启用磁盘上的写入缓存”复选框。

7 单击“确定”按钮。

间

可以将之压缩一下，以节约磁盘空间。不过只夹，在FAT16/32分区上的文件夹是不能压缩

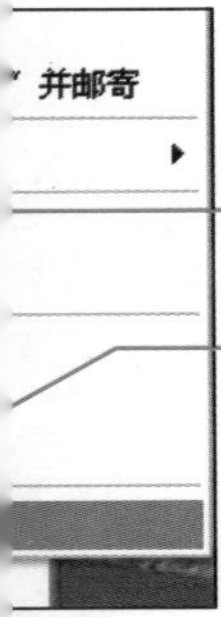

1 右击要压缩的文件夹。

2 在弹出的快捷菜单中单击“属性”命令。

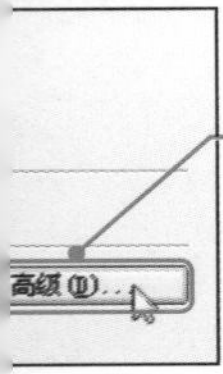

3 在弹出的对话框中单击“高级”按钮。

教您一招：压缩磁盘

不单只有文件夹可以被压缩，磁盘也可以被压缩。方脑”窗口，右击要压缩的磁盘驱动器图标，单击“属性”框中单击“压缩驱动器以节约磁盘空间”复选框，再单击

主题 2 优化系统很简单

优化Windows操作系统也很简单。系统里有很多很必要的功能和文件，可以通过优化设置将这些功能提高操作系统的运行效率。

光盘同步文件

教学文件：光盘\视频教学\第5章\新手入门：主题2 优化

1. 取消缩略图加快文件夹显示速度

Windows 系统为加快被频繁浏览的缩略图的显示示过的图片进行缓存，以达到快速显示的目的，但这资源。利用组策略关闭缩略图缓存的功能，可以增加

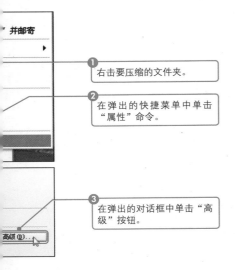

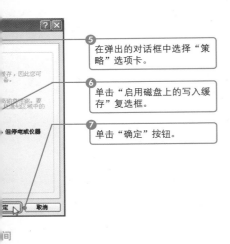

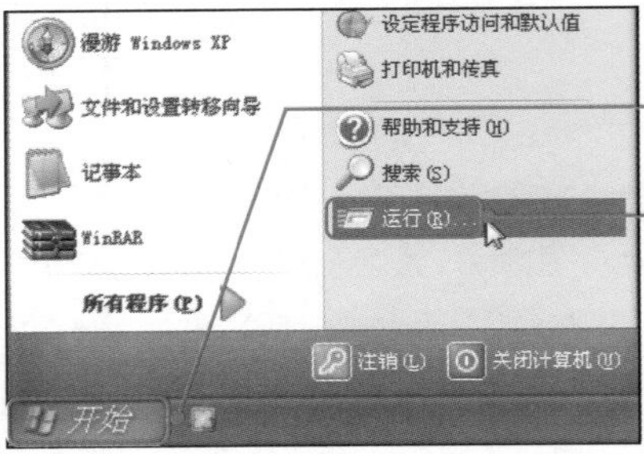

1 在桌

2 单击

专家提示

写入缓存中的数据是存放在系统内存中的，在突然数据会丢失，因为这些数据尚未及时写入硬盘。因此建给电脑添加一个不间断电源（UPS）可以保证停电后电脑足够安全关闭电脑，不至于丢失缓存内的数据。

本书采用了全新的图解写作方式进行讲解，特在此处进行简要说明。希望能够让您的阅读与学习更加轻松，学习效果事半功倍！

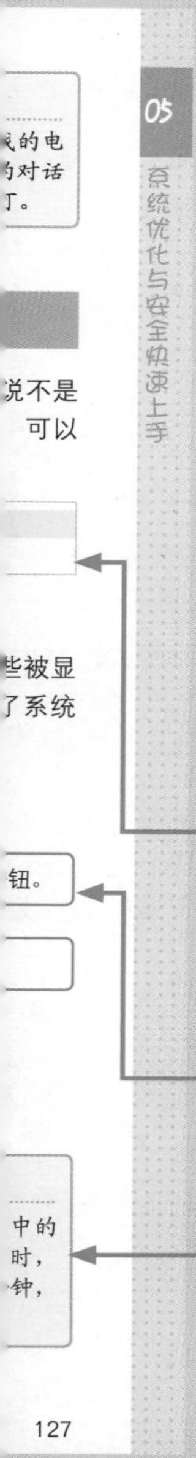

教学栏目

本书每章分为了三部分，您可以根据自己的实际情况安排学习顺序，或选择性学习。每部分通过颜色进行了区分，蓝色页面是“新手入门”，绿色页面是“新手提高”，黄色页面是“新手问答”，让您可以轻松查阅。

新手入门

讲述了最基础的知识，由浅入深地让您全面掌握电脑组装•系统安装•日常维护与故障排除，建议初学者按照顺序学习。

新手提高

安排了巩固能力和进一步提高的知识，建议初学者按照顺序学习，中高级学习者可以直接学习这部分内容。

新手问答

给初学者在操作时容易出现的疑难问题做出比较详细的解答，所选的问题都是具有代表性的，供您参考。

光盘路径

此处注明了接下来的讲解中所涉及的光盘同步文件在配套光盘中的位置。

操作步骤

按照❶❷❸……的顺序逐步操作。

学习提示

在“专家提示”栏目中主要提示初学者经常犯的错误或者需要重点注意的问题。

在“教您一招”栏目中更多地讲解了提高性的知识与技巧。

How to Use the CD-ROM

光盘使用说明

1 将光盘放入光驱

本书配套多媒体教学光盘为CD-ROM，放入任意光驱均可观看。

2 打开主界面

一般情况下，会自动弹出主界面，也可在光盘目录中双击下面的图标进入多媒体教学光盘主界面。

start.exe

注意

如果您的电脑不能正常播放，请在“3多媒体教学光盘主界面”中单击“视频播放插件安装”按钮（视频播放插件安装）。

3 多媒体教学光盘主界面

单击相应按钮可以查看多媒体教学光盘中的各项内容。

1. 可安装视频教程所需的解码程序
2. 可进入多媒体视频教学界面
3. 可查看附赠内容
4. 可浏览光盘内容
5. 可查看光盘说明
6. 有合作意向的作者可与本社联系
7. 可查看本社近期出版的畅销书目录

4 多媒体视频教学界面

在观看视频时若需调整，请用鼠标在相应位置进行如下操作。

1. 单击可打开相应视频
2. 单击可播放/暂停播放视频
3. 拖动滑块可调整播放进度
4. 单击可关闭/打开声音
5. 拖动滑块可调整声音大小
6. 单击可查看当前视频文件的光盘路径和文件名
7. 双击播放画面可进入全屏播放，再次双击便可退出全屏播放本书配套的多媒体教学光盘包括35个教学视频，播放时间共计140分钟，读者可以先阅读图书再浏览光盘，或者直接通过光盘学习。

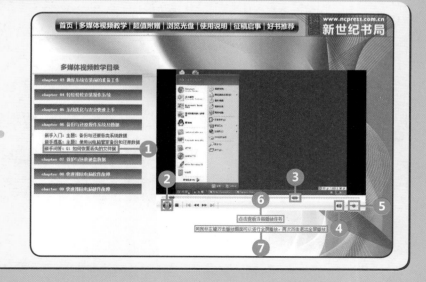

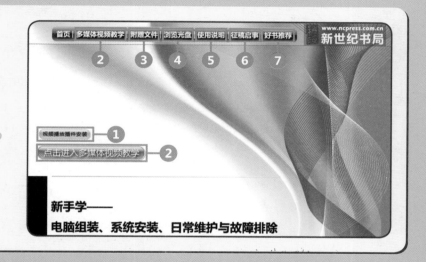

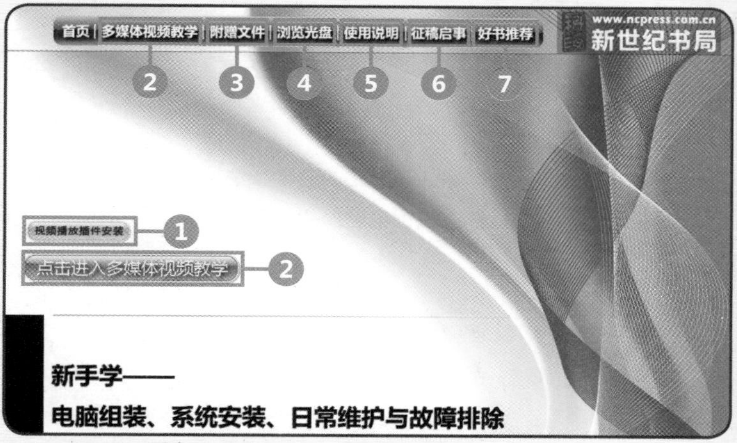

目 录

CONTENTS

此光盘图标代表有视频教程

Chapter 4 轻轻松松安装操作系统

Chapter 5 系统优化与安全快速上手

Chapter 6 备份与还原操作系统及数据

Chapter 7 保护与拯救硬盘数据

Chapter 8 快速排除电脑软件故障

Chapter 9 快速排除电脑硬件故障

Chapter 10 坚持做好电脑日常维护

CHAPTER 01 电脑构成很简单

关于本章

说起电脑，大家脑海里浮现的可能就是一台显示器、一个机箱和键盘鼠标等外部设备。其实电脑包含很多部件，尤其是机箱内，有十个左右的部件。想要自己组装一台电脑，首先就要深入了解电脑由哪些部件构成，以及这些部件的作用。

知识要点

- 认识电脑的硬件系统
- 认识电脑的软件
- 认识电脑的主要设备
- 认识电脑的外围设备

效果展示

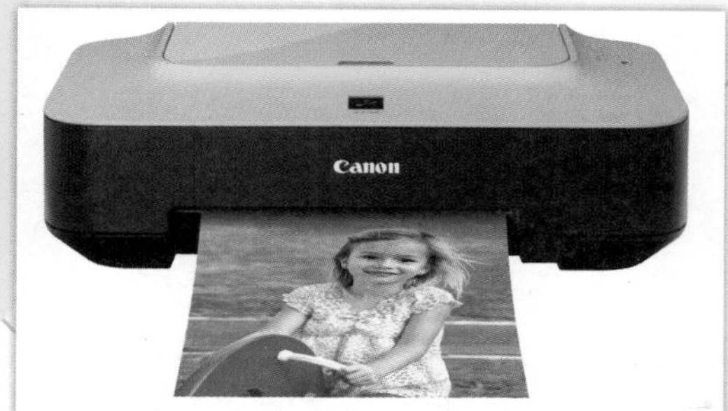

First 新手入门——必学基础

电脑是由硬件和软件两大系统组成。硬件就是大家看得见摸得着的各种设备；软件则是操作系统和各种程序，它们虽然没有实体，但却掌管着电脑硬件的运作，是电脑不可或缺的组成部分。下面就一起来详细了解电脑的这两大系统。

主题 1 快速认识电脑的硬件系统

电脑的硬件系统是一个开放的系统，简单地说，电脑就像是由一个一个“积木”搭建起来的东西。下面就来看看什么是硬件，以及电脑的硬件包括哪些。

1. 什么是硬件

硬件是指电脑系统中的所有实体部件。为什么叫“硬件”呢？这是为了与看不见摸不着的“软件”相对应。至于硬件的详细定义，读者无需深入地了解，只需要记住能够触摸到的、实实在在的组装电脑的物体，才叫做硬件。

2. 电脑的硬件系统组成

电脑硬件由主机箱和外部设备组成。主机箱内主要包括CPU、内存、主板、硬盘驱动器（通常简称“硬盘”）、光盘驱动器（通常简称“光驱”）、各种扩展卡、连接线、电源等；外部设备包括显示器、鼠标、键盘、音箱等，这些设备通过接口和连接线与主机相连。

主题 2 快速认识电脑的软件系统

如果说硬件相当于电脑的身体，那么软件就相当于是电脑的灵魂。下面就来了解什么是软件，以及电脑的软件系统包括哪些。

1. 什么是软件

软件就是一系列数据和指令的集合，这么说可能有点抽象，读者可以理解为“软件就是驱动硬件干活的命令”。与硬件相比，软件让人看不见、摸不着（我们从电脑屏幕上看见的软件，其实是一种执行结果，并非软件本身），它和硬件比起来，有以下不同点。

- 表现形式不同。硬件有形状，有颜色，有气味，摸得着，看得见，闻得到。而软件看不见，摸不着，闻不到，存在人们的脑子里，或其他存储设备上。
- 生产方式不同。软件用于实现某种思想，但实现结果通常不是具体的物体，而是一些图像、声音或文字（或其综合体），与传统意义上的硬件制造不同。
- 要求不同。硬件产品允许有误差，而软件产品却不允许有误差。
- 维护方式不同。硬件会随着时间的流逝而变得陈旧甚至损坏，而软件是不会用旧用坏的。两者的维护方式完全不同。
- 复制方式不同。世界上目前还没有能把一个物理实体原封不动复制出来的方法，但对于软件，则可以实现100%复制。打个比方，一本书的实体没有人能原封不动地复制出来，但其内容却可以。可以无限复制是软件最大的特点。

2. 电脑的软件系统组成

电脑软件的划分方法很多，不过大致上可以分为系统软件和应用软件两种。

- 系统软件负责管理电脑系统中各种独立的硬件，使得它们可以协调工作。系统软件使得用户和其他软件将电脑当作一个整体而不需要顾及到底层每个硬件是如何工作的。目前流行的系统软件是Windows XP、Windows 7以及Linux等。
- 应用软件是为了某种特定的用途而被开发的软件。它可以是一个特定的程序，如音乐播放器；也可以是一组功能联系紧密、互相协作的程序的集合，比如微软的Office办公软件；还可以是一个由众多独立程序组成的庞大的软件系统，比如数据库管理系统。

Next 新手提高——技能拓展

通过前面入门部分的学习，相信读者已经基本了解了电脑的软硬件。下面开始详细介绍电脑中的硬件设备，为下一章的“电脑组装”内容打下基础。

主题 1 图解电脑主要设备

1. CPU

CPU英文全称是“Central Processing Unit”，即“中央处理器”，它

的功能相当于人的大脑，负责处理各种指令，包括整个系统指令的执行，数学与逻辑的运算，数据的存储与传送，以及对内对外输入与输出的控制，是决定系统性能的核心部件。

（1）CPU的品牌

在市面上出售的CPU基本是Intel和AMD这两家公司的产品。Intel（英特尔）是目前全球最大的半导体芯片制造厂商，它一直居于业界的领导地位。AMD（超微）作为全球第二大微处理器芯片的供应商，多年来一直是Intel的强劲对手。两种CPU如下图所示。

（2）CPU的参数

CPU参数是对一块CPU性能的数字化标注，要选购CPU，首先要对CPU的基本参数有所了解。

- 主频：代表CPU的时钟频率，单位是MHz。主频越高表明CPU运行速度越快。
- 外频：是CPU与主板之间同步运行的速度。CPU的外频直接与内存相连通，实现两者间的同步运行状态。
- 倍频：是指CPU外频与主频之间的比值。在相同的外频下，倍频越高CPU的频率也越高。
- 前端总线：英文简写为FSB，是CPU跟外界沟通的唯一通道，处理器通过它来将运算结果传送到其他对应设备。前端总线的速度越快，CPU的数据传输就越迅速。
- 二级缓存：简称L2，是CPU中可进行高速数据交换的存储器，它先于内存与CPU交换数据。L2的容量大小对CPU的性能影响很大，也是区别CPU性能高低的参数之一。
- 制造工艺：关系着CPU的电气性能，通常以μm（微米）为单位。制造工艺越先进，CPU线路和元件越小，在相同尺寸芯片上就可以增加更多的元器件，CPU的性能自然越强大。

2. 主板

主板（Mainboard）是电脑最基本也是最重要的部件之一，它是一块方形电路板，一般有BIOS芯片、I/O控制芯片、键盘和面板控制开关接口、指示灯插接件、扩充插槽、主板及插卡的直流电源供电接插件等元件。主板上大概有6～8个扩展插槽，以便接插其他配件。通过更换这些配件，读者可以对电脑进行局部升级，如下图所示。

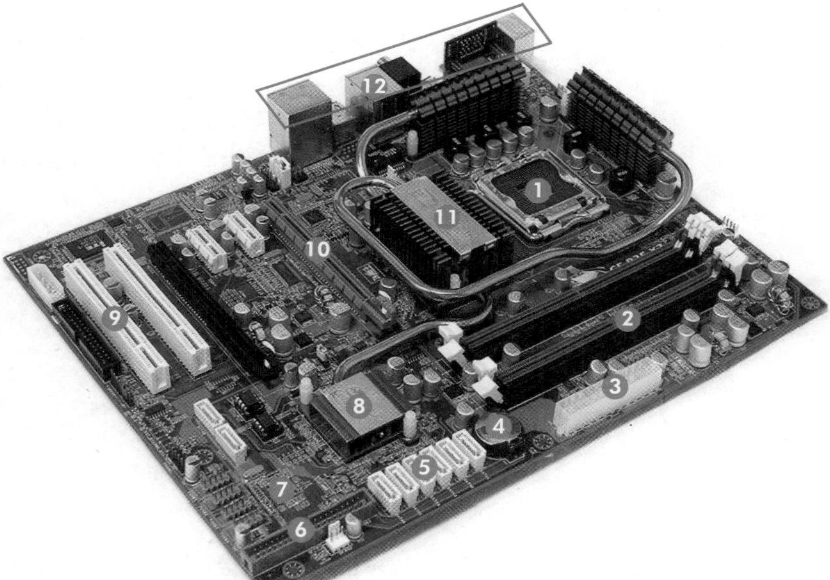

❶	CPU插座：用于安装CPU，不同类型的CPU对应的主板CPU插座也不同。
❷	内存插槽：用于安装内存。主板所支持的内存种类和容量都由内存插槽来决定的。
❸	电源插槽：是机箱电源与主板的电源接口。
❹	CMOS电池：用于在断电时保存硬件设置参数的电池。
❺	SATA插槽：用于连接外部存储设备（如硬盘、光驱等），现在的主板一般都具备IDE和SATA两种插槽。SATA接口比IDE更为先进，它拥有比IDE更高的传输速率，是目前的主流技术。
❻	IDE插槽：用来连接外部存储设备（如硬盘、光驱等），目前已逐渐让位于SATA插槽。

（续表）

❼	BIOS芯片：BIOS是“基本输入输出系统”的英文缩写，BIOS中保存着电脑中最重要的基本输入/输出程序、系统设置信息、开机上电自检程序和系统启动自检程序等。BIOS中设置好的参数要依靠COMS电池的供电才能进行保存。
❽	南桥芯片：负责支持键盘控制器、USB接口、实时时钟控制器、数据传递方式和高级电源管理等。
❾	PCI插槽：可以插接显卡、声卡、网卡等种类繁多的扩展卡，从而拓展电脑的功能。
❿	显卡插槽：是显卡与主板连接的部件。不同的接口能为显卡带来不同的性能，而且也决定着主板是否能够使用此显卡。只有在主板上有相应插槽的情况下，显卡才能使用。
⓫	北桥芯片：是CPU与外部设备之间联系的枢纽，控制主板支持的CPU类型、内存类型和容量等。由于北桥芯片集成度高，且工作量大，所以多数厂商都在北桥芯片上加装了散热块或风扇，避免电脑运行时温度过高而损坏芯片。
⓬	外设接口：电脑的外部设备都是通过主板的外设接口与主板连接的。主板的外设接口包括键盘接口、鼠标接口、显示器接口、网卡接口、USB接口、音频接口等。

3. 内存

内存又被称为主存储器，它是电脑中的主要存储设备，其性能高低会直接影响电脑的运行速度。

（1）内存的分类

根据制作工艺、性能参数等各方面的差异，内存可分为DDR、DDR2、DDR3三大类。其中DDR已经被淘汰，DDR2与DDR3是目前的主流内存。

- DDR：也称为DDR SDRAM（双数率同步动态随机存储器），由于它在时钟脉冲的上升沿和下降沿都可以传输数据，因此时钟频率可以加倍提高，传输速率和带宽也相应提高。
- DDR2：也称为DDR2 SDRAM，同样是采用在时钟上升/下降沿同时进行数据传输的方式，但DDR2内存却拥有两倍于DDR内存预读取能力。DDR2内存每个时钟能够以4倍外部总线的速度读/写数据，并且能够以内部控制总线4倍的速度运行，如下图所示。

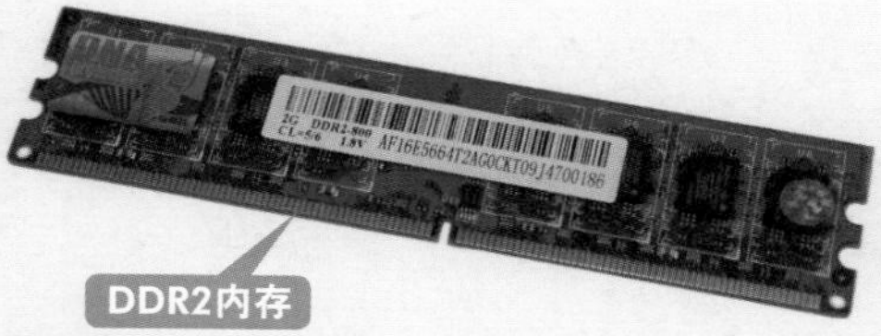

- DDR3：是目前最新的内存标准，相比DDR2内存，DDR3的工作电压从1.8V降落到1.5V，性能更好也更为省电。DDR3的频率从1066Mhz起跳，目前最高频率能够达到2400Mhz的速度。

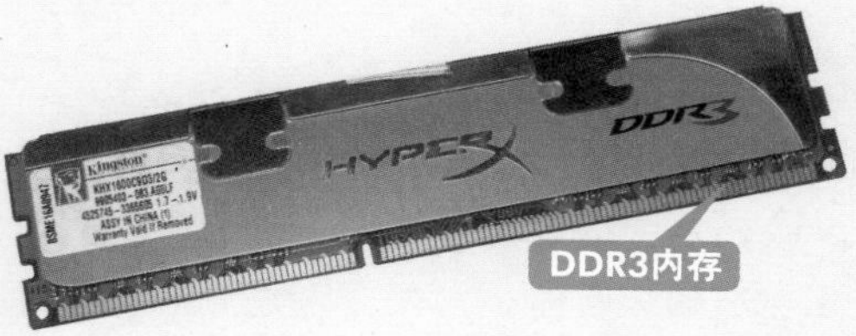

（2）内存的性能指标

内存的性能指标主要包括内存容量、时钟频率、速度、封装颗粒以及是否支持ECC效验几方面，用户在选购内存时，除了要考虑内存容量大小外，还应该参考其他参数。

- 内存的容量：表示内存可以存放数据的空间大小，容量越大，电脑单位时间内交换的数据量就越大，速度就越块。目前市面常见内存容量有2GB及4GB两种。目前主流主板多支持2～4条内存，用户选购时，在考虑单条内存容量时，也可以根据需要选择多条内存。这时电脑中内存的容量等于多条内存容量之和，如安装2条4GB内存，那么电脑的内存容量就是8GB。
- 内存频率：内存运行频率用来表示内存的速度，代表着该内存所能达到的最高工作频率，如DDR3 1333就是代表内存的最高运行等效频率，即1333MHz。

专家提示

有人认为内存的频率越高，电脑的运行速度就越快。其实这种看法是片面的，因为内存的实际运行频率并不完全是由内存本身决定的，而是由主板与CPU来决定的。例如，如果CPU只支持533MHz的内存频率，这时即使搭配DDR2 800（800MHz）内存，也只能工作在533MHz频率下，内存的性能也发挥不完全。

- 存取速度：内存速度是用存取一次数据的时间来表示，单位为纳秒，记为ns，1秒=10亿纳秒，即1纳秒=10^{-9}秒。ns值越小，表明存取时间越短，速度就越快。目前，DDR内存的存取时间一般为5ns，更快的存储器多用在显卡的显存上，如3.3ns、2.8ns等。

- 内存延迟：内存延迟通常用4个连着的阿拉伯数字来表示，例如“3-4-4-8”，它表示系统进入数据存取操作就绪状态前等待内存相应的时间。其中第一个数字表示内存读取数据所需的延迟时间（CAS Latency），即常说的CL值；第二个数字表示从内存行地址到列地址的延迟时间（tRCD）；第三个数字表示内存行地址控制器预充电时间（tRP），即内存从结束一个行访问到重新开始的间隔时间；第四个数字表示内存行地址控制器激活时间（tRAS）。一般来说，这4个数字越小，表示内存性能越好。

（3）内存的品牌

由于内存对电脑的稳定性影响重大，杂牌的内存对电脑的稳定性将有严重的影响，因此在选购内存时，必须要考虑到内存的品牌。目前市面上主流内存的品牌有金士顿、威刚、金邦、现代、三星和胜创等，下面简单地进行介绍。

- 金士顿：金士顿（Kingston）是世界第一大内存生产商，其内存具有做工精细和兼容性好的特点，金士顿内存条均提供终身质保。不过金士顿内存的“水货”偏多，购买时需注意辨别。金士顿的品牌标识如下图所示。

- 威刚：威刚（ADATA）凭借其优质的内存产品以及完善的售后服务，在近几年迅速崛起，成为许多装机爱好者的首选内存品牌。其市场份额逐年扩大的同时，也已经在消费者心中树立起了良好的产品形象。威刚内存的特点是性价比高，性能稳定。威刚的品牌标识如下图所示。

- 金邦：金邦（Geil）电子公司是中国台湾最大的IC供应商，产品除计算机内存外，还有闪存、计算机逻辑IC片等。金邦内存品质优良、超频性也非常出色，适合电脑玩家和硬件发烧友。金邦的品牌标识如下图所示。

- 现代：现代（Hynix）是韩国最大的内存芯片和内存生产厂商之一。Hynix原厂内存是Hynix公司使用自己的颗粒生产的内存。Hynix原厂内存做工优良，性能出色，而且兼容性好。现代的品牌标识如下图所示。

- 三星：三星（SAMSUNG）是韩国著名的电子生产商，能够自主生产内存芯片，这保证了三星内存的质量和稳定性，做工和超频性能也相当不错。三星的品牌标识如下图所示。

- 胜创：胜创（KingMax）科技自身不生产内存芯片，仅依靠其他厂商生产的内存芯片来生产内存，但是胜创所生产的内存性能比较优越，所以在市场上占有一席之地。胜创的品牌标识如下图所示。

4. 显卡

显卡是专门用于处理电脑显示信号的硬件，其基本作用是负责传递CPU和显示器之间的显示信号，控制电脑的图形输出。

（1）明确显卡的用途

显卡可以分为高、中、低三个级别，选购显卡首先要确定显卡的用途。

- 低端用户：低端用户主要是进行办公应用及用电脑上网和简单娱乐，因此最好选择性能稳定的集成显卡主板。这样不仅可以节约装机成本，而且也不易出现兼容性问题。
- 中端用户：中端用户需要进行一些影音制作、平面设计等应用，显卡的色彩还原是最主要的需求之一，而不应该过分追求显卡的3D速度。
- 高端用户：高端用户大都需要显卡能够流畅运行大型3D游戏，所以选择显卡时应该全方位地考虑。

（2）选择显示芯片

目前主流显卡基本上都是采用ATi（现已被AMD公司收购）和nVIDIA这两家厂商生产的显示芯片，AMD的高端产品如HD6770售价在800元左右，低端产品如HD5450售价在200元左右；nVIDIA的高端产品如GTX550Ti售价约在800元左右，低端产品如GT210售价约在200元左右，两者的产品都涵盖了高、中、低三类用户群。

（3）识别显存

显存好坏是衡量显卡的关键指标，要评估一块显卡的性能，主要从显存类型、工作频率、封装和显存位宽等方面来分析。

- 显存类型：显存有SDRAM和DDR SDRAM两种类型，SDRAM已被淘汰，主流的显卡采用的显存现在已发展到DDR5，一般中端以上的显卡都配备了DDR3的显存。
- 显存位宽：显存在一个时钟周期内所能传送数据的位数叫显存位宽。显存位宽的位数越大则瞬间所能传输的数据量越大，这是显存的重要参数之一。目前的显存位宽有64位、128位、256位和512位几种，人们习惯上叫的64位显卡、128位显卡和256位显卡就是指其相应的显存位宽。显存位宽越高，性能就越好。因此512位宽的显存更多应用于高端显卡，而主流显卡基本都采用128和256位显存。
- 显存容量：显存容量以MB为单位，其计算方法为单颗显存颗粒的容量×显存颗粒数量。显存越大，可以储存的图像数据就越多，游戏运行起来就更流畅。不过显存容量也并非越多越好，对于不同架构、不同能力的图形核心来说，显存容量的需求亦不一样。当用到图形核心的抗锯齿和其他改善画质等功能时，需较多的显示内存；但有些低端的显卡由于架构的限制，即使增加内存容量也不能使性能大幅度增加，更多的容量只是无谓地增加成本而已。所以选择显卡时显存容量只不过是参考之一，重要的还是其他的数据，比如核心、位宽、频率等，这些决定显卡的性能优先于显存容量。目前主流的显存容量包括512MB、768MB、896MB、1GB、1792MB、2GB等。
- 显存速度：显存速度一般以ns（纳秒）为单位。常见的显存速度有1.2ns、1.0ns、0.8ns等，该数值越小表示速度越快，性能越高。

教您一招：显存的理论工作频率计算公式

显存的理论工作频率计算公式是：等效工作频率（MHz）＝1000/（显存速度×n）（n因显存类型不同而不同，如果是GDDR3显存则n=2；GDDR5显存则n=4）。

- 显存频率：显存频率以MHz（兆赫兹）为单位，它在一定程度上反应着该显存的速度，随着显存的类型、性能的不同而不同。目前显存的主要频率为800MHz、900MHz、1200MHz、1600MHz乃至更高。

5. 硬盘

硬盘是电脑中最重要的存储设备，它具有容量大、可靠性高等特点，主要用于永久性存放电脑中的数据。

（1）硬盘的类型

按照不同的接口类型，可以将硬盘分为IDE硬盘、SATA硬盘以及SCSI硬盘。目前主流电脑均使用SATA接口的硬盘，SCSI硬盘多用于工作站或服务器中，IDE接口的硬盘在早期广泛应用于台式电脑，现在已逐渐被SATA硬盘替代。

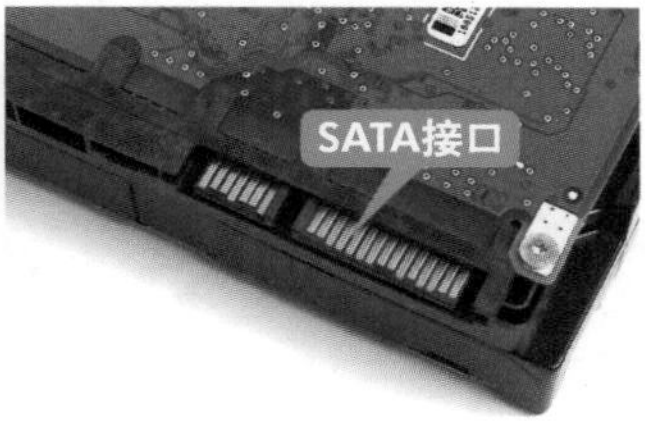

（2）硬盘的性能指标

硬盘的性能指标是对硬盘性能的最直观表现，主要包括如下几个方面的内容。

- 硬盘容量：对于一个硬盘来说，容量是至关重要的，大多数被淘汰的硬盘都是因为容量不足，不能适应日益增长的数据的存储。所以说原则上硬盘的容量越大越好，一方面用户可以得到更大的存储空间，能够更好地面对将来潜在的存储需要；另一方面容量越大硬盘上每兆存储介质的成本就越低。当前主流硬盘的容量一般都在500GB以上。
- 硬盘接口：虽然目前主流硬盘接口已过渡到SATA时代，但仍有很多老主板上还在使用IDE接口的硬盘。由于这两种硬盘接口互不兼容，因此读者在选购前就需要明确自己的主板支持哪一种接口硬盘。而对于追求性能稳定和数据安全的商业用户来说，SCSI硬盘则是最佳选择。
- 硬盘转速：硬盘转速的单位是rpm（转每分钟），该值越大，内部传输率就越快，访问时间就越短，硬盘的整体性能也就越好。普通硬盘的转速一般有5400rpm、7200rpm两种，7200rpm高转速硬盘是现在台式机用户的首选。

- 硬盘传输速率：硬盘的数据传输速率是指硬盘读写数据的速度，单位为MB/s（兆字节每秒）。目前SATA提供了150MB/s的传输速率，而SATA2则提供了300 MB/s的传输速率。
- 缓存容量：缓存的容量与速度直接关系到硬盘的传输速度。硬盘上的高速缓存可大幅度提高硬盘的存取速度。在游戏和进行大规模数据读取时，大容量缓存所带来的硬盘性能的提升是显而易见的。所以在选购硬盘时，应首先考虑大容量缓存的硬盘，目前500GB容量SATA接口的硬盘缓存容量一般是32MB。
- 单碟容量：硬盘的单碟容量（Storage Per Disk）同样也是划分硬盘档次的一个指标。由于每块硬盘都是由一个或几个盘片组成，而它的单碟容量就是指包括正反两面在内的每个盘片的总容量。相同转速的硬盘单碟容量越大，内部数据传输率就越高。
- 平均寻道时间：平均寻道时间是指硬盘在收到系统指令后，磁头从开始移动到数据所在的磁道所需要的平均时间，是影响硬盘内部数据传输率的重要参数，单位为毫秒（ms），时间值越小，则硬盘的性能就越高。平均寻道时间是由转速、单碟容量等多个因素所决定的，一般来说，硬盘的转速越高，单碟容量越大，其平均寻道时间就越小。目前主流的硬盘产品平均寻道时间都在9ms～11ms之间，选购时，在其他条件同等的情况下，尽可能选择平均寻道时间较短的产品。

（3）硬盘的选购要点

由于硬盘主要用于保存电脑中的所有数据，因此硬盘的性能与稳定性相当重要，在选购硬盘时，除了需要考虑硬盘的综合性能指标外，还应该根据实际需求考虑以下几点。

- 硬盘容量：目前市场上销售最多的硬盘容量均在500GB以上，随着操作系统和应用软件体积越来越大，数据也越来越多，因此要求硬盘的容量也就越大，建议购买时最好选择500GB以上容量的硬盘，以避免以后出现硬盘空间不足的问题。
- 硬盘的缓存容量：硬盘缓存类似于CPU的缓存，是硬盘与外部总线交换数据的场所，缓存的大小对硬盘的数据传输速度有一定的影响，原则上缓存容量越大越好。
- 硬盘表面温度：硬盘表面温度是指硬盘工作时产生的热量使硬盘密封壳温度上升的情况。由于硬盘在工作时将产生大量的热量，导致硬盘温度升高，而温度过高将会对薄膜式磁头（包括MR磁头）的数据读取灵敏度造成影响，因此硬盘工作表面温度较低的硬盘将拥有更好的数据读、写稳定性。

- 硬盘的售后服务：硬盘本身的价值并不高，但是硬盘内保存的数据价值往往超过了硬盘本身。市场上销售的硬盘大多都提供了一年时间的质保，也有部分硬盘厂商提供三年的质保，并且提供数据恢复服务。因此在选购硬盘时，建议选购三年质保的硬盘。

6. 光驱

光驱是进行多媒体娱乐的重要硬件，多数时候都用它来安装软件、欣赏影音光碟等。

（1）光驱的类型

根据读取方式和读取光盘类型的不同，可以将光盘驱动器分为CD-ROM光驱、DVD-ROM光驱与刻录机三个种类，其中刻录机又可以分为CD刻录机、DVD刻录机以及COMBO。CD-ROM光驱和DVD-ROM光驱只能读取光盘中的数据，而CD刻录机、DVD刻录机以及COMBO既可以读取数据，也能在相应的光盘中写入数据。

- CD-ROM光驱：是一种可以读取CD-ROM、CD-R和CD-RW光盘的外部存储设备。
- DVD-ROM光驱：用来读取DVD光盘上的内容，也能读取CD光盘上的内容。比起CD光盘来，DVD光盘的存储容量更大，图像清晰度更高，高保真音效也更好。
- CD刻录机：是一种应用了重复写入技术的CD-ROM，它除了能够刻录CD-RW光盘之外，也拥有CD-ROM的全部功能。
- COMBO：英文意即“结合物”，它是集CD-ROM、DVD-ROM、CD刻录三大功能于一身的光存储设备。
- DVD刻录机：能将数据存储到DVD刻录光盘，比CD刻录机和COMBO有更大的存储量。

（2）光驱的性能指标

光盘驱动器的性能参数主要包括CD读取速度、DVD读取速度、平均寻道时间、缓存容量几个方面，对于刻录机则还包含CD-R、DVD刻录速度、CD-RW擦写速度等，下面就来进行详细介绍。

- CD读取速度：是指光驱在读取CD光盘时，所能达到的最大倍速。目前CD-ROM光驱所能达到的最大CD读取速度是56倍速，DVD-ROM光驱读取CD光盘的速度略低，只能达到52倍速或者48倍速，刻录机的CD读取速度一般为52倍速。
- DVD读取速度：是指DVD-ROM光驱以及刻录机在读取DVD-ROM光盘

时，所能达到的最大光驱倍速。目前DVD-ROM光驱所能达到的最大DVD读取速度是18倍速；DVD刻录机所能达到的最大DVD读取速度是12倍速。

- 平均寻道时间：是指光驱的激光头移动定位并开始读取数据到将数据传输至缓存所需的时间，是衡量光存储产品的重要指标，单位为毫秒。目前大部分CD-ROM光驱的平均读取时间在75ms～95ms之间，DVD-ROM光驱的平均读取时间在90ms～110ms之间。COMBO产品的平均读取时间要略低于DVD光驱，其中CD光盘的平均读取时间大致在80ms～110ms之间，DVD光盘的平均读取时间则大致在90ms～130ms之间。
- 缓存容量：缓存是指光驱中带有的高速缓存存储器。用于临时存储光驱与电脑之间的交换数据，缓存容量越大，就可以在单位时间内存储越多的交换数据。目前CD-ROM光驱和DVD-ROM光驱的缓冲容量一般为128KB。而刻录机则具有2MB～4MB以上的大容量缓冲器，用于防止缓存欠载错误，并且可以使刻录工作平稳、恒定地写入。一般来说，驱动器速度越快，其缓存容量也会相应做得越大。
- CD刻录速度：是指该刻录机产品所支持的最大的CD-R刻录倍速。目前市场主流刻录机产品最大的CD-R刻录速度主要有40倍速、48倍速以及52倍速几种，但在实际工作中受主机性能等因素的影响，实际刻录速度要小于标称速度。由于DVD刻录机的普及（可刻CD），CD刻录机已经淡出市场。
- DVD刻录速度：是指刻录机在刻录DVD-ROM光盘时所能达到的最大刻录倍速。该速度是以DVD-ROM倍速来定义的。目前DVD刻录机所能达到的最大DVD读取速度为24倍速。
- CD-RW擦写速度：是指刻录机在刻录CD-RW光盘时，对CD-RW光盘上原有的数据进行擦除并刻录新数据的最大刻录速度。目前主流的CD-RW刻录机在对CD-RW光盘进行擦写操作时可以达到32倍速。

（3）光驱的选购要点

由于光驱种类繁多，因此用户需要根据实际使用需求来选择要购买的光驱类型。如果只是用于安装程序或者读取CD与DVD光盘中的数据，那么只要选购DVD-ROM光驱就可以了；如果要刻录光盘，那么就可以根据实际需要选择CD刻录机、DVD刻录机或者COMBO。在选购各类的光盘驱动器时，可以综合考虑以下几个方面的因素。

- 容错性：由于目前市面上的光盘质量良莠不齐，因此，光驱的容错和纠错能力是用户必须重视的问题。光驱的容错性与其采用的机芯、激光头厂家所设定的功率以及数据读取技术都有密不可分的关系。另外，容错性与光驱的速度也有一定的关系，通常速度较慢的产品，容错性要优于高速产品。测试光驱容错性最简单的方法就是使用光驱读取一些质量较差或者表面有划痕的光盘，如果可以完整地读出其中的数据，表示该光驱的容错性较好。

- 光驱的接口：光驱的接口对光驱性能也存在一定的影响，目前光驱的接口可以分为SCSI接口、IDE接口和SATA接口，SCSI接口的产品性能比较稳定，数据传输速度较快，但价格偏高，并且多数主板都没有集成SCSI控制单元。对多数用户而言，选择性能较好而且价格相对低廉的SATA（IDE）接口的光驱更为合适。
- 稳定性与结构：光驱的稳定性是光驱的性能指标之一，光驱连续长时间工作时，其工作温度、平均无故障时间、使用寿命等都与光驱的结构有着密不可分的关系。目前常见的光驱进盘方式有两种：一种是普遍采用的托盘式，另一种是吸盘式。由于CD-ROM驱动器的激光头和透镜上的积灰会影响驱动器的读盘性能，因此采用吸盘方式可以更有效地减少外界灰尘进入光驱内部。目前台式机光驱多为托盘式，吸盘式光驱则多用于笔记本电脑。
- 品牌与售后服务：光驱是电脑中最容易耗损、使用寿命最短的一个部件。在选购时应尽量选择知名品牌的产品，目前市场上光驱的品牌有Acer、华硕、源兴、飞利浦、索尼等。现在光驱产品保修期按不同品牌有三个月到一年不等，在同等条件下，尽可能选择保修期较长的产品。

7. 显示器

显示器是电脑重要的输出设备，用于把电脑中处理和输入的数据显示出来。目前显示器的类型主要有LCD显示器（液晶显示器）和CRT显示器，LCD显示器由于具有机身薄、占地小、辐射小等优点，已经成为现在装机的主流硬件配置。

LCD显示器

CRT显示器

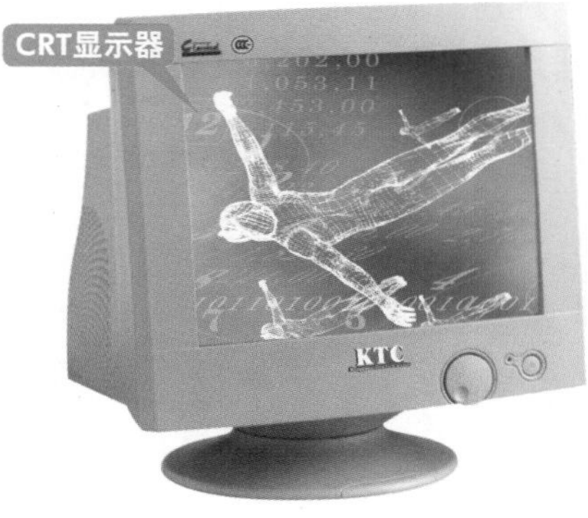

专家提示

CRT并未完全退出市场，因为CRT显示器色彩还原得比LCD显示器好，常被用作图形图像设计专用显示器。

（1）考虑使用需求

在购买液晶显示器之前首先要考虑应用需求，比如经常浏览网页，则购买19英寸或者18.5英寸液晶显示器更为合适。因为目前大部分网页都采用10xx的横向分辨率，19英寸或18.5英寸液晶显示器分辨率刚好够用，点距也够大，字体清晰。而且18.5英寸和19英寸液晶显示器的价格要比22英寸的显示器便宜几百元，具有更好的性价比。对于游戏娱乐类用户，则应该考虑22英寸以上液晶显示器，以获得更佳的视觉效果。

（2）查看“坏点”

“坏点”是指液晶显示器中坏掉的像素点，如下图所示。液晶屏幕上的“坏点”不仅影响显示，也影响用户的使用心情，在购买时要仔细检测。

教您一招：坏点的种类

“坏点”包括“亮点”、“暗点”和“彩点”。其中“亮点”指的是一直发白光的点，“暗点”是指本身不发光的点，“彩点”指的是一直显示红、绿或蓝色的点。

（3）可视角度

可视角度是指用户可以从不同的方向清晰地观察屏幕上所有内容的角度。目前市场上出售的液晶显示器的可视角度都是左右对称的，但上下就不一定对称了，常常是上下角度小于左右角度。

教您一招：可视角度与法线

如左右可视角度是160°，表示站在始于屏幕法线（就是显示器正中间的假想线）160°的位置时仍可清晰看见屏幕图像。视角越大，观看的角度越好，LCD显示器也就更具有适用性。

（4）接口

对于目前主流的液晶显示器来说，VGA和DVI接口都是标准配置；而对于要观看全高清1080P电影的用户而言，最好还是选择带有HDMI接口的LCD，只有这样才能达到真正意义上的全高清。

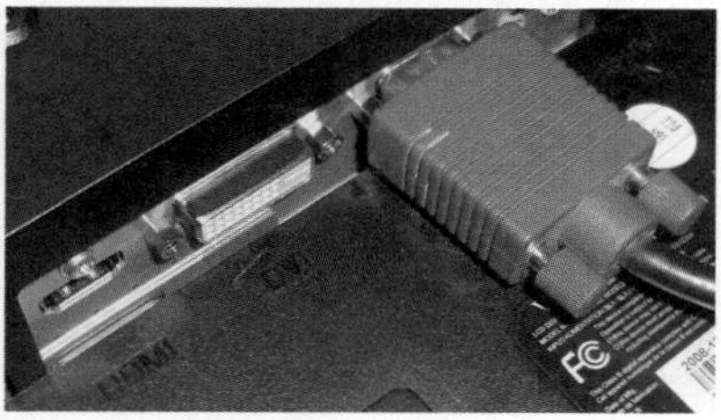

专家提示

左图中从右到左分别是VGA接口，DVI接口和HDMI接口。HDMI接口的效果最好，DVI其次，是目前的主流接口，VGA最差，使用的人越来越少了。

8. 鼠标

鼠标是重要的输入设备，一款舒适好用的鼠标至关重要。目前光电鼠标是主流产品，下面就先来介绍选购光电鼠标要注意的一些性能参数。

- 分辨率：鼠标分辨率用于衡量鼠标移动定位的精确度，一般分为硬件分辨率和软件分辨率两类。硬件分辨率反映鼠标的实际能力；软件分辨率通过软件模拟出一定的效果，来显示鼠标的控制能力。
- 扫描次数：扫描次数是光学鼠标特有的技术参数，是指每秒钟鼠标的光眼（光学接收器）将接收到的光反射信号转换为电信号的次数。扫描次数越多，鼠标在高速移动的时候屏幕指针就不会由于无法辨别光反射信号而乱飘。
- 功能：不同使用者对于鼠标的功能有着不同的要求。标准的两键或三键鼠标完全能够满足普通用户的常规操作要求。对于从事设计行业的专业人士，可选购一款高精度的鼠标，甚至带有专业轨迹球的鼠标，这样在绘制图形的过程中就能让鼠标更加精确地定位。经常使用Office办公软件或浏览网页的用户，可以选择带有滚轮的鼠标。
- 手感：好鼠标应当具有人体工程设计的外形，把握时应感觉整个手掌和鼠标紧密地接合，手感舒适，按键轻松有弹性，移动时定位精确。
- 外观：外观虽然对鼠标的性能没有直接影响，但造型漂亮、美观的鼠标却能给使用者带来愉悦的感觉。选择时应着重从以下几个方面来考虑：形状最好采用流线型设计，符合人体工学，使用时把握舒适；色彩最好和电脑整机和显示器的颜色相协调；材质可根据个人喜好而定，一般分为硬质塑料和软质的橡胶表层两类。

9. 键盘

键盘也是与鼠标一样重要的输入设备。键盘品质的优劣主要看键盘外观是否美观，各部件加工是否精细，而且最好亲自试用一下，看看手感是否良好。键盘按照原理分为机械键盘和薄膜键盘两大类。

- 机械键盘：机械键盘的键帽由弹簧和卡扣组成的微动开关提供回弹力，其耐久度较高，如德国产的Cherry黑轴机械键盘，单键按压次数可达5000万次，但价格也较昂贵，通常在五六百元。需要输入大量文本或者追求输入舒适性和键盘耐久性的用户，可以考虑购买机械键盘。
- 薄膜键盘：薄膜键盘的键帽由橡胶垫圈来提供回弹力。薄膜键盘的成本较低，价格便宜，如罗技K120薄膜键盘售价也就五六十元。单从外形上无法区分薄膜键盘和机械键盘，用户购买时要注意。薄膜键盘适合一般家庭用户使用。

10. 声卡

声卡（Sound Card）也叫音频卡，它是多媒体系统中最基本的组成部分，也是实现声音/数字信号相互转换的一种硬件。

声卡的基本功能是把来自话筒、磁带、光盘的原始声音信号加以转换，输出到耳机、扬声器、扩音机、录音机等音响设备，也可以通过音乐设备数字接口（MIDI）使乐器发出美妙的声音。

现在的主板上一般都集成有声卡，但集成声卡效果很普通，大都为2.1声道的声卡。要想获得更好的音响效果，就必须购买单独的声卡安装到电脑上，如下图所示。

专家提示

如果不愿意拆开机箱来安装声卡，还可以选择USB接口的声卡，插到电脑USB接口并装上驱动就可以使用。

11. 网卡

网卡又称为通信适配器或网络适配器，它是连接电脑与网络的硬件设备。现在的主板也基本上都集成了网卡。特殊环境下有的用户可能想要在电脑上安装第二块网卡，那就必须购买一块独立网卡进行安装了。独立的网卡如下页图所示。

> **专家提示**
>
> 如果不喜欢有线网络，还可以购买无线网卡组建无线局域网，省去布线的麻烦。

12. 机箱

机箱作为电脑配件中的一部分，主要作用是安置电脑主机的各种硬件，为电脑正常运行提供安全稳定的工作环境。

机箱一般包括外壳、支架、面板上的各种开关、指示灯等。外壳用钢板和塑料结合制成，硬度高，主要起保护机箱内部元件的作用；支架主要用于固定主板、电源和各种驱动器。

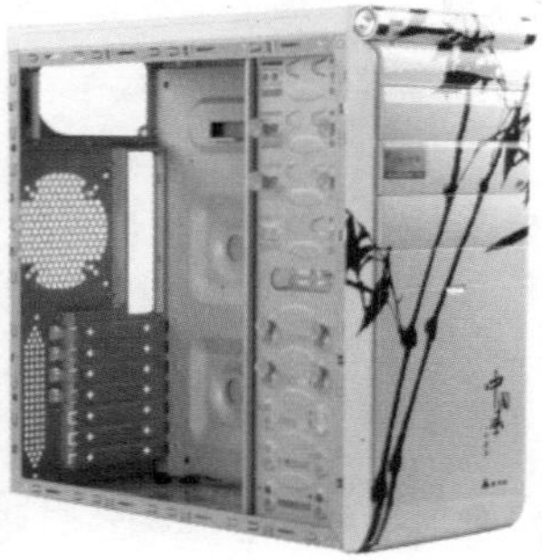

> **专家提示**
>
> 机箱除了用于安装硬件外，还能有效屏蔽电脑硬件运行时所产生的电磁辐射，以保障用户的身体健康。

13. 电源

电源是一种安装在电脑主机箱内的封闭式独立硬件，它是电脑的动力源泉，是电脑正常运行的枢纽，它负责将普通市电转换为电脑主机可以直接使用的电源。其好坏直接决定电脑是否能够正常工作。

> **专家提示**
>
> 电源将交流电通过一个开关电源变压器换为5V、-5V、+12V、-12V、+3.3V等稳定的直流电，以供应主机箱内主板、光驱、硬盘驱动及各种板卡使用。

主题 2 图解电脑外围设备

电脑外围设备通常用于增强电脑的功能，如麦克风和摄像头等。虽然没有外围设备一般也不影响电脑的正常运行，但有了外围设备能让电脑应用变得更为广泛。

1. 音箱

音箱是将音频信号转换为声音的一种装置，它是输出多媒体声音的重要设备。音箱几乎已经成为配置电脑时必选的设备。

教您一招：煲机

刚买回来的新音箱一般要进行"煲机"，即音箱买来后，先让其以较大的功率持续工作，使音箱的音质达到它所能达到的最好水平。"煲机"时间一般在70~100小时。

2. 摄像头

摄像头是一种视频输入设备，它可以把摄像范围内的景象传送到电脑里。摄像头可用于简单录像、拍照、远程视频聊天或会议等方面。虽然摄像头不是必备的电脑设备，但有了它就有了很多乐趣。

专家提示

很多廉价摄像头的焦距是固定的，只能在一个固定距离上拍摄到清晰的图像，过近或者过远都不能得到清晰的图像。购买时应问清摄像头是否可调焦。

3. 麦克风

麦克风用于把声音信号转换为电信号，在进行网络语音聊天时，麦克风是必备工具。

专家提示

麦克风作为简单的声音输入工具，不必追求高价格产品，只要录入的声音无杂音，无电流声，声音大小正常即可。

4. 打印机

打印机用于将文字或图案打印到纸上，也可打印到其他介质上，如T恤衫或相片纸。打印机一般分为针式打印机、喷墨打印机和激光打印机。针式打印机通常用于打印票据，公司、银行或税务部门使用较多；喷墨打印机和激光打印机均可用于打印文档和图案等，其中喷墨打印机机身价格较便宜，但墨水较贵，打印速度较慢，而激光打印机正相反，机身较昂贵，但墨粉很便宜，打印速度也较快。

一般家庭用户因为只是偶尔打印一下文档和照片，对速度要求不高，因此常常选用喷墨打印机，如下图所示。而公司或打印店等场合要大量打印文档，要求打印速度快，耗材足够便宜，因此通常选用激光打印机。

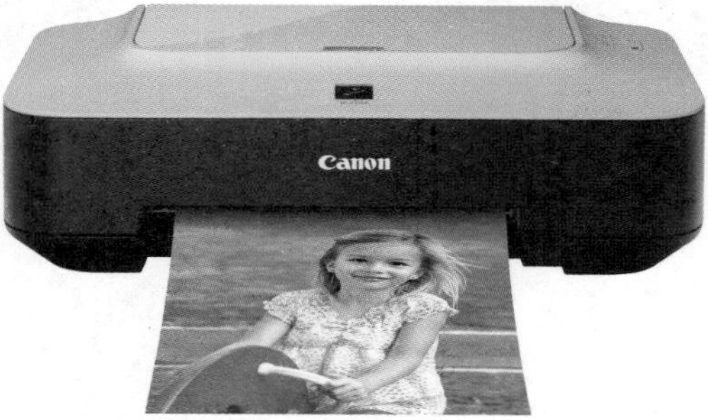

教您一招：连续供墨系统

连续供墨系统采用外置墨水瓶再用导管与打印机的墨盒相连，这样墨水瓶就源源不断地向墨盒提供墨水。连续供墨系统的价格比原装墨水便宜很多，适合打印店或公司使用。

5. 扫描仪

扫描仪是高精度的光电一体化的输入设备，它可以将照片、底片、图纸图形等实物资料扫描后，输入到电脑中进行编辑管理。

专家提示

扫描仪将内容扫入电脑后，可以使用文字识别软件（OCR软件）将扫描内容中的文字还原为电脑可识别的文本字符。

6. U盘和移动硬盘

U盘（又叫“闪存”）和移动硬盘都是移动存储设备，通常用于在电脑之间转移大量资料，或临时存放一些文件。U盘容量一般为2GB、4GB、8GB或16GB等，移动硬盘容量一般为320GB、500GB、750GB或1TB等。

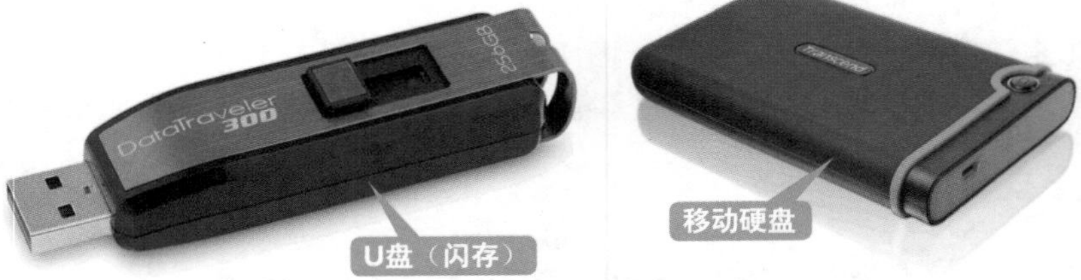

Last 新手问答——排忧解难

下面，针对初学者学习本章内容时容易出现的问题或错误，进行相关的解答，帮助初学者顺利过关。

Q1 盒装CPU和散装CPU有什么区别？

在电脑市场上购买CPU时，商家总是问客户CPU要盒装还是散装，这二者的区别在哪里呢？

散装和盒装CPU在质量上并没有区别，不过盒装CPU一般保修期要长一些，在三年左右，而且附带有一只质量较好的散热风扇；而散装CPU则一般保修一年，不附带风扇，价格上比盒装要便宜一些。

Q2 CPU越强，电脑性能就越好吗？

CPU是电脑的核心部件，一个强悍的CPU确实能够让电脑性能提升不少，但要注意决定电脑性能的不仅仅是CPU一个部件，主板、显卡、内存和硬盘同时也制约着整体性能。比如，即使CPU、显卡和主板很强，但内存容量过小，就会影响系统性能的发挥；又比如，CPU、显卡、主板和内存都很强，但是面对一块低转速、容量也快塞满的硬盘，系统性能仍提升不起来。因此，系统性能必须在各个核心部件性能都比较高的情况下，才能得到有效的提高。

Q3 买多大容量的硬盘比较好？

现在主流的硬盘容量是500GB到2TB，购买的原则主要还是根据具体用途而定。对于喜欢下载高清视频或玩大型游戏的用户，就要考虑购买1TB容量以上的硬盘；而那些非高清视频或游戏爱好者，如果只是经常下载各种资料，则可以考虑买个500GB的硬盘，再配一个DVD刻录机，将资料及时刻录到光盘上并从硬盘上删除，这样一个500GB的硬盘就足够了。

当然，购买硬盘时，容量只是一个要考虑的方面，另外还要考虑硬盘的转速、缓存大小、单碟还是多碟等因素，最好是先明确自己的需要以及预算，然后向比较懂行的朋友咨询，再做出决定。

Q4 在什么情况下需要使用多个显示器？

一般情况下，用户在购置一台电脑的时候只会配上一台显示器。然而对于有特殊需要的用户来说，为电脑配上多台显示器会更加方便。

如炒股专家，可能就需要同时监管十至二十只股票，一个显示屏最多只能放九个股票，因此他需要更多的显示器；还有一些经常需要核对文档的工作，如校对，使用双显示器则非常方便。

让一台电脑带动多个显示器，有一些比较经济的解决之道。比如购买集成主板，使用主板上的显卡连接一台显示器，然后再购买一块显卡，这样即可带动两到三台显示器（显卡上可能会有两个或以上的接口），一般情况下足够使用了。

Q5 自己真的需要这些周边设备吗？

购买电脑最基本的原则还是要从需要出发，根据自己的切实需要来列出购买清单。对于目前不需要的功能，则不用着急去购买相应的设备。

电脑的周边设备中，一般来说音箱和光驱是必备的，没有音箱不能听歌看电影，没有光驱也无法使用碟装软件等。但移动存储设备，如U盘和移动硬盘，就不一定需要了，除非用户经常要在两地之间转移大量数据，则可考虑购买，如果只是转移少量数据，完全可以通过互联网来中转，如电子邮箱、QQ文件中转站等。

经常要进行视频聊天的用户，如跟父母异地而居，或者经常开设视频会议，或酷爱视频聊天室聊天等，则可考虑购买摄像头。打印机与扫描仪多是公司用户才会购买，家庭用户较少用到，与其买来后几个月都用不上一次，还不如放弃购买，需要打印或扫描时去打印店即可。

CHAPTER 02

电脑组装轻松学

关于本章

第1章学习了电脑的构成，本章将讲解如何动手组装一台自己的电脑。组装电脑并不是什么高难度的事情，只要准备好安装工具，熟悉了安装流程，就可以按照先内后外的顺序组装电脑了。安装好电脑后，条件允许还可以尝试安装ADSL上网或局域网的硬件。

知识要点

- 安装核心硬件的方法
- 安装主机内部设备的方法
- 安装外部设备的方法
- 安装ADSL上网硬件的方法
- 安装局域网硬件的方法

效果展示

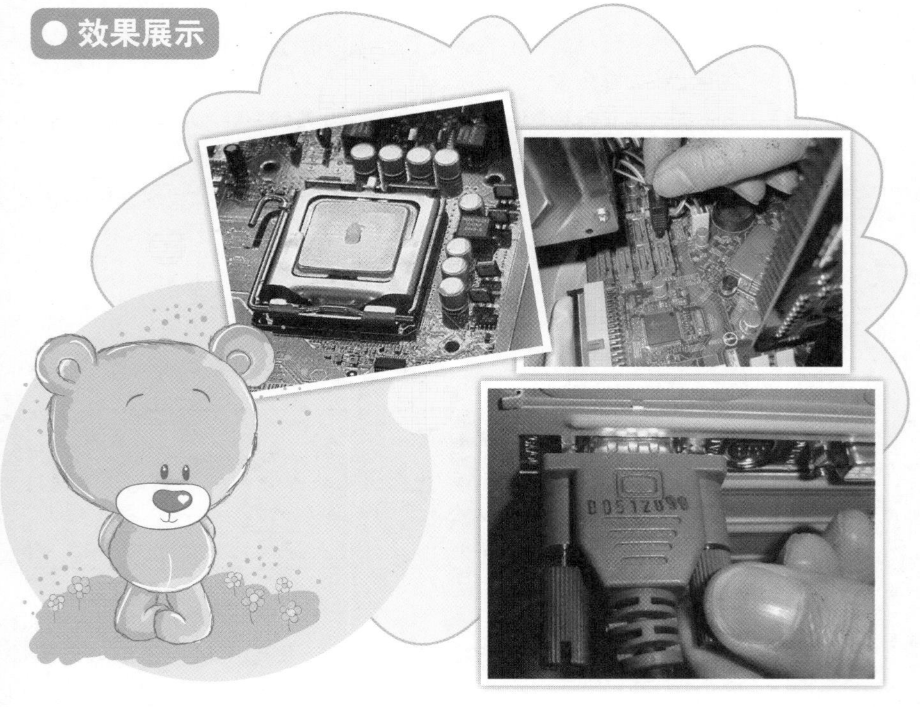

First 新手入门——必学基础

了解了电脑的构成，就可以开始着手组装了。在正式开始组装以前，还需要先熟悉一下安装的流程，另外还需要准备好安装工具。

主题 1 做好安装前的准备工作

要做好安装前的准备工作，首先要了解安装工具，其次要熟悉安装流程，最后还要了解一些注意事项，才可以避免一些不必要的麻烦。

1. 常用组装工具有哪些

由于电脑的设计越来越简单化，因此其安装也越来越方便了，下面就介绍一下常用的安装工具。

- 螺丝刀：也叫改刀，改锥，有十字和一字两种，最好都备齐。螺丝刀用于紧固或卸下螺丝。
- 尖嘴钳：用于夹紧细小部件，如螺帽等，也可用于在狭窄的机箱空间中代替手来调整电线的位置等。
- 镊子：用于夹起尖嘴钳不方便夹的细小部件，如跳线帽等。
- 扎线带：扎线带用于将机箱内凌乱的数据线捆绑起来。
- 储物盒：在安装电脑配件时，螺丝等零件的体积都很小，如果随意摆放很容易丢失，所以最好用一个专门的储物盒来放置。
- 皮老虎：皮老虎用来吹去机箱内的灰尘和碎屑等。
- 毛刷：毛刷用于刷去机箱内的灰尘和碎屑，毛刷刷不到的地方可以用皮老虎吹，二者的功能是互补的。

专家提示

用手捏皮老虎的球状部分即可在前端喷出气流。用它吹去灰尘时，注意戴上口罩，以免吸入过多灰尘到肺里。

2. 装机流程

电脑组装的原则是由内到外，由主到次。首先要把主机内部的硬件安装好，然后再连接外接设备。组装主机的步骤如下。

（1）安装CPU及其附件

首先在主板上安装CPU，然后在CPU上涂沫硅脂，接着安装散热器，再给CPU安装风扇，最后在主机箱上固定主板。

（2）安装各种板卡

安装包括内存条、显卡、网卡、声卡在内的各种板卡。

（3）安装驱动器

在主机箱内用螺丝钉固定好硬盘和光驱，然后为它们连接数据线，在IDE1接口（Primary Master IDE1为主盘、Primary Slave IDE1为从盘）和IDE2接口（Secondary Master IDE2为主盘、Secondary Slave IDE2为从盘）安装IDE设备（包括IDE接口的硬盘驱动器和光盘驱动器等），或在SATA接口上安装串口硬盘。

（4）安装电源

安装主板电源、硬盘电源、光驱电源以及其他外设的电源（如果有的话）。

（5）安装主板控制线

- Power SW或PW，电源开关控制线，没有极性。
- RESETE SW或RST，连接复位开关控制线，没有极性。
- SPEAKER或SK，连接机箱喇叭线，没有极性。
- HDD LED或HDLED，连接硬盘指示灯线，有极性。
- POWER LED或PL，连接电源指示灯线，有极性。

（6）连接主机外围设备连线

安装好主机以后，即可连接主机外围设备连线，包括主机电源、键盘、鼠标、显示器、网线、音箱、摄像头、打印机和扫描仪等。

3. 装机注意事项

在组装电脑时，还要了解一些必要的装机注意事项，避免因为组装方法不正确而导致插错接口、针脚歪斜甚至断裂等故障，从而造成不必要的损失。

- 防止人体所带静电对电子器件造成损伤。在安装前，先消除身上的静电。如果有条件，可配戴防静电手套。
- 对各个硬件要轻拿轻放，避免发生磕碰或撞击，尤其是硬盘。

- 安装主板一定要稳固，不能用力太猛，防止主板变形，甚至造成主板电子线路损伤。
- 在进行部件的线缆连接时，一定要注意插头（座）的方向，一般它们都有防误插设计，因此插不进去时不要强行操作，而应停下来检查方向。
- 插接的插头、插座一定要完全插入，以保证接触可靠。
- 不要抓住线缆拔插头，以免拉坏线缆。
- 在安装的过程中一定要注意正确的安装方法，不要用蛮力，以免使引脚折断或变形。对于安装后位置不到位的设备不要强行使用螺丝钉固定，因为这样容易使板卡变形，日后易发生断裂或接触不良的情况。
- 任何电子产品都是严禁液体进入的，所以在装机时注意机器附近不要摆放饮料，对于爱出汗的朋友来说，也要避免头上的汗水滴落，还要注意不要让手心的汗沾湿板卡。

主题 2 安装核心硬件

主板、CPU和内存是电脑的三大核心硬件。把CPU和内存安装到主板上是第一步工作。

1. 安装CPU

安装CPU到主板上的操作步骤如下。

❶ 拉开CPU插槽上的固定拉杆。

❷ 揭开CPU插槽上的保护盖。

③ 将CPU正面左下角的金色小三角，对准CPU插座上的缺角。

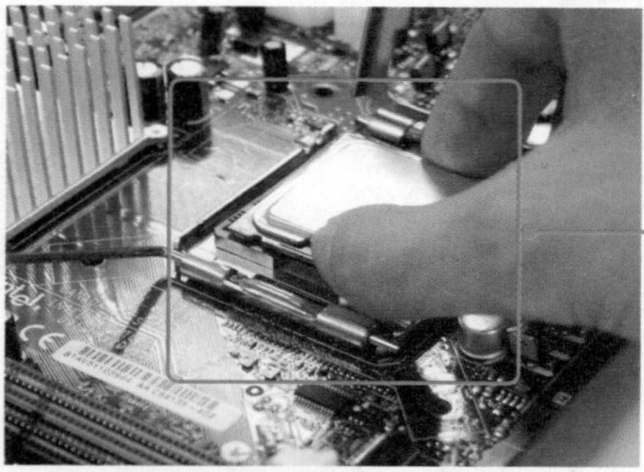

④ 将CPU慢慢插入插槽中。

⑤ 盖上CPU插槽上的保护盖。

⑥ 按下并固定好CPU拉杆。

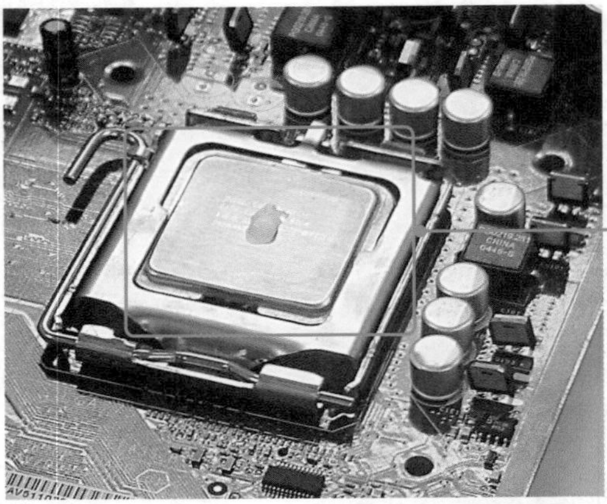

⑦ 将散热硅脂均匀涂抹到CPU上（如CPU自带硅脂则可省略本步骤）。

⑧ 将CPU风扇对准孔位放下，按下卡扣并旋紧。

⑨ 插上CPU风扇电源插头。

2. 安装内存

安装内存到主板上的操作步骤如下。

❶ 掰开内存插槽两侧的塑胶夹脚。

❷ 将内存条的引脚上的缺口对准内存插槽内的凸起位置。

❸ 按住内存条两侧均匀用力将内存条慢慢按入插槽内，直到内存插槽两头的卡扣自动合拢卡住内存条两侧的缺口。

主题 3 安装主机内部设备

接下来要安装主机箱内的其他部件。这些部件都被统称为“内部设备”。相对来说，内部设备更换频率不高，一旦安装上，就会长时间使用，因此，安装质量关系到电脑以后的稳定性。

1. 安装主板

在主板上安装好CPU和内存之后，就可以把主板安装到机箱里了。

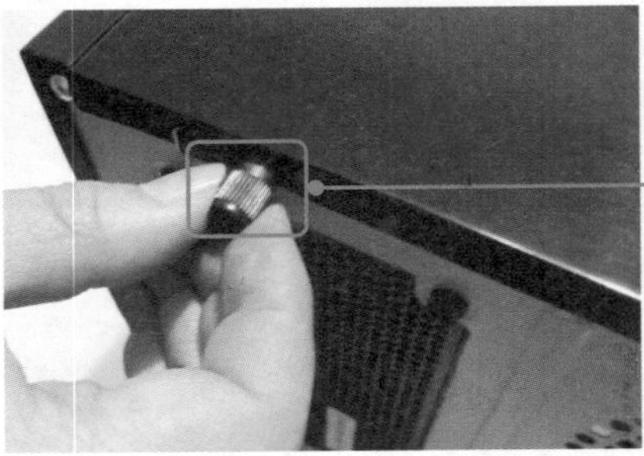

❶ 拧开机箱后侧或左右两侧上的固定螺丝。

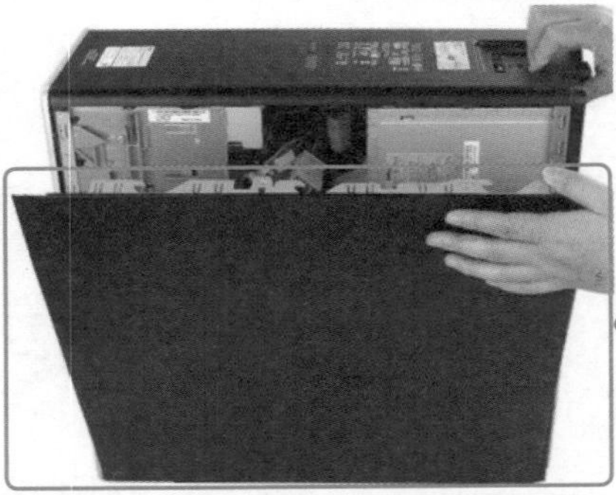

❷ 揭开机箱的侧面板（通常是左侧）。

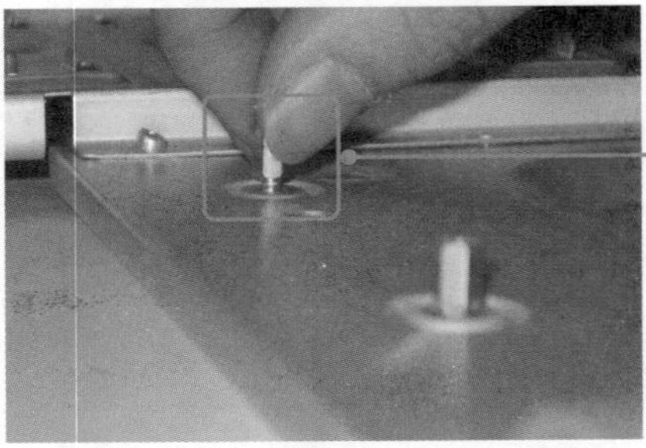

❸ 安装定位螺丝到机箱底部的孔里。

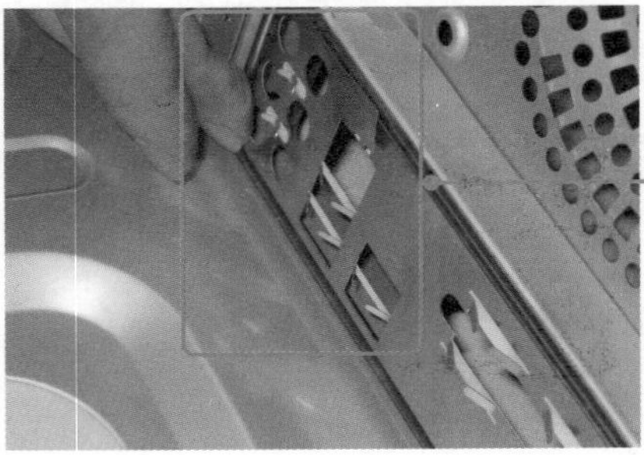

❹ 用四个手指同时压住挡板的四角并向里按即可固定住挡板。

❺ 将主板外设接口对准机箱背面挡板的接口孔，再将主板平行于机箱底部放入。

❻ 拧紧主板上的固定螺丝。

2. 安装显卡

现在的主板上一般都集成有显卡，只需主板安装到位，集成显卡的接口即可在机箱挡板上找到。但因集成显卡的性能一般较低，不少用户喜欢再安装一个或两个独立显卡以提升显示性能。

❶ 取下显卡插槽后的机箱挡板。

❷ 将显卡插入插槽直到卡扣自动卡住显卡底部的缺口。

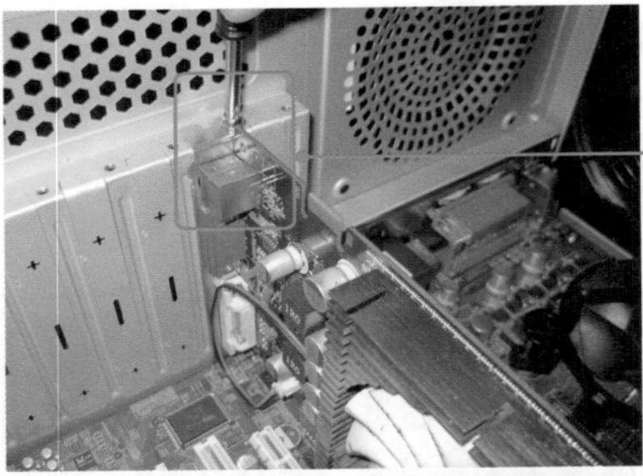

3 拧紧固定螺丝。

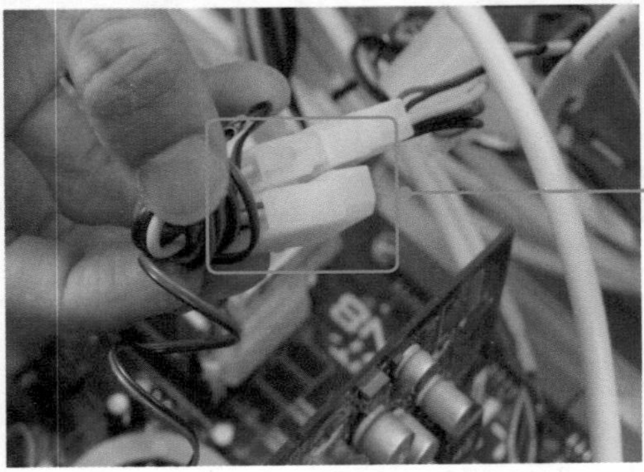

4 连接显卡风扇电源。

专家提示

有的显卡风扇电源是连接在机箱电源上的，有的则是连接在主板上的，用户应根据具体情况来进行连接。

专家提示

其他板卡（如声卡、网卡或视频采集卡等）的安装方法也与此类似，只需要认准板卡所用插槽即可。

3. 安装硬盘和光驱

硬盘和光驱是电脑的存储设备，一般都安装在机箱内（也有外置硬盘和光驱，不过通常是用作内置存储设备的补充，不会替代内部存储设备）。

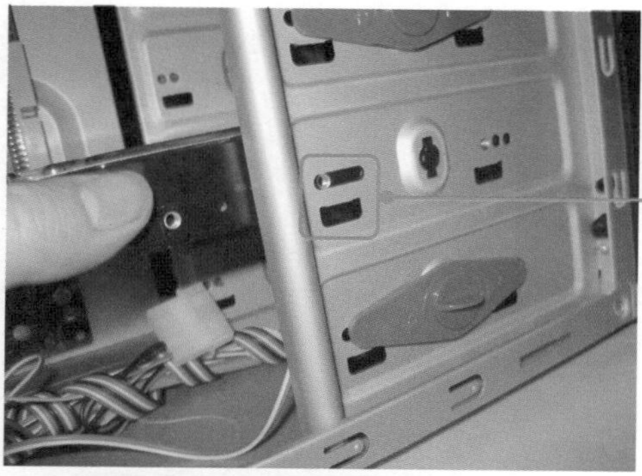

1 将硬盘放入机箱硬盘托架上，并将硬盘的螺丝孔对准托架上的开口。

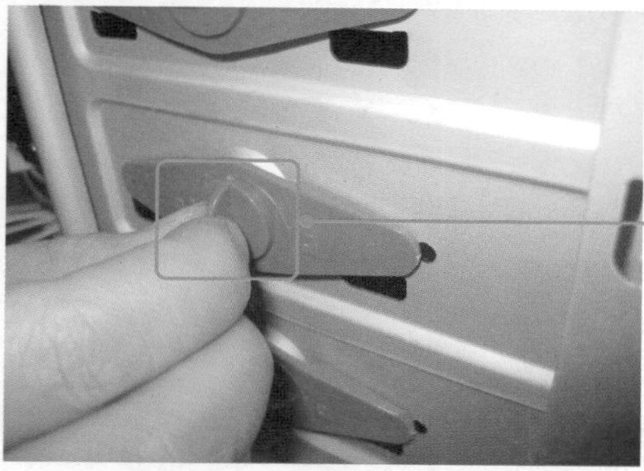

2 拧紧托架上两侧的固定卡扣。

3 取下机箱上的光驱面板。

4 将光驱从机箱外部推入托架。

❺ 拧紧托架两侧的固定螺丝。

4. 连接电源及内部线缆

此时机箱内部的配件只剩下电源没有安装了。安装好电源不仅仅是把电源固定到机箱内就算完成了，还要把某些配件的电源线连接到电源的相应线路上，以及连接硬盘、光驱等设备的数据线和主板的信号线等。

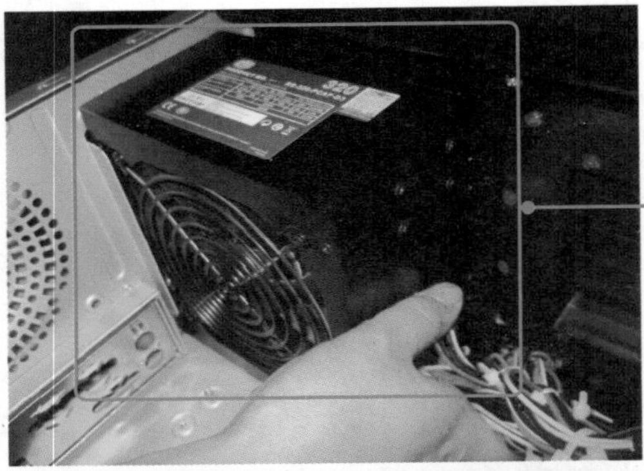

❶ 把电源放入机箱，并用手托住。

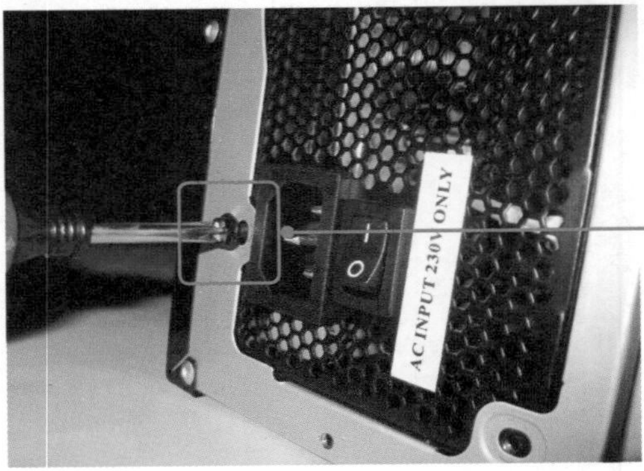

❷ 从机箱外侧拧紧固定螺丝。

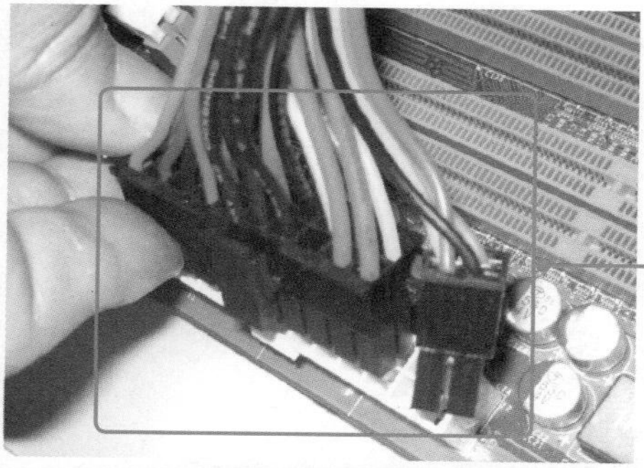

3 将主板电源线和主板辅助电源线插到主板上。

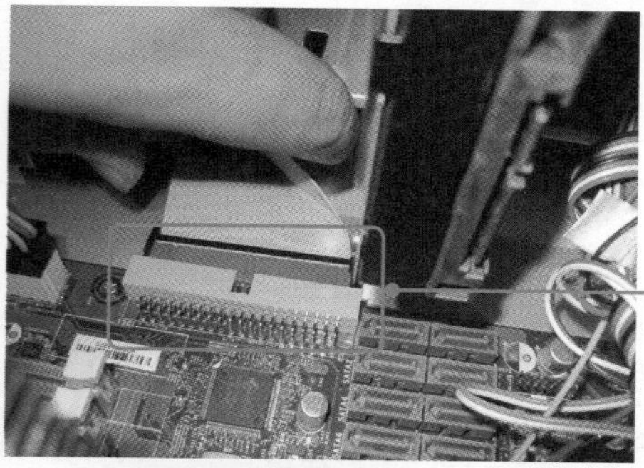

4 将IDE数据线插到主板上。

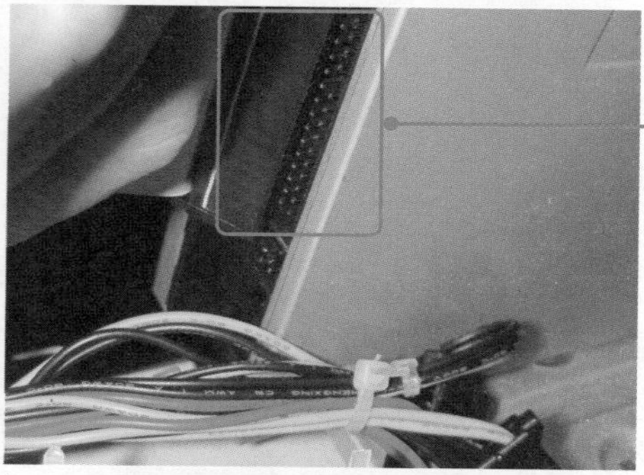

5 将IDE数据线另一头插入光驱数据接口。

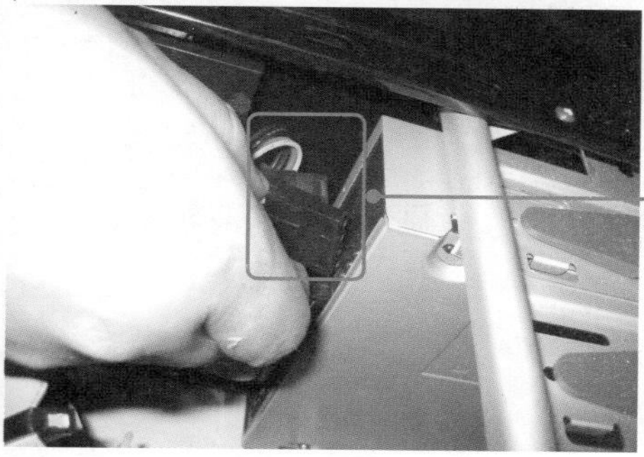

6 将电源线插入光驱电源接口。

7 将SATA数据线插入主板相应接口。

8 将SATA数据线另一头插入硬盘数据接口。

9 将电源线插入硬盘电源接口。

专家提示

硬盘和光驱使用的电源线都是一样的，可以互换。

10 按照主板说明书，将主板信号线插入对应的插槽中。

11 插入机箱前置USB接口连线插头到主板相应插槽中。

⑫ 插入机箱前置音频接口连线插头到主板相应插槽中。

主题 4 安装外部设备

连接好机箱内部设备以后，不要着急盖上机箱盖，先把外部设备一一连上，测试无误后方可盖上机箱盖，以免机箱内部设备没有安装好又要重新开盖。

1. 连接显示器

连接显示器之前，首先需要将显示器从包装箱中取出，并将显示器底座与显示器安装起来（不同显示器的安装方法不同，可参考产品说明书），然后按以下方以法进行连接。

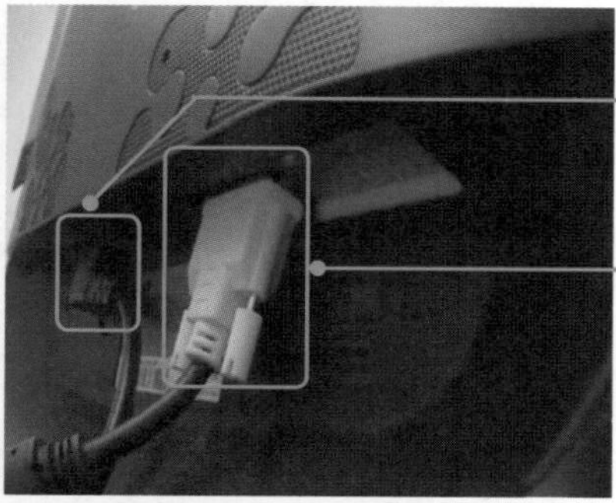

① 将显示器电源线插入到显示器的电源接口。

② 将显示器数据线插入到显示器的数据接口，并拧紧固定螺丝。

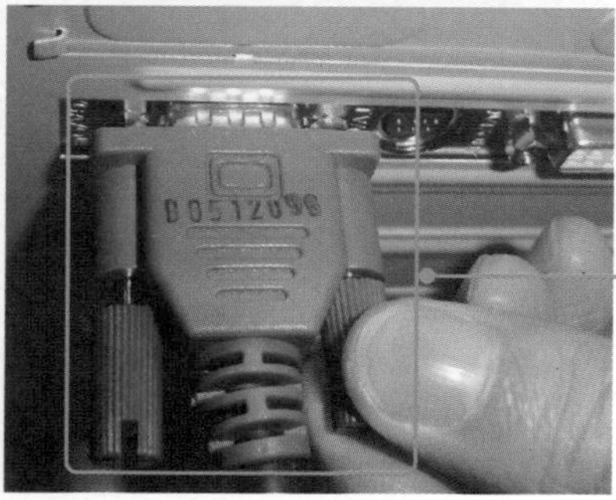

③ 将数据线的另一端插入到主机显卡接口，并拧紧固定螺丝。

2. 连接键盘、鼠标及网线

鼠标和键盘既有采用PS/2接头，也有采用USB接头的。PS/2接口的鼠标与键盘虽然采用相同的接口，但实际上并不能互换，因此用户在连接时，需要注意进行区分，而USB接头的则可以互换。另外网卡上通常只有一个接口用于连接网线，一般不会插错，所以网线的连接比较简单，这里就以通常PS/2接头的键盘与鼠标以及普通网线为例进行讲解。

❶ 将键盘数据线接头插入主机上同色的插孔。

❷ 将鼠标数据线接头插入主机上同色的插孔。

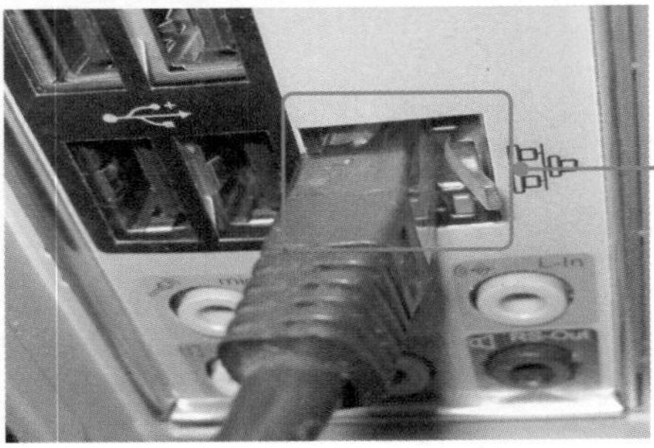

❸ 将网线插入主机上的网络接口。

3. 连接音箱

音箱是电脑最常用的周边设备，很多用户选购电脑后都会同时配备音箱（或耳机），音箱与电脑的声卡的连接方法如下。

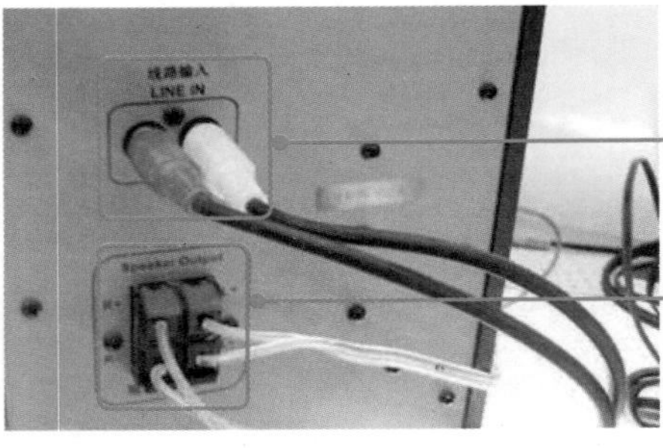

❶ 插入音频线接头到同色插孔。

❷ 连接好各声道和重低音音箱的连线。

③ 音频线的另一端插入主板上的音频输出孔中（通常为绿色插孔）。

教您一招：声卡上插孔的颜色

声卡上的绿色插孔一般都是音频输出插孔，通常用于连接音箱和耳机等；粉红色插孔一般都是音频输入插孔，通常用于连接麦克风；还有一个蓝色插孔是线输入插孔，用于输入MP3等电子设备的音频信号，不过很少用。

4. 连接外部电源线

所有外部设备连接好以后，还要连接主机箱和显示器的电源。

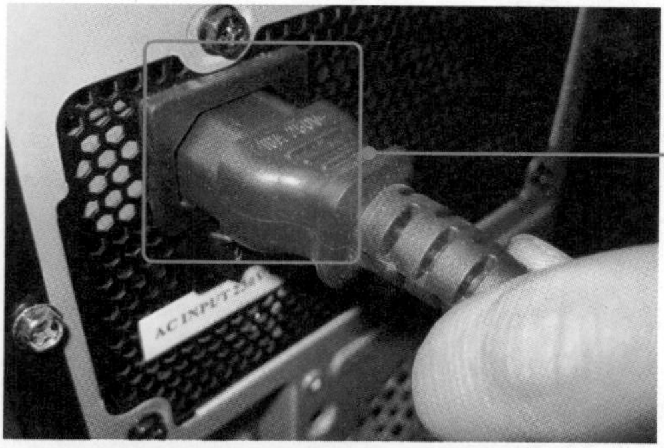

① 把主机电源线的一头插入到主机电源接口中。

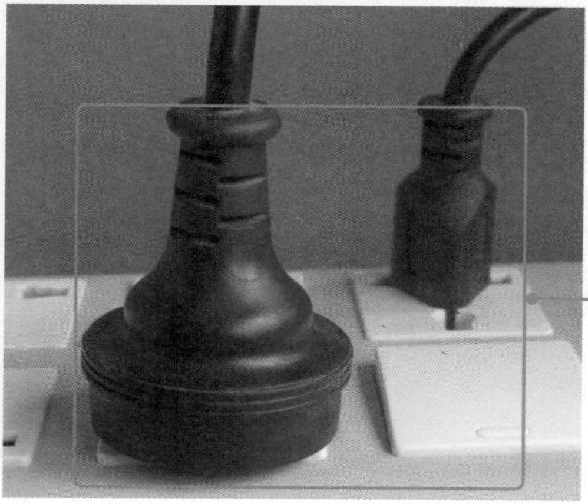

② 把主机电源线、显示器电源线以及其他外设电源线插入到接线板上。

5. 测试及盖上机箱盖板

电脑的组装到这里就基本完成了，最后要开机测试电脑是否能够正常运行，如能够正常运行，即可关上机箱盖。测试方法如下。

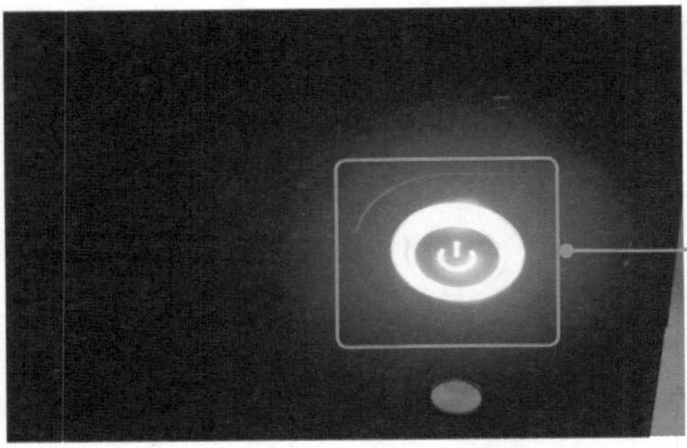

❶ 按下机箱上的开关按钮启动电脑。

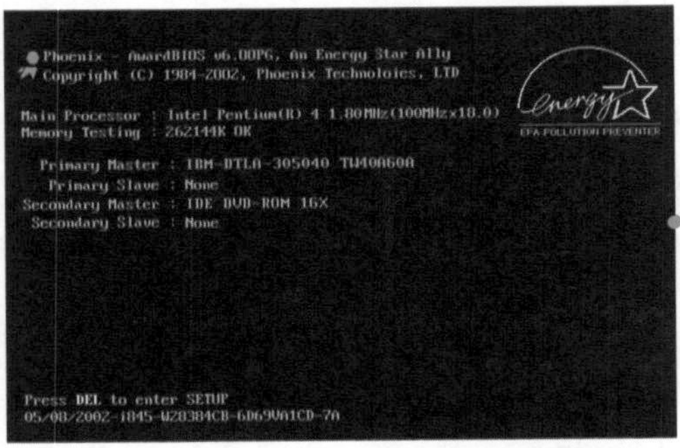

❷ 如果显示器上出现自检画面，就表示电脑已经组装成功。

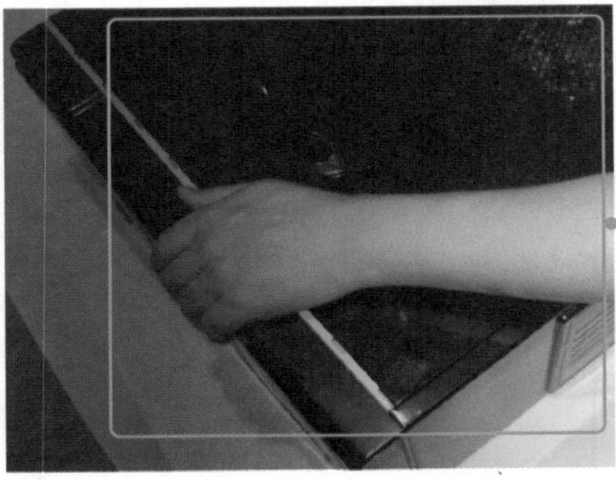

❸ 关上机箱盖并拧上固定螺丝。

Next 新手提高——技能拓展

通过前面的学习，相信初学者已经掌握了电脑组装的基础知识。下面来介绍一些使初学者提高技能的知识。

主题 1 安装ADSL

ADSL的第一次安装都是由ISP安装人员来完成，但在使用过程中如果更换了设备，再安装时就需要自己动手了。

下面就以以太网接口的ADSL为例，介绍ADSL的硬件安装过程。

1. ADSL上网所需硬件

安装ADSL需要的硬件有：分线器、ADSL Modem以及数根网线（根据需要）和一根电话线。如果要组建家庭局域网，还需要一个路由器。

- 分线器：又叫分离器，用于将电话的低频信号与网络的高频信号分离开来。
- ADSL Modem：俗称“ADSL猫”，是用于ADSL上网拨号的设备，电脑通过它才能正确连上网络提供商的服务器。
- 网线和电话线：用于连接各网络设备或语音设备的线缆，两端的透明接头俗称“水晶头”。

2. 连接ADSL硬件

ADSL硬件的连接很简单，首先是把电话入户线插到分线器只有一个接口的那边，然后把分离出来的两根线按标示分别插到电脑上和电话上即可。

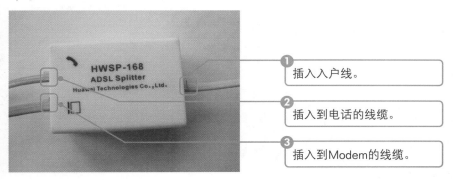

❶ 插入入户线。

❷ 插入到电话的线缆。

❸ 插入到Modem的线缆。

专家提示

分线器和入户线之间不能有其他的电话设备，任何分机、传真机、防盗器等设备的接入都将造成ADSL的故障，分机等设备只能接在分离器分离出的语音端口后面。

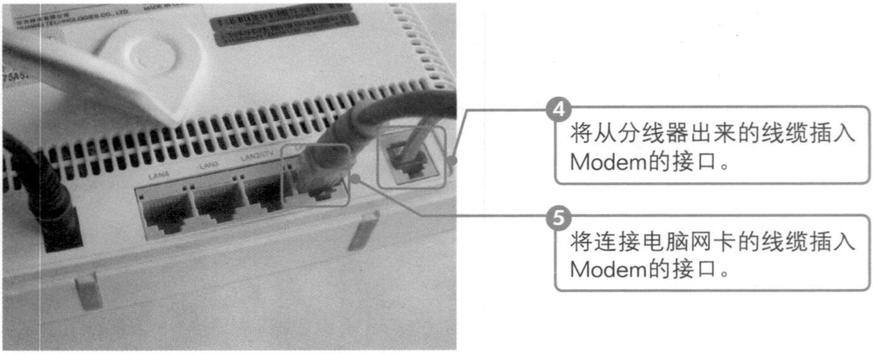

4
将从分线器出来的线缆插入Modem的接口。
5
将连接电脑网卡的线缆插入Modem的接口。

主题 2 组建局域网

如果有多台电脑要同时上网，而网络出口又只有一个的话，最好的办法就是组建一个局域网，共享网络出口，另外局域网内电脑之间还可以互相访问，共享资料，也很方便。

1. 组建局域网所需硬件

组建局域网所需硬件除了电脑，还需要路由器与网线数根。

- 路由器：路由器相当于是一个“信息集散中心”，用于组织和调配局域网中数据的走向。通常要共享网络连接的局域网，需要的是“宽带路由器”，也就是具有拨号功能的路由器，路由器一边连接ADSL Modem，一边连接局域网内的电脑。
- 网线：由于局域网内各台电脑摆放位置不同，因此到路由器的距离也不等，购买前要测量好距离，加上一米的冗余，再去购买。
- 无线路由器：无线路由器是宽带路由器的一种，用于组建小型的无线局域网，凡是处于路由器广播范围内的电脑都可以不用网线而直接连接上路由器，这样就省去布网线、装修墙壁等麻烦。用于连接无线路由器的电脑必须带有无线网卡，否则无法进行连接。

2. 连接路由器线缆

连接路由器线缆其实很简单，其操作步骤如下。

❶ 插入连接电脑的线缆。
❷ 插入从分线器出来的线缆。

教您一招：宽带路由器常见标识

宽带路由器上一般有四个连接电脑的接口，标志从“LAN1”到“LAN4”；有一个连接分线器的接口，标志为“WAN”。

Last 新手问答——排忧解难

下面，针对初学者学习本章内容时容易出现的问题或错误，进行解答和排除，帮助初学者顺利过关。

Q1 怎样吹去机箱内的泡沫屑？

拆开新包装的电脑配件时，很容易将包装里的泡沫颗粒弄到机箱里，用手一粒一粒地捡很不方便，手上的静电也有可能损害配件；用嘴去吹容易把唾沫喷到配件上，如果造成短路损失就大了。

专门吹去电子配件上的碎屑的工具叫做皮老虎，又叫“皮碗”，它不仅能在装机时吹去杂物，还可以在电脑使用一段时间后，吹去主板等元器件上的灰尘，以达到清洁的目的，是个很有用的工具。

Q2 安装时把螺丝掉进机箱里，不好取出来，怎么办？

在组装电脑的时候，常常出现把螺丝、螺帽等小金属件掉到机箱里，却不方便用手捡起来的情况。这个时候就需要用螺丝刀来“捡”它们了。

高级一点的螺丝刀，其尖端都是磁化过的，用它轻轻点一下螺丝或螺帽，即可将其吸附到尖端上取出，非常方便。

Q3 听说静电对电脑有害，如何防范？

在干燥的秋冬季节，人身上会积蓄起静电，电压可达2000伏以上，最高的时候甚至上万伏。带静电的人体接触其他物品时常常会发生放电现象。静电一般来说对人体是无害的，但对电脑来说就不一样了，CPU及显卡芯片等可能会被静电击穿而损坏。

在接触电脑配件以前，最好是先放去身上的静电。放电的方法有多种，最常见的莫过于洗手再擦干，静电就可消除；也可以触摸水管，因为水管接地，可将人体的静电导入到大地中，起到放电的目的。

另外化纤衣裤在摩擦的时候非常容易产生静电，因此最好在组装前换为纯棉衣物。

Q4 显示器使用模拟接口和使用数字接口的区别大吗？

目前的显示器和显卡上一般都有两个数据线接口：一个是模拟信号接口（VGA接口），曾经使用了相当长一段时间；另一个是数字信号接口（DVI接口）。

模拟信号接口适合CRT显示器使用，数字信号接口适合液晶显示器使用。由于现在使用的显示器大多为液晶显示器，所以建议使用数字信号接口。

模拟信号接口与数字信号接口有以下几点区别。

- 使用数字接口可以减小干扰，特别是在周围环境电磁干扰比较大的场所。
- 使用数字接口可以消除重影。
- 模拟信号有时时钟和相位不对应，需要自动调整，会造成不清晰和重影现象；而数字信号不会。
- 数字接口不需要自动调整画面，例如当游戏结束时切换分辨率后画面仍然是最清晰的，因为数字信号与画面上的点是一一对应的。

Q5 什么是拷机，如何进行拷机？

拷机是指将新组装的电脑不关机运行一两天来测试硬件的兼容性与系统稳定性。用户自己组装的电脑不像品牌机那样在出厂时经过严格的测试，所以需要拷机，也就是测试各配件的兼容性、稳定性，这样才能早些发现问题，早些解决问题。

不运行任何软件，是最基础的拷机，主要考验电脑基本硬件的兼容性能。如果没有问题，那么再运行大型程序进行拷机，比如大型3D游戏，可以检查电脑的内存和显卡等硬件的工作情况。

CHAPTER 03 做好系统安装前的准备工作

关于本章

在安装操作系统之前，需要将电脑设置为从光驱启动，并关闭主板上的防病毒功能，这就需要进入BIOS里进行设置；另外还需要合理规划硬盘分区与格式，这就需要使用到一些管理硬盘的程序。本章就专门讲解BIOS设置与硬盘分区格式化等安装操作系统之前的准备工作。

知识要点

- 认识BIOS
- 认识硬盘分区与格式
- BIOS的设置方法
- 硬盘分区的方法
- 硬盘格式化的方法

效果展示

First 新手入门——必学基础

了解了电脑构成，并组装了一台电脑之后，接下来的工作是安装操作系统吗？No，在安装操作系统之前，还需要对BIOS和硬盘分区有一定的了解，并完成相应的设置之后，才可以安装操作系统。

主题 1 快速认识BIOS

为什么安装操作系统还要先了解BIOS？因为安装操作系统常常是从光驱启动电脑之后再进行安装，这需要在BIOS里设置第一启动设备为光驱；安装时也不能打开BIOS中的防病毒设置，否则可能导致安装失败；另外还要正确设置各种参数以提高电脑的运行效率。所以先了解BIOS是非常必要的。

1. BIOS和CMOS

BIOS是基本输入输出系统（Basic Input/Output System）的缩写，它是电脑中最基础而又最重要的程序。

BIOS和COMS是大家在使用电脑时经常听到的两个说法，很多人将它们混为一谈，实际上它们是不同的。

教您一招：存放BIOS的芯片

BIOS是电脑最基本的输入/输出系统，它为电脑提供最基本、最直接的硬件控制与支持，是联系最底层的硬件系统和软件系统的基本桥梁。BIOS一般都被固化在电脑主板的一个芯片中，如左图所示。

CMOS是一种大规模应用于集成电路芯片制造的原料，它是微机主板上的一块可读写的RAM芯片，主要用来保存当前系统的硬件配置和操作者对某些参数的设定。

> **教您一招：CMOS电池**
>
> CMOS RAM芯片由系统通过一块后备电池供电，如左图所示。因此无论是在关机状态，还是遇到系统掉电的情况，CMOS信息都不会丢失。

所以，通常所说的“BIOS设置”，其实应该是通过BIOS设置程序对CMOS参数进行设置。

2. BIOS的分类

目前，较为常见的BIOS主要有 Award BIOS和AMI BIOS两种类型。

Award BIOS是由Award Software公司开发的BIOS产品，在目前的主板中使用最为广泛。Award BIOS功能较为齐全，可以支持许多新硬件，目前市场上多数主板都采用了这种BIOS。Award BIOS的主界面如左下图所示。

AMI BIOS是AMI公司出品的BIOS系统软件，它对各种软、硬件的适应性好，能保证系统性能的稳定。AMI BIOS的主界面如右下图所示。

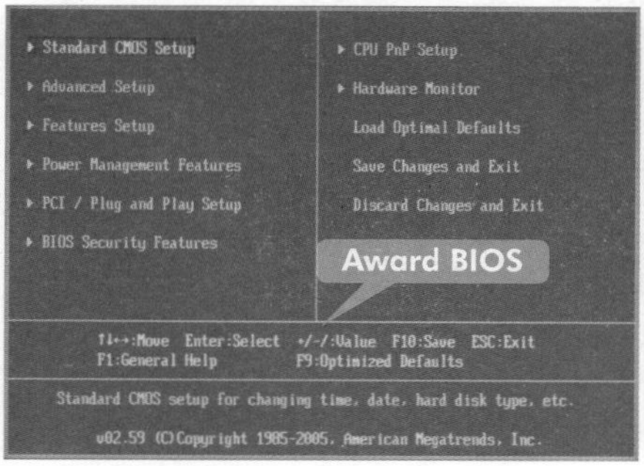

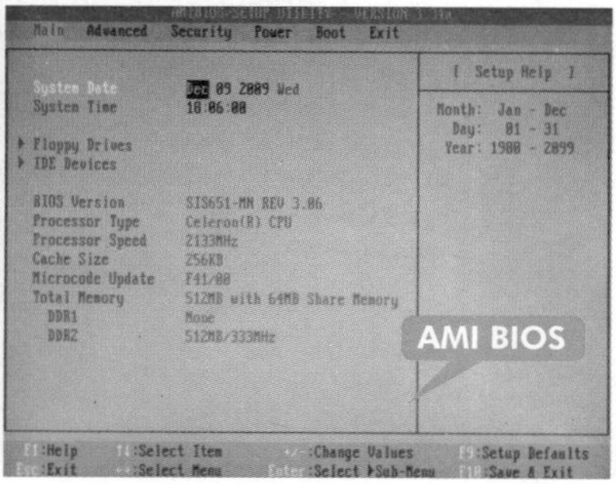

3. 进入BIOS的方法

不同的BIOS有不同的进入方法，通常会在开机画面有提示，下面列举了一些常见的进入BIOS的方法。

- Award BIOS和AMI BIOS是目前主板中使用最广泛的两种BIOS，它们的进入方法是在开机时按【Del】键。

- Phoenix BIOS多用于品牌机和笔记本电脑上，它的进入方法是在开机时按【F2】键。

其他一些常见BIOS的进入方式如下表所示。

BIOS类型	进入方法
IBM	按【F1】键
HP（惠普）	启动和重新启动时按【F2】键
SONY（索尼）	
DELL（戴尔）	
ACER（宏基）	
TOSHIBA（东芝）	冷开机时按【Esc】键，然后按【F1】键

对于其他一些没有在表中的不常见的进入方法，用户可在启动电脑时注意屏幕上的提示。比如某些Award BIOS类型的电脑在启动是会显示“Press DEL to enter SETUP”，以此提示用户按下【Del】键进入BIOS设置界面，如下图所示。

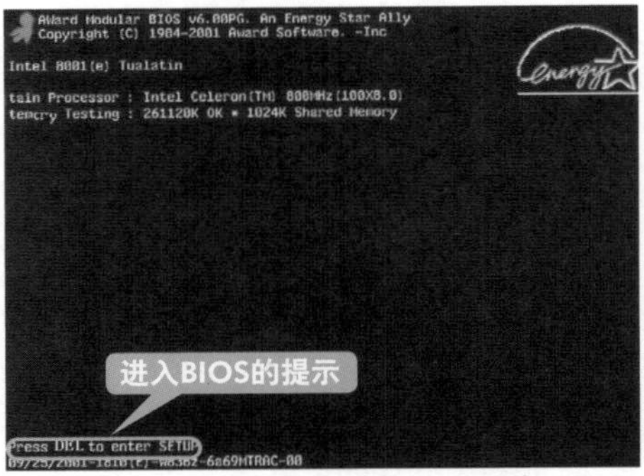

4. BIOS的设置界面

不同类型的主板BIOS设置程序也会有所不同，但差别不大。最常见的Award BIOS设置界面如下图所示。

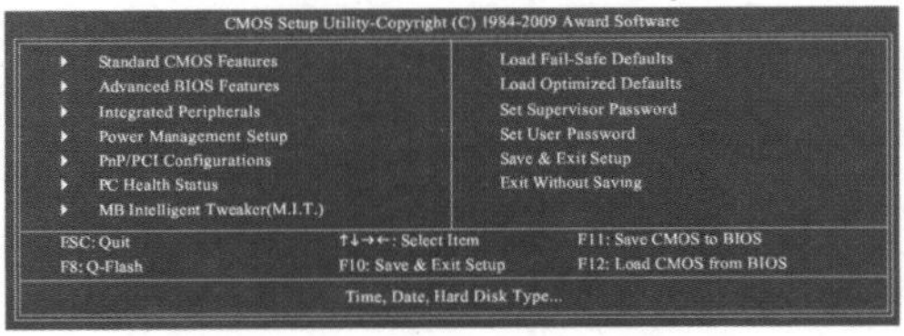

可以看到图中有十几项设置，下面还有简单的操作介绍。其他类型的BIOS设置选项也是大同小异的，这里就以Award BIOS为例讲解各功能选项含义、作用以及设置方法。

名称	含义	作用
Standard CMOS Features	标准CMOS参数设置	设置系统日期、时间、软/硬盘参数及系统安全功能
Advanced BIOS Features	高级CMOS参数设置	对系统的高级特性进行设置
Integrated Peripherals	外围设备参数设定	设置外围设备的开启和停用
Power Management Setup	电源管理设置	对CPU、硬盘和显示器等设备的节电功能运行方式进行设置
Advanced BIOS Features	高级CMOS参数设置	对系统的高级特性进行设置
PnP/PCI Configurations	即插即用/PCI参数设置	设置即插即用和PCI设备的状态
PC Health Status	电脑健康状态	显示系统自动检测的电压、温度及风扇转速等相关参数
MB Intelligent Tweaker（M.I.T）	超频设置	设置CPU、内存的频率和电压等参数
Load Fail-Safe Defaults	载入最安全的默认值	将BIOS所有参数恢复为出厂状态
Load Optimized Defaults	载入最优的默认值	读取系统默认的BIOS最佳化参数
Set Supervisor Password	设置超级用户密码	设置BIOS管理员的密码
Set User Password	设置用户密码	设置BIOS使用者的密码
Save & Exit Setup	保存并退出设置	保存对BIOS的修改，然后退出Setup程序
Exit Without Saving	保存并退出设置	放弃对BIOS的修改，然后退出Setup程序

另外，在Award BIOS里都是使用键盘进行操作，这些控制键的具体功能如下表所示。

控制键	功能
↑	向前移一项
↓	向后移一项
←	向左移一项
→	向右移一项
Enter	选定此选项
Esc	退出界面或者回到主界面
+或Page Up	增加数值或改变选择项
-或Page Down	减少数值或改变选择项
F1	主题帮助，仅对状态显示界面和选择设定界面有效
F5	从CMOS中恢复前次的CMOS设定值，仅对选择设定界面有效
F6	从故障保护默认值表加载CMOS值，仅对选择设定界面有效
F7	加载优化默认值
F10	保存改变后的CMOS，设定值并退出

主题 2 快速认识硬盘分区与格式

硬盘就像一个大屋子，虽然可以把所有物品都放在这个大屋子里，但是不加以整理未免显得过于凌乱，不方便寻找和使用。如果把大屋子合理划分为几个功能不一的小房间，分门别类地放进物品，则用户在管理和使用上都会方便很多。

1. 认识硬盘分区

分区就是将一块硬盘划分为几个不同的部分，每个部分可以有不同的用途，就好像将一间大房间分隔成几间小房间一样，这样就能让硬盘中不同用途的文件各安其所。如下图中所示的硬盘就一共划分了6个分区。

教您一招：如何观察硬盘图标信息

分区容量以长条图形表示，其中深色部分表示已用空间，用户可直观地看到分区的使用情况。

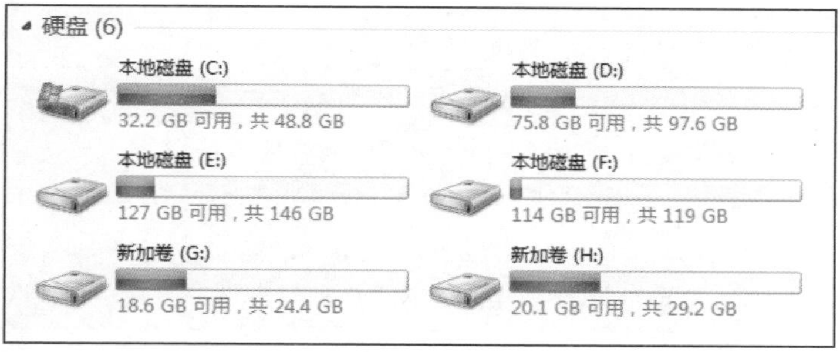

（1）为什么要对硬盘分区

客观地说，即使不对硬盘进行分区，只是把全部的硬盘空间划分为一个分区，也是完全可以正常使用电脑的。但实际上，大部分电脑用户都会对硬盘进行分区，因为这样做会有如下好处。

- 便于分类保存数据：在使用电脑时，要养成有条理地存放文件的习惯。如果只是为了方便将程序和数据随意保存的话，随着时间的推移和文件的增多，需要再次使用的时候可能就很难找到了。因此，应先将硬盘划分成不同分区，再在相应的分区中建立不同的文件夹，以便分门别类地保存数据和程序。
- 便于安装多个操作系统：在后面的章节中，将介绍多个操作系统的安装方法。不论哪两个操作系统共存，都不建议把它们安装在同一个分区中，而是应该为每一个操作系统分别准备一个分区。因此，对硬盘进行合理分区，也是为了便于多个操作系统的共存。
- 便于恢复丢失的数据：在使用电脑的过程中，难免会受到病毒、木马程序、间谍软件、流氓软件的攻击。如果将硬盘划分了多个分区，而其中一个分区遭到了攻击，那么还可以利用数据恢复软件将受损分区的数据恢复到另一个分区上，尽量将损失降到最低。

（2）硬盘分区的种类

总的来说，磁盘分区分为“主分区”与“扩展分区”，在“扩展分区”上又进一步划分为“逻辑分区”。此外，如果需要从硬盘引导电脑，还需要设置唯一的一个“活动分区”。

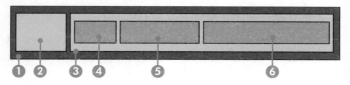

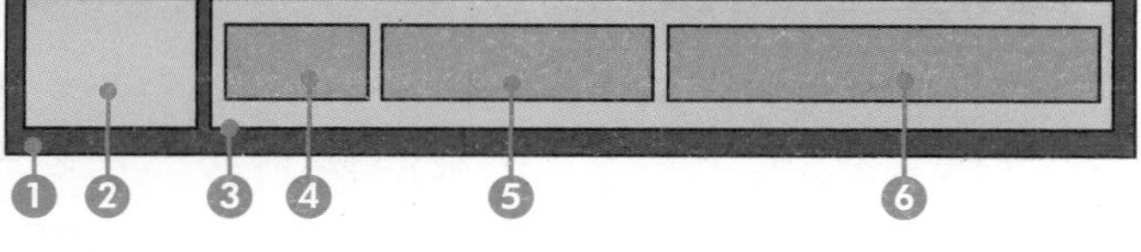

❶	硬盘：也叫磁盘，包含各种分区。
❷	主分区：一般有一个，最多可以有四个。
❸	扩展分区：扩展分区只有一个，其级别与主分区相同。扩展分区包含逻辑分区。在有一个扩展分区的硬盘上，最多只能划分三个主分区。
❹ ❺ ❻	逻辑分区：逻辑分区包含在扩展分区中。逻辑分区数量不限，但在Windows操作系统中，盘符分配从C到Z，减去主分区所占盘符，剩下的就是逻辑分区的盘符（扩展分区没有盘符，对用户来说扩展分区是看不到的）。

- 主分区：主分区用于保存操作系统启动时所需的文件。在一块硬盘上最多可以设置四个主分区，以便安装多个不同的操作系统。对于普通用户而言，通常只设置一个主分区即可。
- 扩展分区：除去主分区，硬盘剩余的部分都为扩展分区。扩展分区可以用来建立若干个不同的逻辑分区，但是扩展分区不能单独使用，必须要将其划分为一个或多个逻辑分区后才可以使用。可以在扩展分区上划分一个唯一的逻辑分区，也可以在扩展分区上划分多个不同的逻辑分区。
- 逻辑分区：逻辑分区就是从扩展分区中划分出来的一个一个具体的分区。逻辑分区建立在扩展分区的基础之上，逻辑分区与扩展分区属于归属的关系。
- 活动分区：活动分区用于标识电脑从哪个硬盘分区引导。活动分区只有主分区可以设置，如果在硬盘上存在多个主分区，则应将要启动的操作系统所对应的主分区设置为活动分区即可。

教您一招：从硬盘启动电脑的两个条件

要实现从硬盘启动电脑，必须同时满足以下两个条件：一要设置活动分区；二要在活动分区中存在可以引导电脑的操作系统文件。

2. 认识分区格式

分区格式也被称为“文件系统”，例如，FAT16、FAT32、NTFS、EXT2、EXT3等都属于文件系统。每个分区必须使用一种文件系统，才能存取数据。没有文件系统的分区是无法使用的。

每个操作系统对文件系统的要求是不同的，比如Windows 7只能安装在NTFS文件系统上，Linux操作系统只能安装在EXT2、EXT3或ReiserFS文件系统上等，所以有必要根据自己使用的操作系统类型来选择合适的文件系统。

（1）常用文件系统

下面将介绍常用的文件系统。

- FAT16文件系统：FAT的全称为File Allocation Table，即“文件分配表”。FAT分为16位与32位两种不同的版本，通常说的“FAT”专指FAT16文件系统。FAT16文件系统的兼容性好，可以被MS-DOS、Windows及其他多种操作系统识别，但是由于不支持容量超过2GB的硬盘，现在已被淘汰。
- FAT32文件系统：FAT32文件系统是FAT的改进版本。它支持32位体系结构，突破了FAT不支持2GB以上驱动器的限制，最大可以支持2TB的分区，但运行速度比采用FAT16格式分区的磁盘要慢。
- NTFS文件系统：NTFS文件系统的全称为New Technology File System，也可以简称为NT File System，这是基于NT核心的Windows系统专用的文件系统。它的安全性及稳定性是几个文件系统中最出色的，并且可以在NTFS文件系统上实现很多FAT及FAT32无法实现的特殊功能，例如，设置文件访问权限、设置EFS加密、数据压缩、设置磁盘配额、热修复损坏扇区等。目前在安装主流操作系统时，最好使用NTFS文件系统。
- EXT2文件系统：EXT2是Linux 操作系统中标准的分区格式，其特点是存取文件的性能极好，具有反删除功能，不过操作起来比较复杂。
- EXT3文件系统：EXT3也是Linux操作系统所用的分区格式。它在保持EXT2格式性能优点的基础上添加了日志功能。EXT3支持大文件，但不支持反删除功能，因此安全性相对来说比较高。
- ReiserFS文件系统：ReiserFS是一个非常优秀的文件系统，支持大文件和反删除功能，同时也是Linux的日志文件系统之一。

专家提示

Windows操作系统能兼容的分区格式为FAT16、FAT32和NTFS。由于本书将重点讲解Windows操作系统，所以对于EXT2、EXT3和ReiserFS分区格式读者略加了解就可以了。

（2）在Windows中查看分区格式

光盘同步文件

教学文件：光盘\视频教学\第3章\新手入门：主题2 在Windows中查看分区格式.MP4

要想知道某个分区所使用的分区格式，可以2在Windows中进行查看。

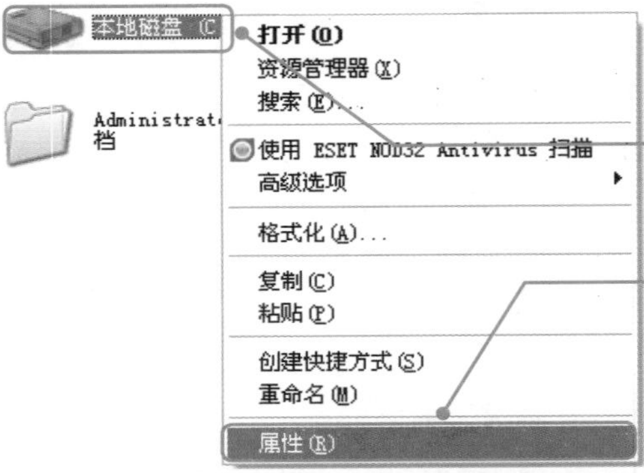

❶ 打开“我的电脑”窗口，右击要查看的分区图标。

❷ 单击“属性”命令。

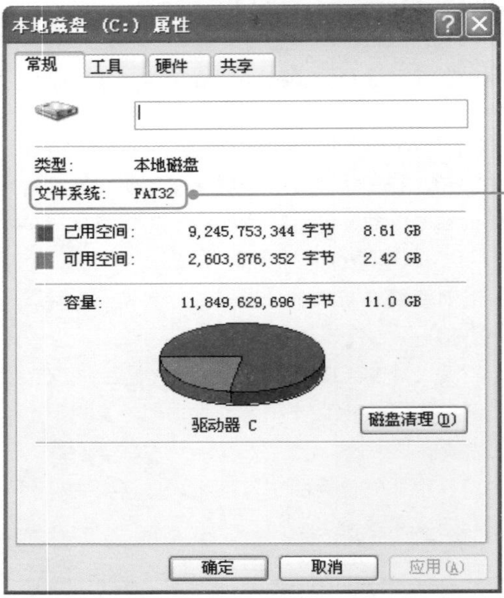

❸ 查看文件系统。

也可以用Windows提供的CHKNTFS磁盘检测命令来检测驱动器的文件系统，具体操作方法如下。

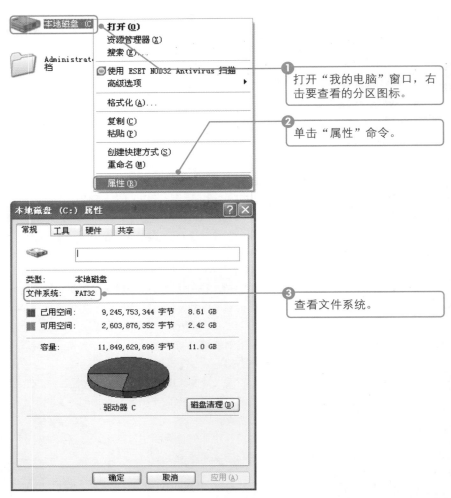

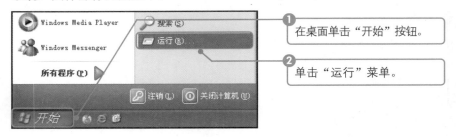

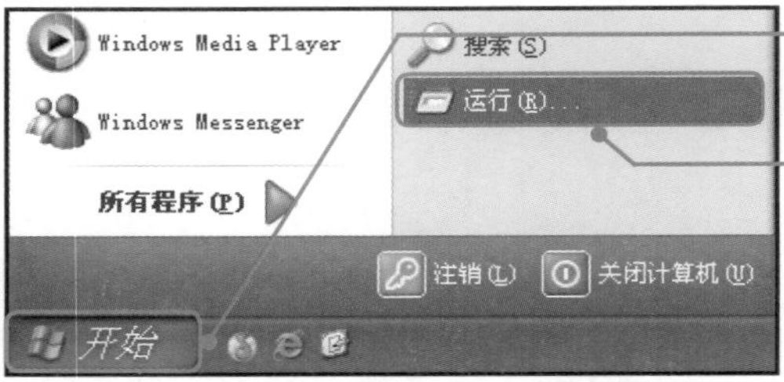

❶ 在桌面单击“开始”按钮。

❷ 单击“运行”菜单。

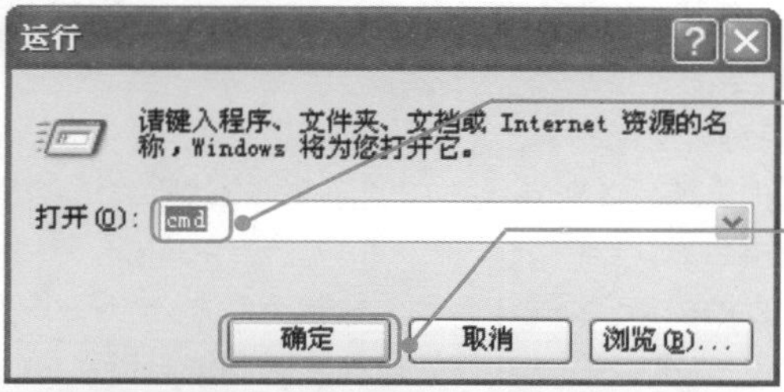
运行
请键入程序、文件夹、文档或 Internet 资源的名称，Windows 将为您打开它。
打开(O): cmd
确定
取消
浏览(B)...

3 输入“cmd”。

4 单击“确定”按钮，打开命令行窗口。

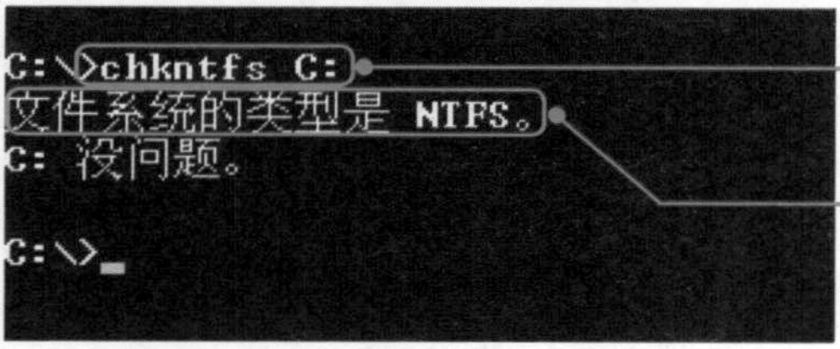
C:\>chkntfs C:
文件系统的类型是 NTFS。
C: 没问题。
C:\>_

5 在光标后输入“chkntfs C:”。

6 按下【Enter】键查看分区格式。

（3）转换Windows文件系统

有时从网上下载的高清影片或者大型游戏会无法保存在FAT32分区，这是因为FAT32文件系统不支持超过4GB的单个文件，此时就需要对文件系统进行转换。具体操作方法如下。

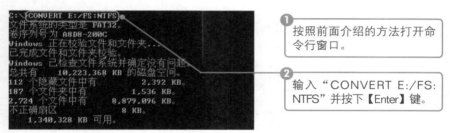

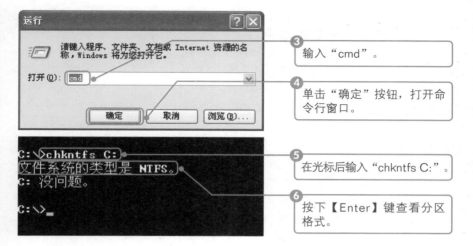

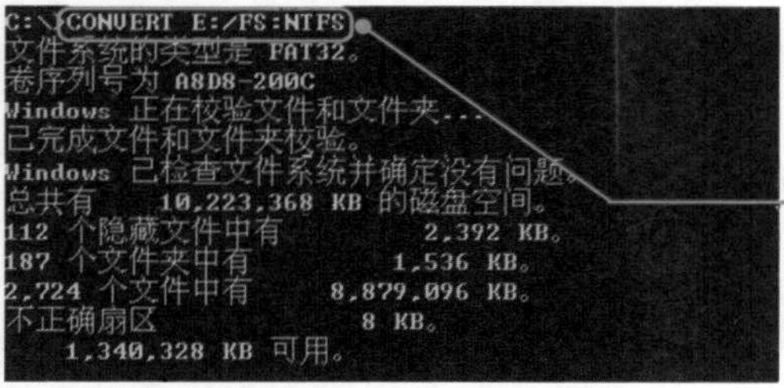
C:\>CONVERT E:/FS:NTFS
文件系统的类型是 FAT32。
卷序列号为 A8D8-200C
Windows 正在校验文件和文件夹...
已完成文件和文件夹校验。
Windows 已检查文件系统并确定没有问题。
总共有 10,223,368 KB 的磁盘空间。
112 个隐藏文件中有 2,392 KB。
187 个文件夹中有 1,536 KB。
2,724 个文件中有 8,879,096 KB。
不正确扇区 8 KB。
1,340,328 KB 可用。

1 按照前面介绍的方法打开命令行窗口。

2 输入“CONVERT E:/FS:NTFS”并按下【Enter】键。

3. 合理规划分区

现在的硬盘容量越来越大，1000GB（1TB）的硬盘已经成为主流，2000GB以上的硬盘也逐渐多了起来。初次接触分区的用户对上千GB的硬盘，常常会感到比较茫然，不知如何入手。下面就来介绍一下硬盘分区的通用原则及一些常见的分区方案。

根据硬盘实际容量结合实际需要来大致规划一块硬盘该划分多少个分区，每个分区应划分多大的容量，以便今后分门别类地存放数据。一般来说，分区时应该遵循以下原则。

- 分区合理性：指在划分分区数目时最好不要分得过多过细。过多的分区数目会减慢系统启动及访问资源管理器的速度，也不方便磁盘管理。

- 系统分区容量不宜过大：由于操作系统的容量会随着使用时间增加，所以要给操作系统保留足够的运行空间。但也不能把系统分区空间设得太大，否则会在扫描磁盘和整理磁盘碎片上花费不少时间，影响工作效率，因此建议安装Windows XP的用户把系统分区容量设在10GB~20GB比较合适，Windows 7则使用20GB~30GB为宜。
- 分出一个较大的分区：对于500GB以上的硬盘而言，非常有必要分出一个容量在100GB以上的分区，用于大型文件的存储。现在一部高清电影容量就接近20GB，一个游戏也是动辄10GB以上。假如按照平均原则进行分区的话，这些巨型文件的存储就会很麻烦。
- 系统、资料、程序分类存放：Windows操作系统把“我的文档”等一些个人数据资料都默认放到系统分区中，一旦要格式化系统盘来彻底杀灭病毒和木马程序，而又没有备份资料的话，这些数据就会丢失。所以应将系统、程序、资料分别放在三个分区中，这样即使系统瘫痪，需要重装的时候，可用的程序和资料也不会丢失，很快就可以恢复工作，不必再为了恢复数据而头疼。
- 操作系统特性：不同的操作系统支持不同的文件系统，操作系统本身也存在着一些局限，因此在分区时应考虑将要安装的操作系统的特性，做出合理的安排。

常用Windows系统对FAT16、FAT32和NTFS分区格式的支持如下表所示。

系统	FAT16	FAT32	NTFS
Windows 2000/XP/2003	仅读写	读写、安装	读写、安装
Windows Vista / Windows 7	仅读写	仅读写	读写、安装

Windows系统不支持EXT2/3和ReiserFS分区。

（1）单系统的分区方案

一般情况下，对于只安装一个操作系统的硬盘来说，只需划分一个主分区，用于安装操作系统；其余空间划分一个扩展分区，将扩展分区再划分逻辑分区，用于安装程序和存放数据，具体需要分割成多少个分区，可以根据自身需要进行规划。

（2）Windows双系统的分区方案

如果要安装双操作系统，从系统稳定性考虑，最好不要将它们安装在同一分区内。下表是以一个1000GB硬盘安装Windows双系统的硬盘分区规划。

盘　符	大　小	分区格式	存储内容
C盘	20GB	NTFS	Windows XP
D盘	30GB	NTFS	Windows 7
E盘	100GB	NTFS	应用软件
F盘	300GB	NTFS	文档资料
G盘	300GB	NTFS	娱乐
H盘	250GB	NTFS	备份

教您一招：建议全部采用NTFS分区

由于NTFS文件系统性能比FAT要好，因此建议全部分区都使用NTFS格式。另外，NTFS格式分区也方便存放单个容量大小超过4GB的高清电影和系统备份文件。

（3）3个以上操作系统共存的分区方案

安装3个以上的操作系统，可以把第1个操作系统安装在主分区，然后将其他操作系统依次安装在逻辑分区中。

硬盘分区和安装Windows双操作系统分区规划相似，可根据不同分区的用途而定。下表是一个容量为2000GB的硬盘安装Windows XP/Windows Vista/Windows 7三个系统时的分区规划。

盘　符	大　小	分区格式	存储内容
C盘	30GB	NTFS	Windows XP
D盘	40GB	NTFS	Windows Vista
E盘	40GB	NTFS	Windows 7
F盘	400GB	NTFS	应用软件
G盘	400GB	NTFS	游戏
H盘	400GB	NTFS	文档资料
I盘	400GB	NTFS	音乐、电影
J盘	290GB	NTFS	备份

（4）双硬盘安装多操作系统分区方案

很多用户的电脑升级后，购买了大容量的硬盘，而以前的硬盘容量虽然小了点，但还能用，于是把两个硬盘都安装到了电脑里，这种用法很常见。在多了一个硬盘的情况下，该如何来安排分区呢？

如果不打算再安装Linux之类的操作系统，那么新硬盘上一般就只安装Windows XP和Windows 7操作系统，而把老硬盘分为两个分区，一个100GB，用于备份操作系统，一个150GB，用于存放各种资料（不建议用于安装程序，因为新硬盘速度比旧硬盘快，程序安装在新硬盘上要比安装在旧硬盘上运行得快一些，尤其是大型软件更加明显）。

专家提示

在分区后会发现硬盘的实际容量往往会略小于其标示的容量，这是因为硬盘分区的计算容量方法和厂商计算容量的方法存在差异所致。磁盘空间的大小换算方式为：1GB=1024MB，1MB=1024KB，1KB=1024Byte；而硬盘厂商的计算方法为：1KB = 1000Bytes，1MB = 1000KB，1GB=1000MB，这样就造成了上述的情况，此时不要认为是买到了假冒伪劣产品，比如标示为32GB的iPhone，在查看设备容量时会发现只有29.5GB，这是正常的，但相差过多就不正常了。

Next 新手提高——技能拓展

通过对前面入门部分知识的学习，相信初学者已经了解了如何做好安装前的准备工作。下面介绍一些帮助初学者提高技能的知识。

主题 1 BIOS设置速成

掌握BIOS设置，不仅可以对时间日期、启动顺序等进行调整，还可以根据具体使用情况改变各类参数，让电脑运行得更快。下面就以最常见的Award BIOS设置为例进行讲解。

1. 系统时间设置

光盘同步文件

教学文件：光盘\视频教学\第3章\新手提高：主题1 系统时间设置.MP4

BIOS里可以设置系统时间。有的用户可能觉得即使时间不正确也无所谓，其实不正确的系统时间对于以后使用操作系统和一些应用程序是有不良影响的，因此设置系统时间很有必要。

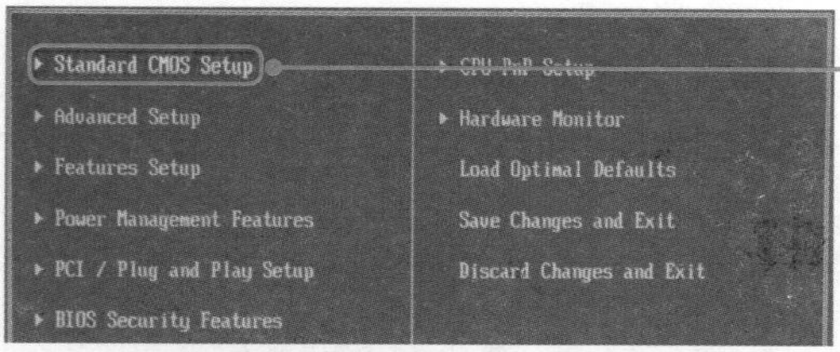

① 在BIOS设置主界面选择“Standard CMOS Setup”选项并按下【Enter】键。

② 设置时间（System Time）和日期（System Date）。

2. 启动顺序设置

光盘同步文件

教学文件：光盘\视频教学\第3章\新手提高：主题1 启动顺序设置.MP4

这里启动顺序设置一共有3项：1st Boot Device（第一启动设备）、2nd Boot Device（第二启动设备）、Try Other Boot Device（尝试其他启动设备）。其他版本的BIOS设置略有不同，有的是直接列出四个启动顺序选项。

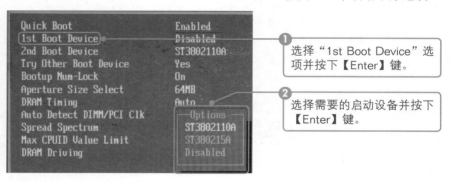

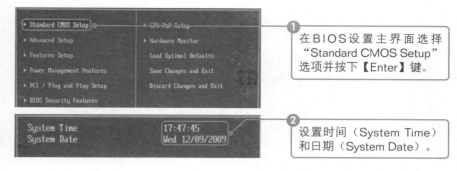

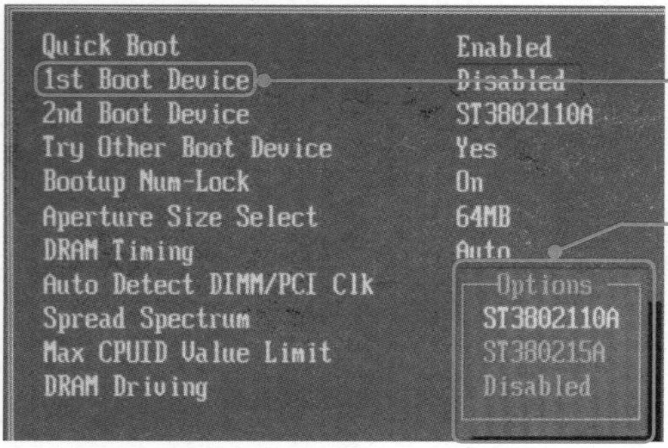

① 选择“1st Boot Device”选项并按下【Enter】键。

② 选择需要的启动设备并按下【Enter】键。

专家提示

如果选择从光驱启动，则启动设备应选择“CDROM”或“DVDROM”等，如果要选择从U盘启动，则应选择“Flash Drive”。各个版本对于启动设备的称呼略有不同。

3. 病毒警告设置

高级设置界面中的“Virus Warning”选项用于设置病毒警告，设定值有“Disabled”（关闭）和“Enabled”（开启）两项。开启此项功能后，任何写入主引导扇区或分区表的操作都会被拦截，并且在屏幕中显示警告信息，提醒用户有病毒入侵。在安装操作系统时，需要写入引导信息，所以安装前应关闭此功能，否则会导致安装失败。

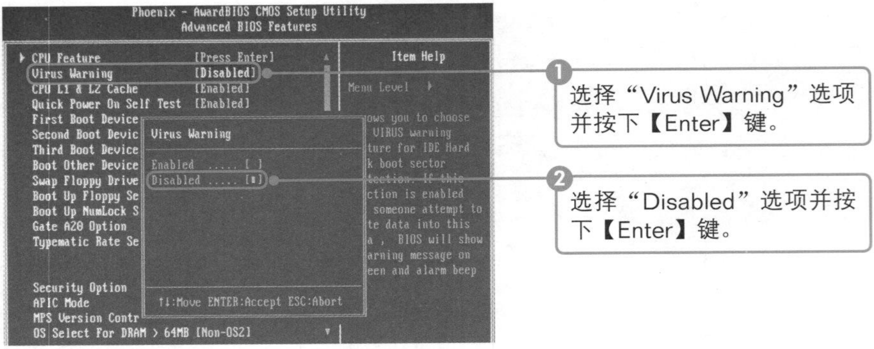

4. 快速启动设置

“Quick Boot”用来设置快速开机自检（POST），如果将其设置为“Enabled”，可以加速电脑的启动。

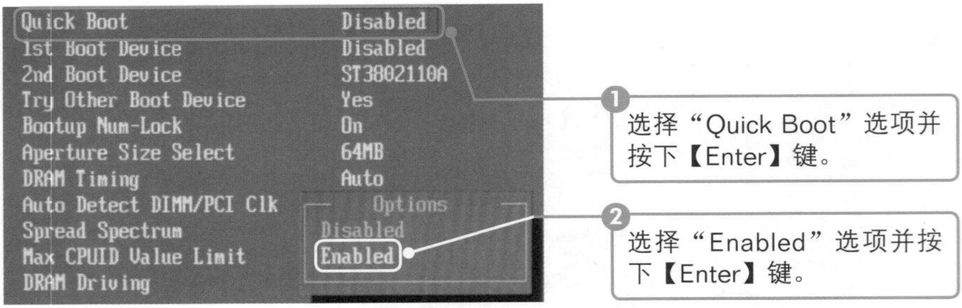

5. 载入BIOS最优化设置

如果在设置BIOS参数后电脑出现异常，却又忘记究竟是哪一项设置导致的，无法让电脑恢复正常时，可通过载入BIOS设置程序的最优化参数设置进行恢复。

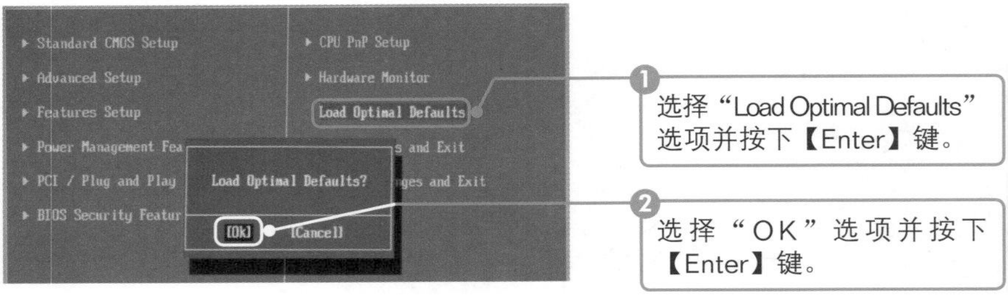

6. 设置BIOS密码

光盘同步文件

教学文件：光盘\视频教学\第3章\新手提高：主题1 设置BIOS密码.MP4

为了防止BIOS设置被其他人修改，可设置BIOS的密码。BIOS中设置密码有两个选项，其中“Set Supervisor Password”项用于设置超级用户密码，“Set User Password”项用于设置用户密码。超级用户的密码权限高于用户级密码，具体体现在使用“超级密码”的用户不但可以正常启动电脑，而且可以进入BIOS设置菜单对部分项目进行修改，包括直接修改或撤销由普通用户已经设置的“用户密码”，而使用“用户密码”的用户虽然可以正常启动电脑，也能够进入BIOS设置菜单进行浏览，但不能更改其中的设置。

二者的设置方法基本相同，这里就以在Award BIOS中设置超级用户密码为例，介绍其具体操作方法。

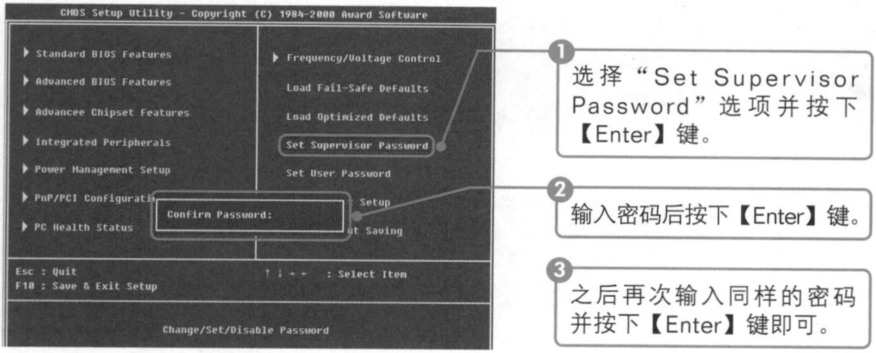

7. 保存与退出BIOS设置

光盘同步文件

教学文件：光盘\视频教学\第3章\新手提高：主题1 保存与退出BIOS设置.MP4

在BIOS设置中通常有两种退出方式，即保存设置退出和不保存设置退出。如果BIOS设置完毕后需要保存所做的设置，可按以下方法进行操作。

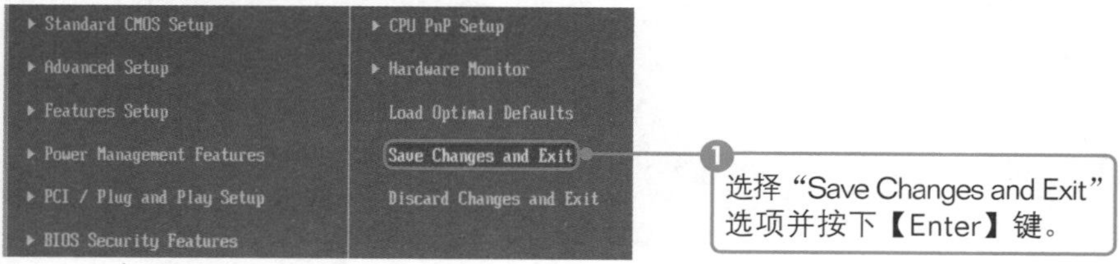

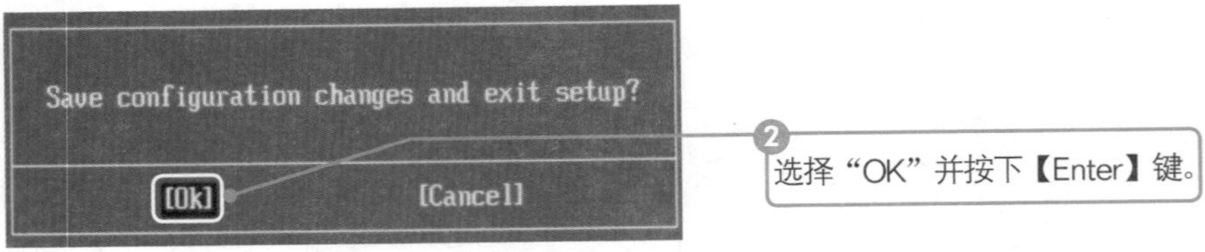

如果不需要保存对BIOS所做的设置，可按如下方法进行操作。

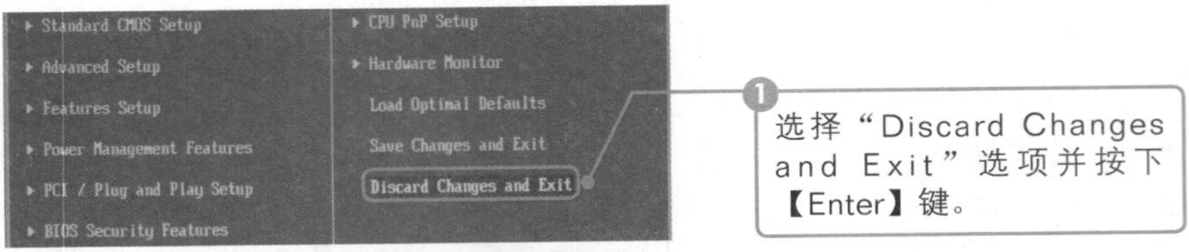

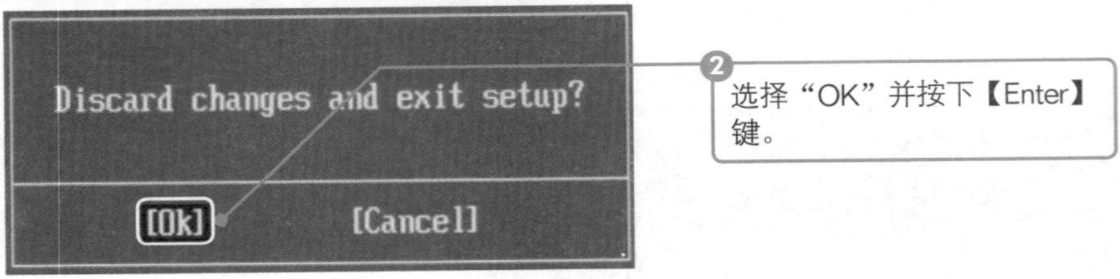

主题 2 分区与格式化详解

在设置好BIOS以后，还不能立即开始安装操作系统，而是需要对硬盘进行分区与格式化操作，让硬盘划分为数个区域，并制作为能被操作系统识别的格式。

光盘同步文件

教学文件：光盘\视频教学\第3章\新手提高：主题2 分区与格式化详解.MP4

1. 用系统安装盘分区

读者应该对分区的整个操作流程有个大致了解，才能在实际操作中，做到有条不紊。建立分区的顺序一般是：建立主分区→创建扩展分区→进行逻辑分区。

最方便易得的分区工具，恐怕要算是Windows系统安装盘里自带的分区功能了。下面就以Windows XP系统安装盘为例进行讲解。

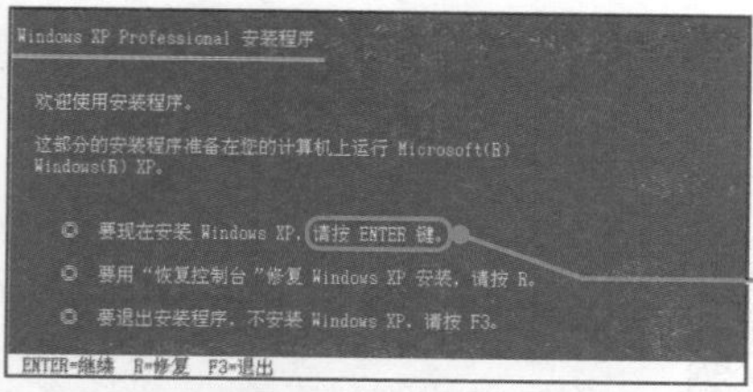
Windows XP Professional 安装程序
欢迎使用安装程序。
这部分的安装程序准备在您的计算机上运行 Microsoft(R) Windows(R) XP。
◎ 要现在安装 Windows XP，请按 ENTER 键。
◎ 要用“恢复控制台”修复 Windows XP 安装，请按 R。
◎ 要退出安装程序，不安装 Windows XP，请按 F3。
ENTER=继续 R=修复 F3=退出

❶ 将电脑设置为从光驱启动，然后将Windows XP的安装光盘放入光驱，重启电脑。

❷ 按照提示按下【Enter】键。

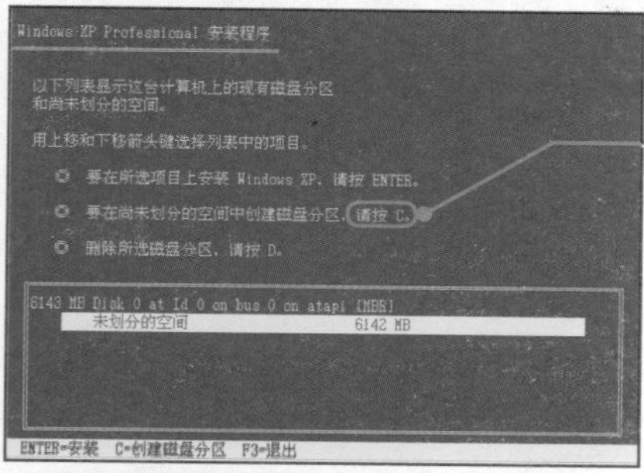
Windows XP Professional 安装程序
以下列表显示这台计算机上的现有磁盘分区和尚未划分的空间。
用上移和下移箭头键选择列表中的项目。
◎ 要在所选项目上安装 Windows XP，请按 ENTER。
◎ 要在尚未划分的空间中创建磁盘分区，请按 C。
◎ 删除所选磁盘分区，请按 D。
6143 MB Disk 0 at Id 0 on bus 0 on atapi [MBR]
未划分的空间 6142 MB
ENTER=安装 C=创建磁盘分区 F3=退出

❸ 按照提示按下【C】键。

专家提示

Windows XP安装盘的功能很强劲，对于一些出错的分区都可以强行删除。

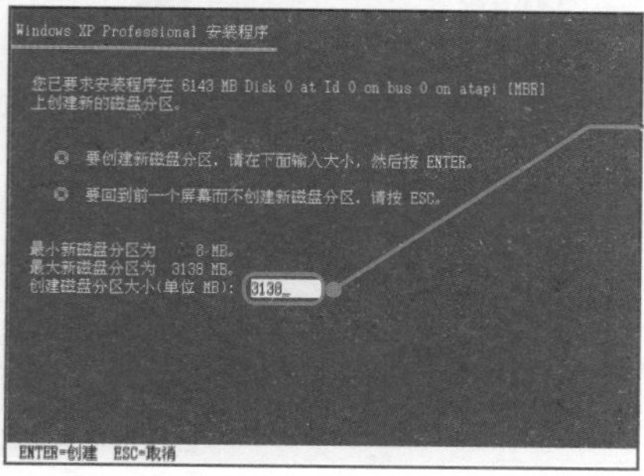
Windows XP Professional 安装程序
您已要求安装程序在 6143 MB Disk 0 at Id 0 on bus 0 on atapi [MBR] 上创建新的磁盘分区。
◎ 要创建新磁盘分区，请在下面输入大小，然后按 ENTER。
◎ 要回到前一个屏幕而不创建新磁盘分区，请按 ESC。
最小新磁盘分区为 8 MB。
最大新磁盘分区为 3138 MB。
创建磁盘分区大小(单位 MB)：3138
ENTER=创建 ESC=取消

❹ 输入分区大小并按下【Enter】键。

❺ 重复以上步骤直到硬盘划分完毕，之后直接按下主机箱面板上的重置按钮重启电脑即可。

2. 用format格式化分区

划分好分区以后，还需要将分区格式化。最常见的格式化工具是一个叫做“format”的小程序，它功能并不强大，只能将分区格式化为FAT32，但胜在随处可得，很多工具光盘、工具优盘里都带有它。这里假设要格式化的分区盘符为“k”，其具体方法如下。

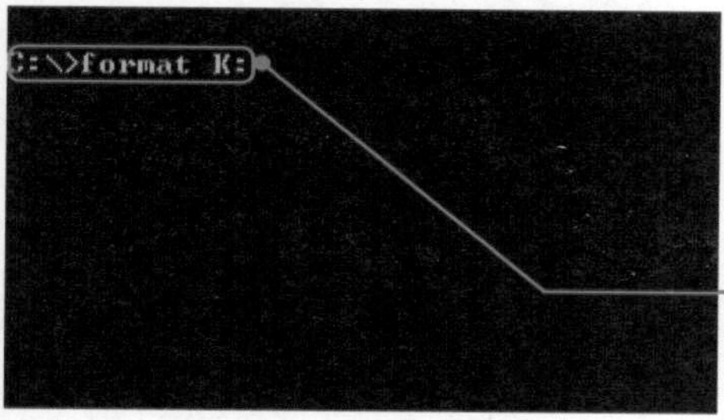
C:\>format K:

❶ 使用DOS或Windows 98的启动光盘（或者其他带有format程序且能够启动到DOS的光盘）启动电脑。

❷ 输入“format K:”命令并按下【Enter】键。

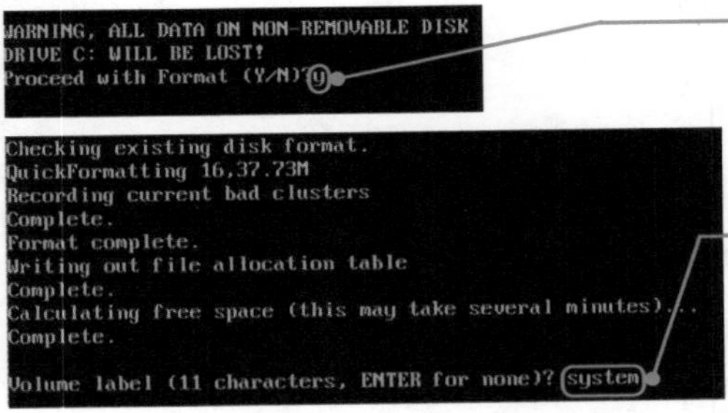
WARNING, ALL DATA ON NON-REMOVABLE DISK
DRIVE C: WILL BE LOST!
Proceed with Format (Y/N)?y
Checking existing disk format.
QuickFormatting 16,37.73M
Recording current bad clusters
Complete.
Format complete.
Writing out file allocation table
Complete.
Calculating free space (this may take several minutes)...
Complete.
Volume label (11 characters, ENTER for none)? system

❸ 输入“y”并按下【Enter】键。

❹ 输入卷标并按下【Enter】键（也可以不输入卷标直接按下【Enter】键）。

3. 用PartitionMagic无损管理分区

由于format程序只能将分区格式化为FAT32，可能很多想用NTFS格式的用户会感到不满意。下面就介绍一个专业的硬盘管理工具PartitionMagic的Windows版本的使用方法。

教您一招：分区魔术师PartitionMagic

PartitionMagic能在Windows或DOS下以图形界面对磁盘进行各种操作，其最大特点是在不损失硬盘中原有数据的前提下对硬盘进行重新分区、格式化以及复制、移动、格式转换和更改硬盘分区大小、隐藏硬盘分区等操作，非常适合初学者使用。

（1）创建新的分区

如果磁盘上还有空闲的空间，或者是因为某个原因删除了某个分区，那么这部分的磁盘空间Windows是无法访问的。用PartitionMagic的向导功能，可在一个硬盘上创建新的分区。

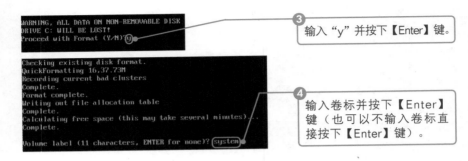

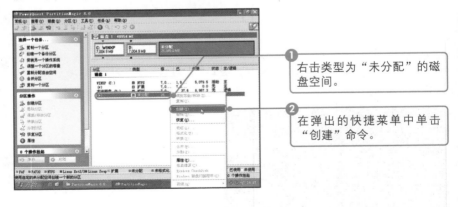

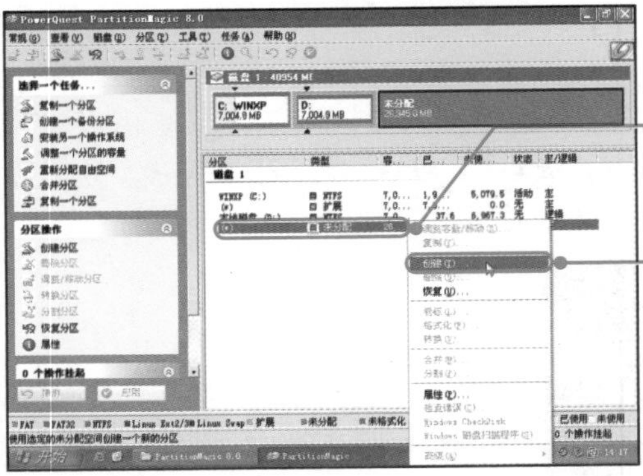

❶ 右击类型为“未分配”的磁盘空间。

❷ 在弹出的快捷菜单中单击“创建”命令。

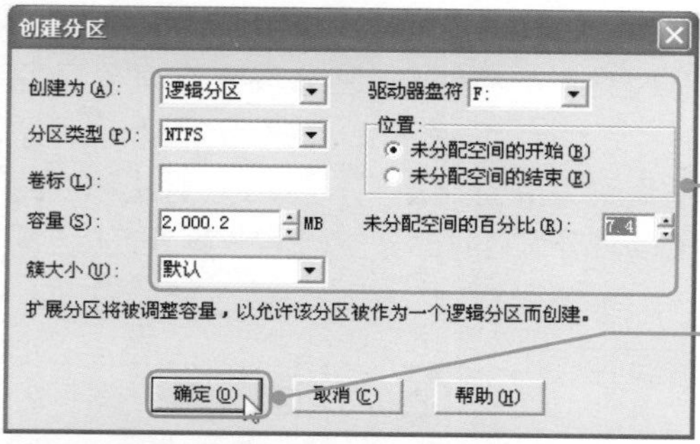

3 设置分区参数。

4 单击“确定”按钮。

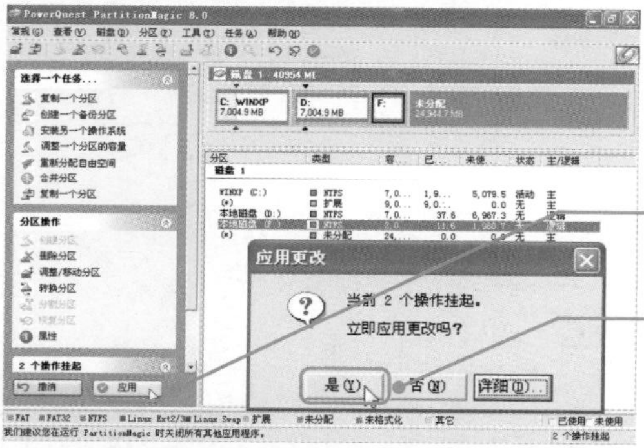

5 单击“应用”按钮。

6 单击“是”按钮。

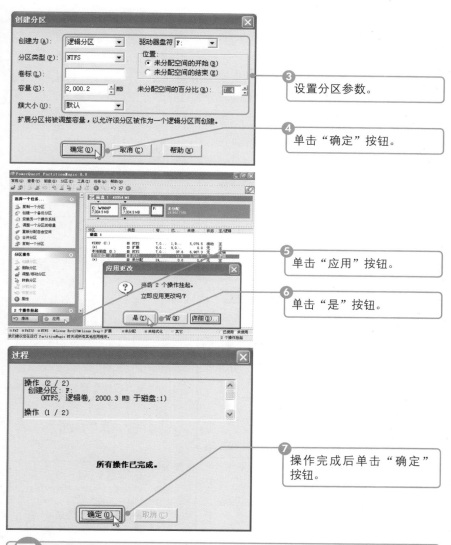

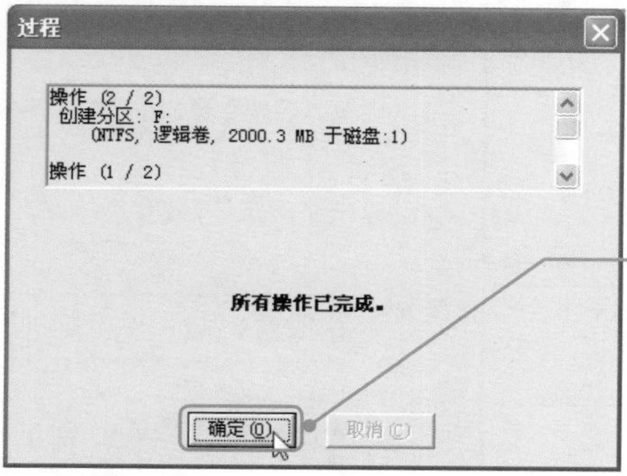

7 操作完成后单击“确定”按钮。

专家提示

如果新建分区的操作影响到了系统分区，则可能弹出对话框要求用户重启电脑，单击“确定”按钮即可。

（2）调整已有分区的大小

在使用电脑的过程中，有时会遇到某个分区容量不足，而另一个分区却容量过大的情况，这时就要对硬盘分区做出调整。而使用PartitionMagic的调整分区功能，就可在不影响硬盘数据的情况下随意调整已有分区的大小。

如果要将一个分区调大，但前后又没有空闲空间，那么只能从邻近的分区里“挤占”一些空间了。这里以将分区G的部分空间划分给分区F为例进行讲解。

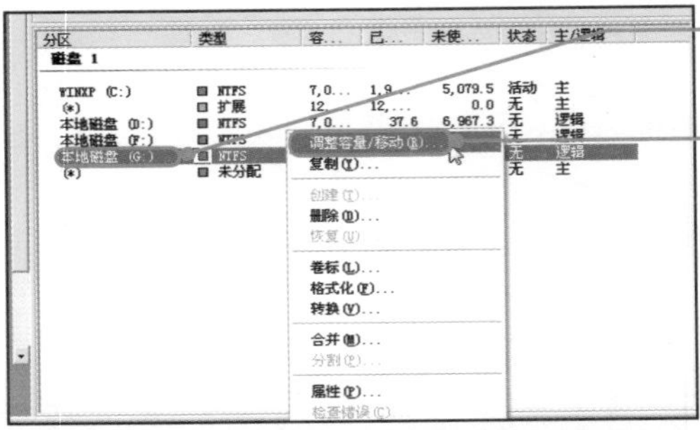

1. 右击G分区。
2. 在弹出的快捷菜单中单击“调整容量/移动”命令。

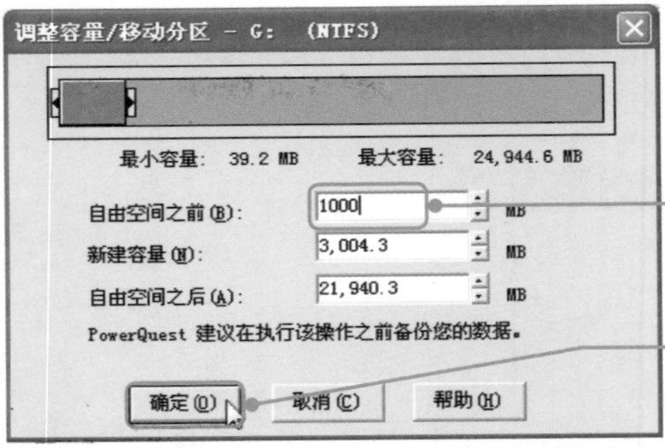

3. 在“自由空间之前”文本框内输入G盘要释放的空间。
4. 单击“确定”按钮。

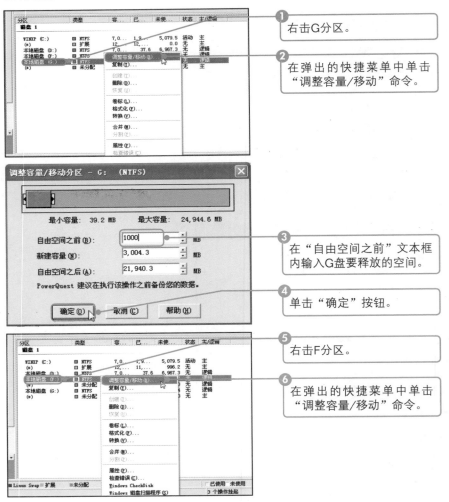

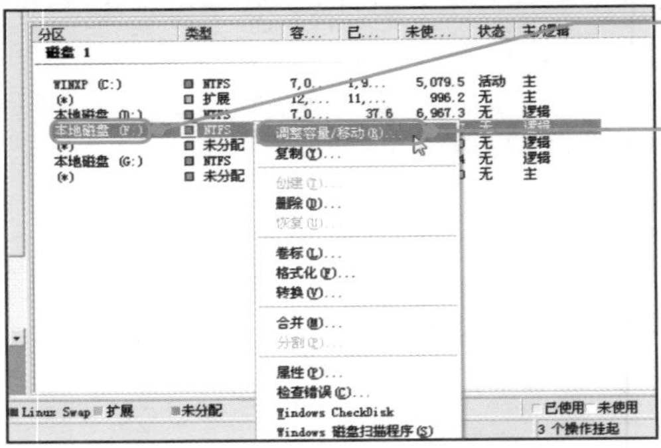

5. 右击F分区。
6. 在弹出的快捷菜单中单击“调整容量/移动”命令。

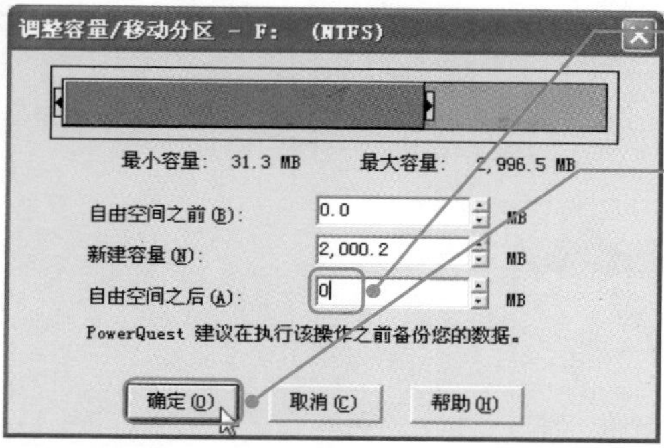

7 在“自由空间之后”文本框内输入“0”。

8 单击“确定”按钮。

9 之后按照前面介绍的方法，单击“应用”按钮将操作实施即可。

（3）合并硬盘分区

合并硬盘分区是指将硬盘上两个已有分区合二为一，PartitionMagic提供了以下两种合并分区方式。

- 直接合并硬盘分区：如果这两个分区是紧挨着的，后一个分区中的文件在合并时会被删除，前一个分区中的数据保持不变。
- 使用“合并分区”功能：可以保留被合并的两个分区中的所有数据，其中后一个分区中的全部数据会被放到合并后的分区中的一个文件夹中，在合并完成后可以重新调整文件的位置。

第二种方法比第一种更安全，下面将重点讲解其具体操作步骤。

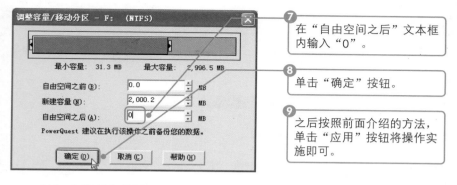

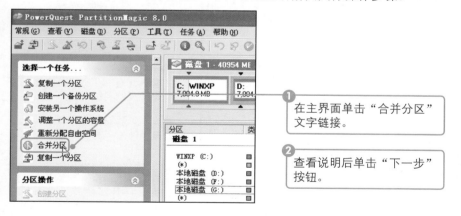

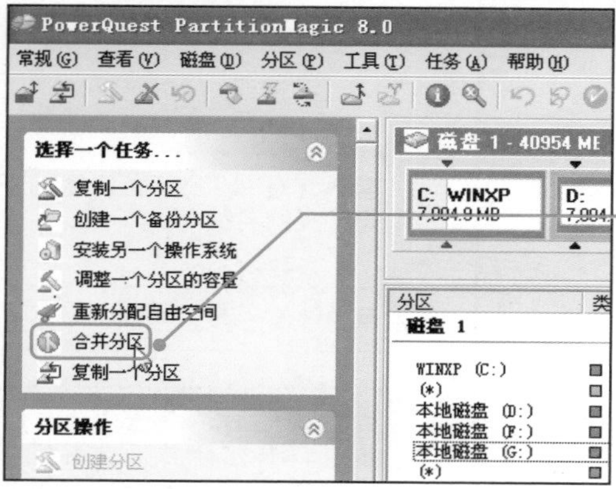

1 在主界面单击“合并分区”文字链接。

2 查看说明后单击“下一步”按钮。

专家提示

合并的分区必须相邻，且簇大小必须一致才可以合并，如果不一致可先用PartitionMagic来进行无损转换。

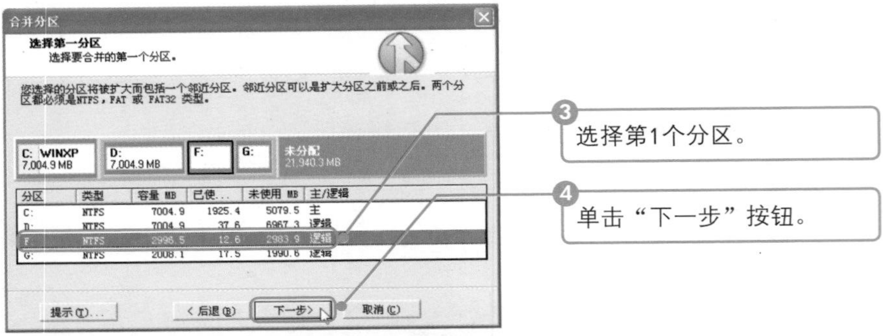
合并分区
选择第一分区
选择要合并的第一个分区。
您选择的分区将被扩大而包括一个邻近分区。邻近分区可以是扩大分区之前或之后。两个分区都必须是NTFS，FAT 或 FAT32 类型。
C: WINXP 7,004.9 MB
D: 7,004.9 MB
F:
G:
未分配 21,940.3 MB
分区 类型 容量 MB 已使... 未使用 MB 主/逻辑
C: NTFS 7004.9 1925.4 5079.5 主
D: NTFS 7004.9 37.6 6967.3 逻辑
F: NTFS 2996.5 12.6 2983.9 逻辑
G: NTFS 2008.1 17.5 1990.6 逻辑
提示(T)... < 后退(B) 下一步> 取消(C)
3 选择第1个分区。
4 单击“下一步”按钮。

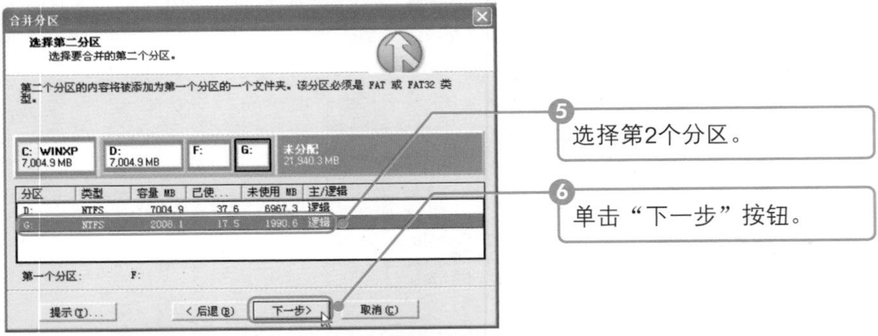
合并分区
选择第二分区
选择要合并的第二个分区。
第二个分区的内容将被添加为第一个分区的一个文件夹。该分区必须是 FAT 或 FAT32 类型。
C: WINXP 7,004.9 MB
D: 7,004.9 MB
F:
G:
未分配 21,940.3 MB
分区 类型 容量 MB 已使... 未使用 MB 主/逻辑
D: NTFS 7004.9 37.6 6967.3 逻辑
G: NTFS 2008.1 17.5 1990.6 逻辑
第一个分区: F:
提示(T)... < 后退(B) 下一步> 取消(C)
5 选择第2个分区。
6 单击“下一步”按钮。

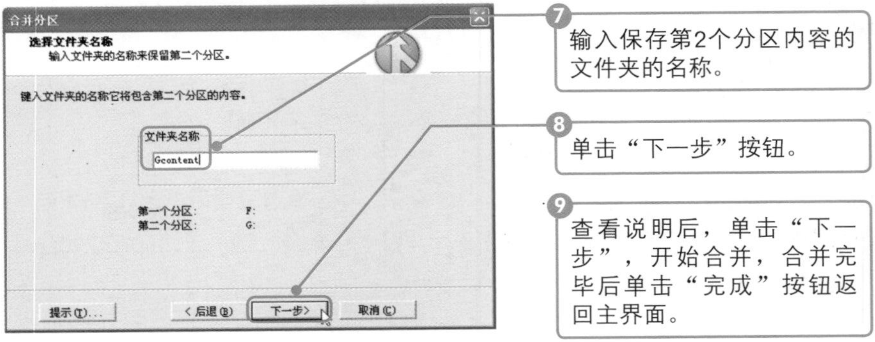
合并分区
选择文件夹名称
输入文件夹的名称来保留第二个分区。
键入文件夹的名称它将包含第二个分区的内容。
文件夹名称
Gcontent
第一个分区: F:
第二个分区: G:
提示(T)... < 后退(B) 下一步> 取消(C)
7 输入保存第2个分区内容的文件夹的名称。
8 单击“下一步”按钮。
9 查看说明后，单击“下一步”，开始合并，合并完毕后单击“完成”按钮返回主界面。

（4）无损分割分区

PartitionMagic提供了无损分割分区的功能，用户不仅能将一个含有数据的分区分割为两个分区，还可以自定义每个分区中保存的数据。

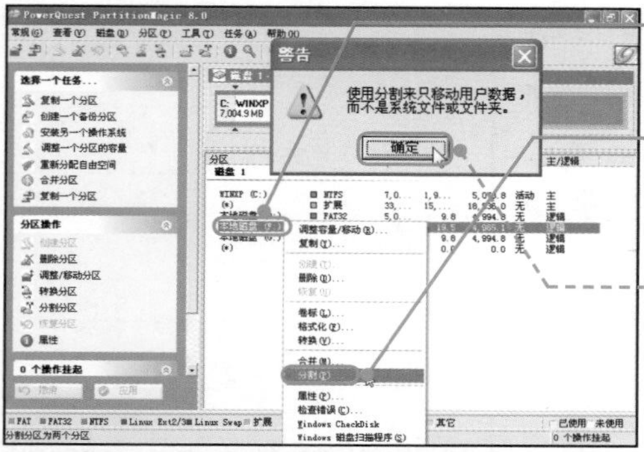

1. 右击要分割的分区。
2. 在弹出的菜单中单击“分割”命令。
3. 单击“确定”按钮。

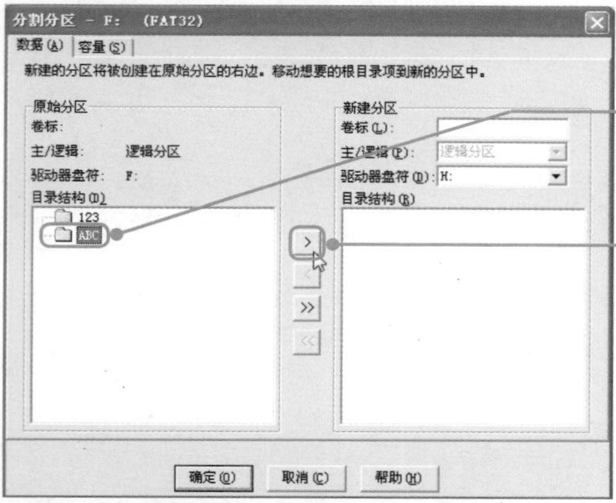

4. 选择要移动到第2个分区的内容。
5. 单击>按钮将选中数据移动过去。

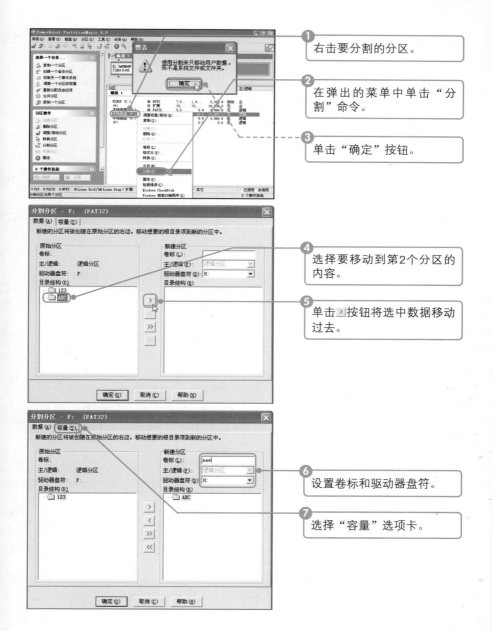

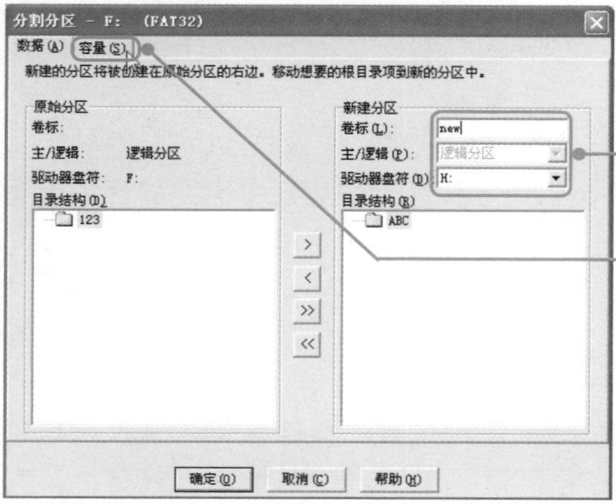

6. 设置卷标和驱动器盘符。
7. 选择“容量”选项卡。

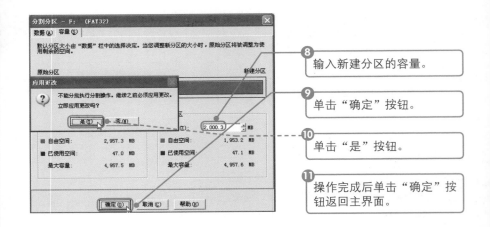

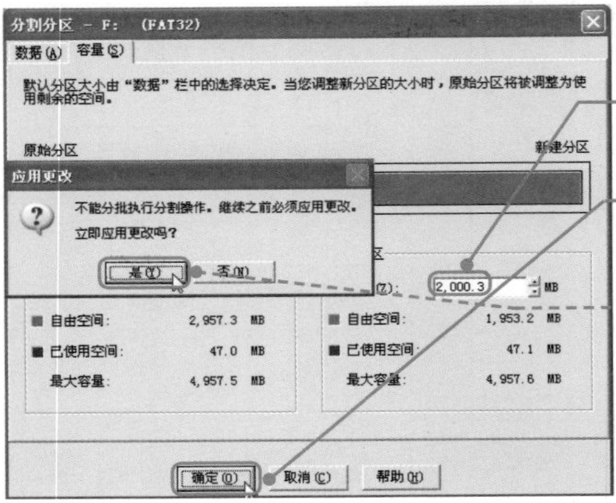

8 输入新建分区的容量。

9 单击“确定”按钮。

10 单击“是”按钮。

11 操作完成后单击“确定”按钮返回主界面。

Last

新手问答——排忧解难

下面，针对初学者学习本章内容时容易出现的问题或错误，进行解答和排除，帮助初学者顺利过关。

Q1 关机重启后BIOS设置恢复默认参数，是怎么回事？

有的电脑在关机后，再次启动发现BIOS设置恢复成默认参数，但直接重启又不会出现此问题。这种情况的原因一般都是因为主板上的纽扣电池没有电了。

主板上的纽扣电池在前面已经介绍过了，是用于保持BIOS参数的，如果电池没有电，则BIOS参数会在关机后丢失，但如果直接重启的话，因为主板是一直通电的，所以参数不会丢失。解决的方法很简单，更换一枚同样规格的电池即可。

Q2 忘记BIOS密码怎么办？

忘记BIOS密码，不但无法进入BIOS设置界面，甚至无法进入操作系统。要清除BIOS密码很简单，打开机箱，在CMOS电池附近找到标志有“CLR CMOS”的跳线，用跳线帽或镊子将跳线短路一下即可。

根据主板的不同，复位跳线的标记可能也有所不同，如果拿不准的话，可以打开购买主板时包装内的主板说明书，从中查看短接跳线的名称即可。

Q3 据说2TB容量以上的硬盘使用上有限制，具体是怎么回事呢？

这是由于当年设计硬盘管理方式时，完全没有想到硬盘容量会上TB级别，因此原有的管理方式最多能管理2TB容量，再多就没有办法了。

有鉴于此，微软和英特尔共同推出一种名为可扩展固件接口（EFI）的主板升级换代方案，并且还在EFI方案中开发了GPT分区模式，使用GPT分区模式可以突破2TB的限制。

下面是一些关于Windows操作系统和GPT的规则。

- Windows 98/ME、Windows NT 4、Windows 2000、Windows XP 32 位版本不支持GPT分区，只能查看GPT的保护分区，GPT不会被装载或公开给应用软件。
- Windows XP 64位版本只能使用GPT磁盘进行数据操作，只有基于安腾处理器（Itanium）的Windows系统才能从GPT分区上启动。
- Windows Server 2003 32bit Server Pack 1 以后的所有Windows 2003版本都能使用GPT分区磁盘进行数据操作，只有基于安腾处理器（Itanium）的Windows系统才能从 GPT 分区上启动。
- Windows Vista、Windows Server 2008和Windows 7的所有版本都能使用GPT分区磁盘进行数据操作，但只有基于EFI主板的系统支持从GPT启动。

因此，要想用2.5T硬盘，首先不能使用Windows 2000和XP 32位版本，改成Windows Vista或以上版本；其次要把基于BIOS的主板换成EFI主板，否则即使换成Vista，也只能把2.5T硬盘当从盘用。

Q4 怎样设置活动分区？

一块硬盘上必须要有且只有一个活动分区，才能够正常启动电脑。一般情况下，都是由主分区担任活动分区的角色。由于前面讲解的是在Windows下运行的PartitionMagic，而此时硬盘上应该已经有了一个活动分区（否则无法启动Windows），因此无需设置。下面就以DOS下繁体版本的PartitionMagic为例，讲解如何设置活动分区。

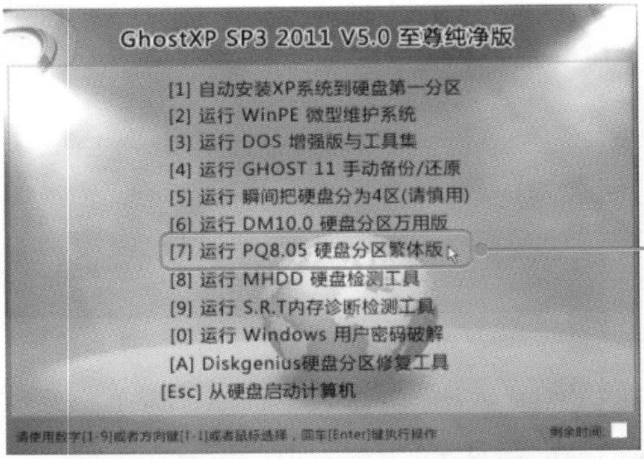

❶ 使用带有DOS繁体版的PartitionMagic的工具光盘放入光驱启动电脑，进入工具光盘的菜单界面。

❷ 单击“运行PQ8.05硬盘分区繁体版”命令。

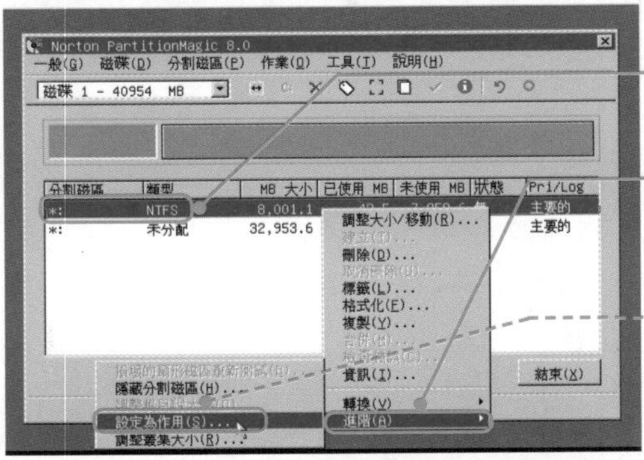

❸ 右击主分区。

❹ 在快捷菜单中指向“进阶”命令。

❺ 单击“设定为作用”命令。

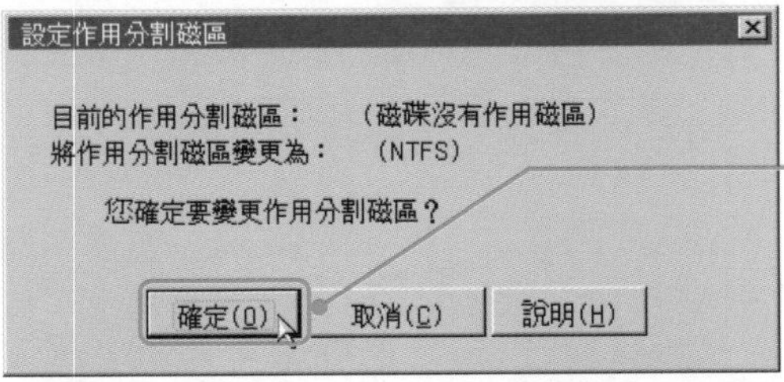

❻ 指向“确定”按钮。

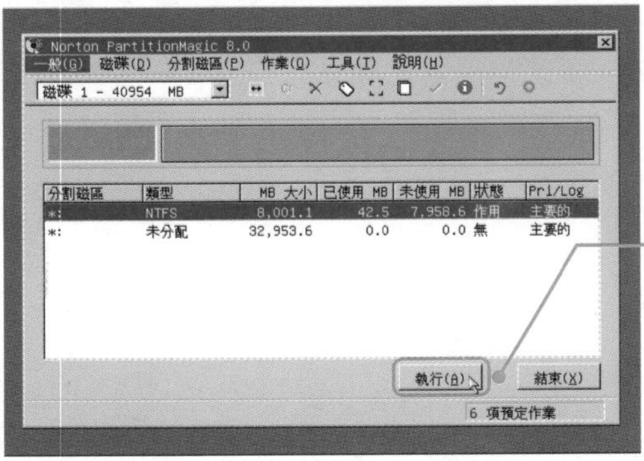

❼ 指向“执行”按钮。

❽ 执行完毕后重启电脑才可生效。

Q5 如何划分整吉字节的分区？

分区的时候大家可能会发现一个情况，比如想得到一个2GB的分区，但是输入2000MB或者2048MB都不会被Windows识别为2GB，而是类似于1.98GB这样的结果。想要得到Windows下的整吉字节分区，必须知道一个公式，通过这个公式算出的值才能被Windows认成整吉字节的值。公式为：

(X–1)*4+1024*X=Y

其中X就是想要得到的整数分区的数值，单位是GB，Y是分区时应该输入的数字，单位是MB，例如想得到Windows下的3GB整数空间，那么分区时就应该输入(3–1)*4＋1024*3＝3080。

下面是一些常见的例子：

5GB：(5–1)*4+1024*5=5136

10GB：(10–1)*4+1024*10=10276

15GB：(15–1)*4+1024*15=15416

20GB：(20–1)*4+1024*20=20556

CHAPTER 04 轻轻松松安装操作系统

关于本章

做好了准备工作，就可以着手安装操作系统了。以时下最流行的Windows系统为主，本章先分别讲解单个操作系统全新安装与升级安装的方法，以及一些安装后续工作的操作方法，然后讲解安装与卸载双操作系统的方法。

知识要点

- 全新安装Windows XP与Windows 7的方法
- 安装驱动程序与系统补丁的方法
- 升级安装Windows 7与Windows 8的方法
- 安装Windows XP与Windows 7双操作系统的方法
- 在双操作系统中卸载其中一个操作系统的方法

效果展示

First 新手入门——必学基础

操作系统的安装其实是相当简单的。本节先向读者介绍各类操作系统，然后讲解全新安装与升级安装操作系统的方法，最后讲解安装好操作系统之后需要进行的一些工作，如安装驱动程序和系统补丁等。

主题 1 认识各类操作系统

操作系统是管理电脑的软件，有了操作系统，电脑才变得简单易用，功能强大。不同的操作系统有各自的特色，受到不同用户群的偏爱。下面就介绍一些比较流行的操作系统，它们的功能比较齐全，软件也很多，世界上大多数电脑用户都在使用。

1. 认识主流Windows类操作系统

由微软（Microsoft）公司开发的Windows操作系统，又名视窗操作系统，是目前世界上用户最多且兼容性最好的操作系统。这里向读者介绍尚在使用中的主流Windows操作系统。

（1）Windows XP

Windows XP于2001年8月24日正式发布，它整合了Windows NT/2000和Windows 3.1/95/98/ME的特色，使用了Windows NT 5.1的内核。Windows XP被认为是Windows产品线最成功的操作系统。

专家提示

虽然微软公司已经在2007年停止了对Windows XP的免费主流支持服务，但由于其具有较好的硬件兼容性和优秀的多媒体功能，Windows XP仍是目前主流电脑中使用率最高的一个操作系统。

（2）Windows Server 2008

Windows Server 2008发行于2008年2月27日，代表了下一代 Windows

Server系统。通过Windows Server 2008，IT 专业人员对其服务器和网络基础结构的控制能力更强，保护性和灵活性都得到了较大的提高。

专家提示

Windows Server 2008 是迄今为止最可靠的 Windows Server操作系统，它加强了操作系统的安全性并进行了突破性安全创新，可为用户的网络、数据和业务提供最高水平的安全保护。

（3）Windows 7

Windows 7发布于2009年10月23日。它拥有绚丽的界面，方便快捷的触摸屏功能，提供了更加人性化的功能，使用者越来越多，有取代Windows XP的趋势。

专家提示

虽然Windows 7 的操作界面比Windows Vista更华丽，但它的资源消耗却是最低的，运行速度非常令人满意，微软因此称其为最绿色、最节能的系统。

（4）Windows 8

目前最新的操作系统Window 8已于2012年10月26日正式开售。Windows 8不仅支持传统的台式电脑和笔记本电脑，还将支持移动设备，如手机和平板电脑等，显示了微软公司拓展跨平台操作系统业务的趋势。

专家提示

Windows 8操作系统采用全新的Metro风格用户界面，抛弃了旧版本一直沿用的工具栏和开始菜单，同时适合台式电脑与平板电脑使用。

2. 认识其他主流操作系统

除了Windows类操作系统外，还有一些其他操作系统也在被广泛使用。

（1）Linux操作系统

Linux是由芬兰学生Linus Torvalds首创的，他基于UNIX的思想编写了Linux操作系统。Linux功能上比起UNIX来不算很强，但由于Linux的源代码公开，任何人都可以免费得到并进行修改，因此很快吸引了大量的人才来完善，使得Linux成为一个既适合个人用户又适合商业用户，且更新极快，对硬件要求很低却又具有很多优点的操作系统。

由于有很多人都在开发Linux，使得Linux发展出很多不同的发行版，下图是著名的Ubuntu Linux。

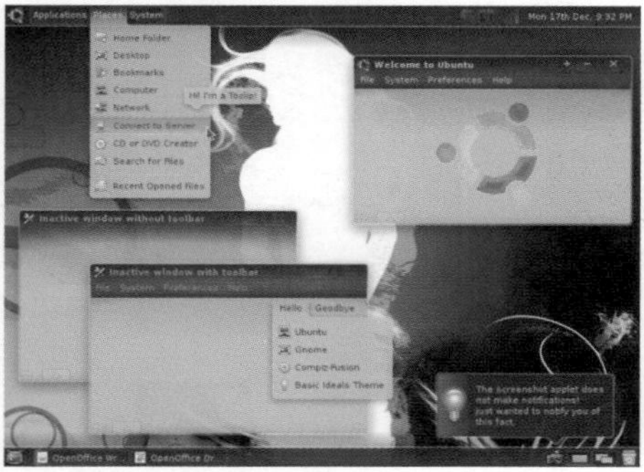

专家提示

Ubuntu不仅安装方式很简单，而且系统桌面的华丽程度也不逊于Windows Vista和Windows 7，并且占用内存资源极低，深受广大系统玩家的青睐。

（2）Mac OS操作系统

MAC（Macintosh，中文名称又叫麦金塔）操作系统是苹果公司为其个人电脑所开发的专用操作系统，它的操作界面比Windows系统要简单直观，系统稳定性非常高，主要用于图形图像设计工作。

专家提示

MAC操作系统已经更新到了第十版，代号为MAC OS X。使用MAC操作系统的苹果电脑在中国是比较高端的电脑，一般用于图形图像设计和制作。

主题 2 全新安装操作系统

如果电脑上没有安装任何操作系统，那么可以进行全新安装操作系统的操作。

光盘同步文件

教学文件：光盘\视频教学\第4章\新手入门：主题2 全新安装操作系统.MP4

1. 全新安装Windows XP

全新安装Windows XP所需时间一般在30分钟以上，在安装过程中需要注意不要中断，否则有可能导致安装失败。安装之前，先按照前面介绍的方法，将第一启动设备设置为光驱。

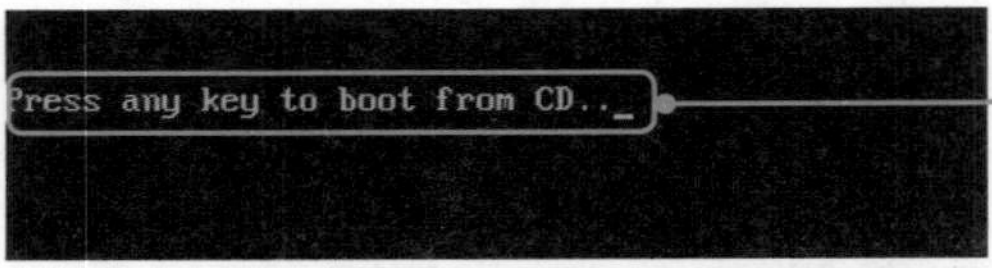
Press any key to boot from CD.._

❶ 当出现左图提示时，按下任意键，从光驱启动。

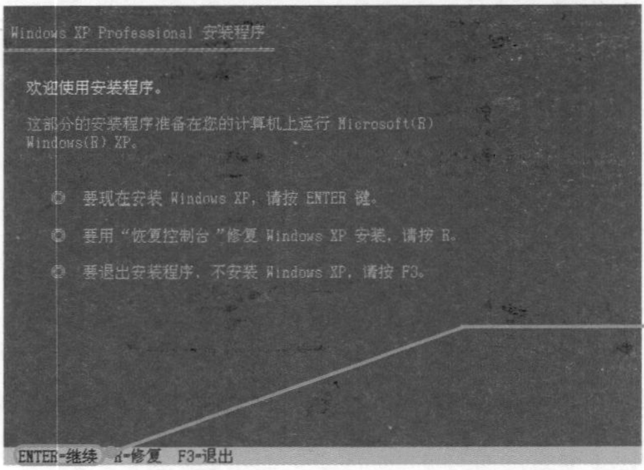
Windows XP Professional 安装程序
欢迎使用安装程序。
这部分的安装程序准备在您的计算机上运行 Microsoft(R) Windows(R) XP。
要现在安装 Windows XP，请按 ENTER 键。
要用“恢复控制台”修复 Windows XP 安装，请按 R。
要退出安装程序，不安装 Windows XP，请按 F3。
ENTER=继续 R=修复 F3=退出

❷ 当出现左图菜单时，按下【Enter】键继续安装操作。

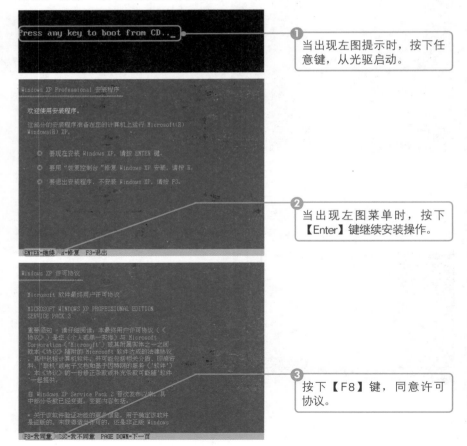

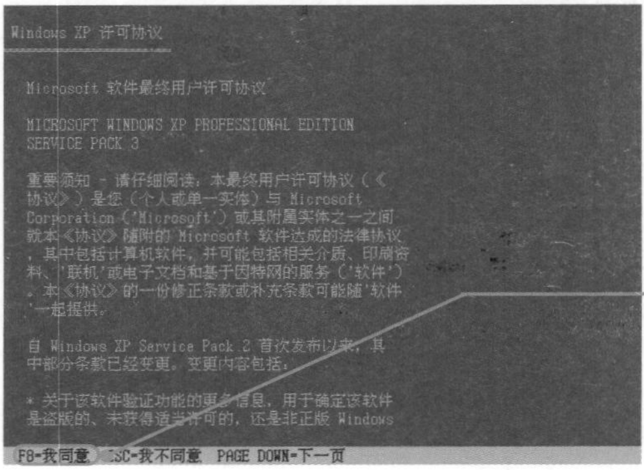
Windows XP 许可协议
Microsoft 软件最终用户许可协议
MICROSOFT WINDOWS XP PROFESSIONAL EDITION SERVICE PACK 3
F8=我同意 ESC=我不同意 PAGE DOWN=下一页

❸ 按下【F8】键，同意许可协议。

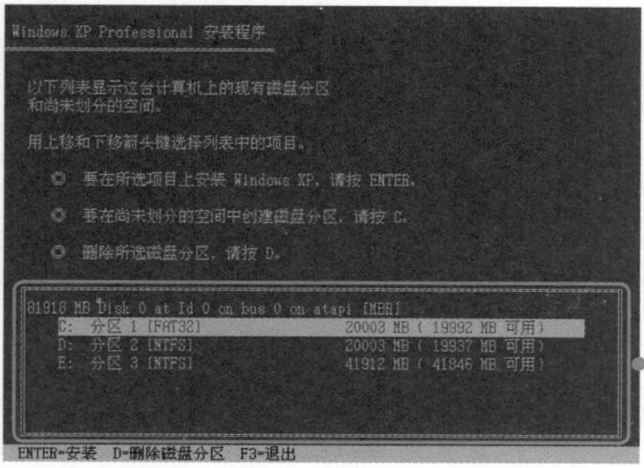
Windows XP Professional 安装程序
以下列表显示这台计算机上的现有磁盘分区
和尚未划分的空间。
用上移和下移箭头键选择列表中的项目。
要在所选项目上安装 Windows XP，请按 ENTER。
要在尚未划分的空间中创建磁盘分区，请按 C。
删除所选磁盘分区，请按 D。
81918 MB Disk 0 at Id 0 on bus 0 on atapi [MBR]
C: 分区 1 [FAT32] 20003 MB (19992 MB 可用)
D: 分区 2 [NTFS] 20003 MB (19937 MB 可用)
E: 分区 3 [NTFS] 41912 MB (41846 MB 可用)
ENTER=安装 D=删除磁盘分区 F3=退出

4 选择要安装系统的分区并按下【Enter】键。

教您一招：故障恢复控制台

在第2步中按下【R】键可以进入Windows XP的故障恢复控制台。故障恢复控制台是Windows 2000/XP的系统工具，功能强大，使用方法简单，可以解决大多数Windows 2000/XP引导方面问题。控制台采用命令行界面，提供了多条有用的命令，可以对系统进行各种恢复操作和管理。

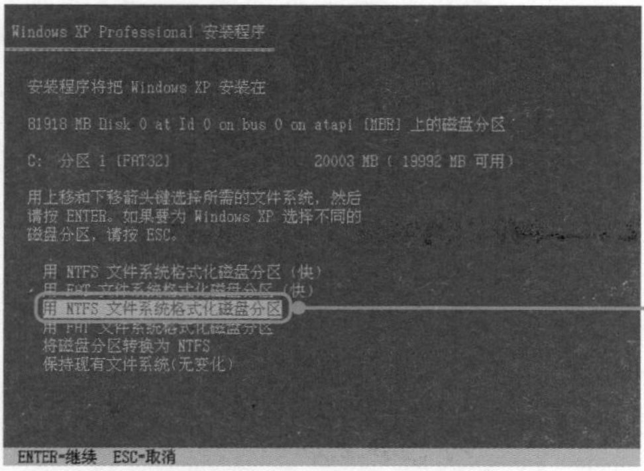
Windows XP Professional 安装程序
安装程序将把 Windows XP 安装在
81918 MB Disk 0 at Id 0 on bus 0 on atapi [MBR] 上的磁盘分区
C: 分区 1 [FAT32] 20003 MB (19992 MB 可用)
用上移和下移箭头键选择所需的文件系统，然后
请按 ENTER。如果要为 Windows XP 选择不同的
磁盘分区，请按 ESC。
用 NTFS 文件系统格式化磁盘分区（快）
用 NTFS 文件系统格式化磁盘分区
将磁盘分区转换为 NTFS
保持现有文件系统(无变化)
ENTER=继续 ESC=取消

5 选择要使用的文件系统并按下【Enter】键。

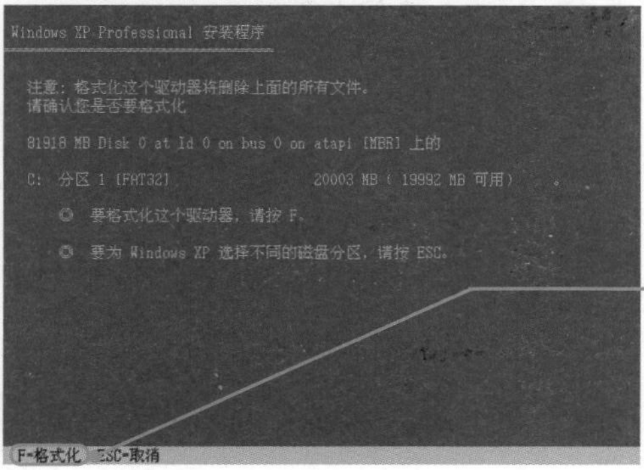
Windows XP Professional 安装程序
注意：格式化这个驱动器将删除上面的所有文件。
请确认您是否要格式化
81918 MB Disk 0 at Id 0 on bus 0 on atapi [MBR] 上的
C: 分区 1 [FAT32] 20003 MB (19992 MB 可用)
要格式化这个驱动器，请按 F。
要为 Windows XP 选择不同的磁盘分区，请按 ESC。
F=格式化 ESC=取消

6 确认格式化信息无误后，按下【F】键。

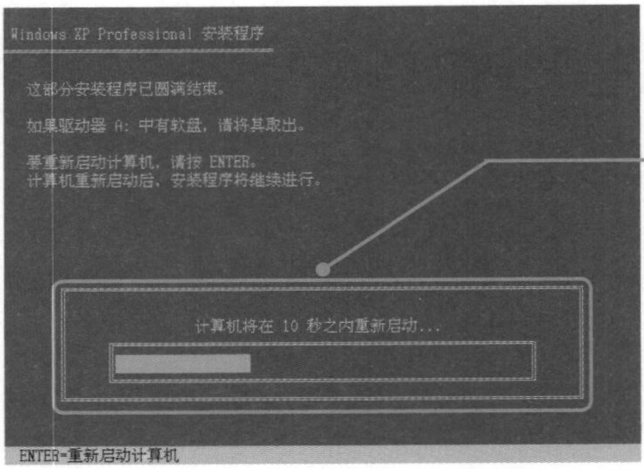
Windows XP Professional 安装程序
这部分安装程序已圆满结束。
如果驱动器 A: 中有软盘，请将其取出。
要重新启动计算机，请按 ENTER。
计算机重新启动后，安装程序将继续进行。
计算机将在 10 秒之内重新启动...
ENTER=重新启动计算机

7 安装程序格式化并复制安装所需文件后，会自动重启电脑，也可以按下【Enter】键手动重启。

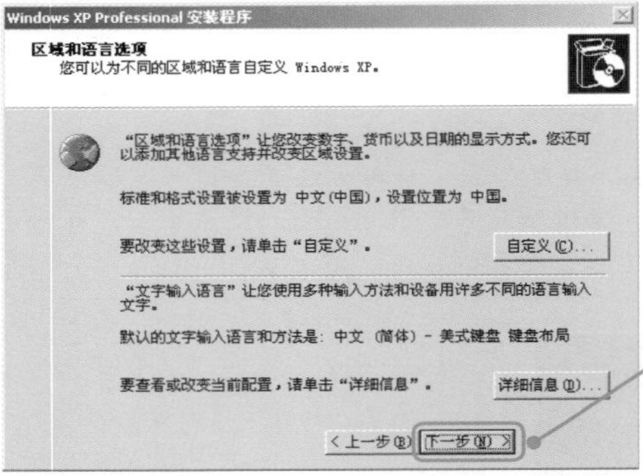
Windows XP Professional 安装程序
区域和语言选项
您可以为不同的区域和语言自定义 Windows XP。
“区域和语言选项”让您改变数字、货币以及日期的显示方式。您还可以添加其他语言支持并改变区域设置。
标准和格式设置被设置为 中文(中国)，设置位置为 中国。
要改变这些设置，请单击“自定义”。
自定义(C)...
“文字输入语言”让您使用多种输入方法和设备用许多不同的语言输入文字。
默认的文字输入语言和方法是：中文 (简体) - 美式键盘 键盘布局
要查看或改变当前配置，请单击“详细信息”。
详细信息(D)...
<上一步(B)
下一步(N) >

8 重启电脑后，再次进入安装程序，单击“下一步”按钮。

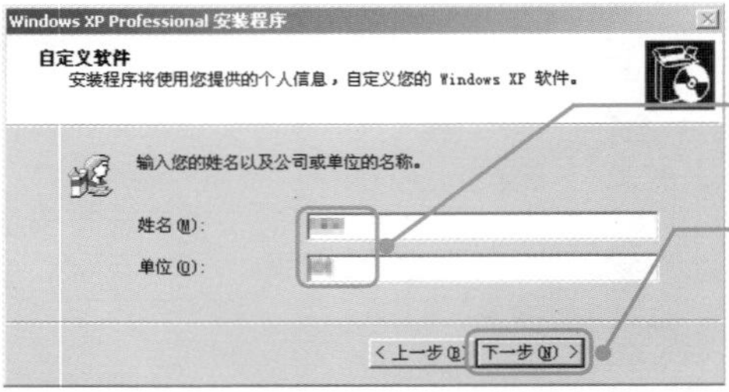
Windows XP Professional 安装程序
自定义软件
安装程序将使用您提供的个人信息，自定义您的 Windows XP 软件。
输入您的姓名以及公司或单位的名称。
姓名(M):
单位(O):
<上一步(B)
下一步(N) >

9 输入姓名和单位。

10 单击“下一步”按钮。

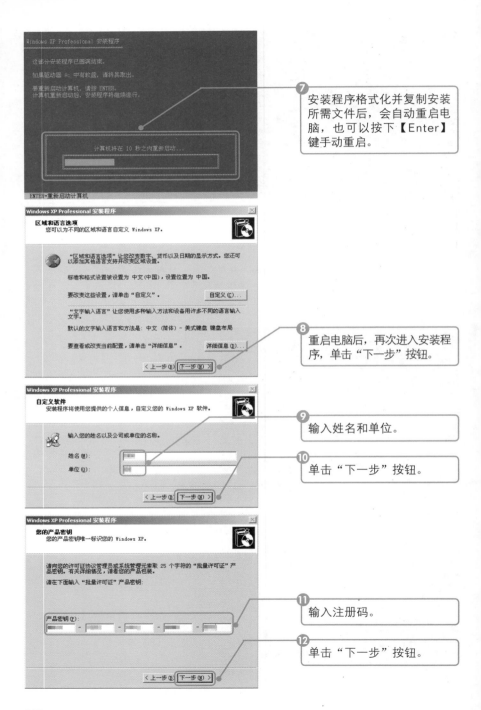

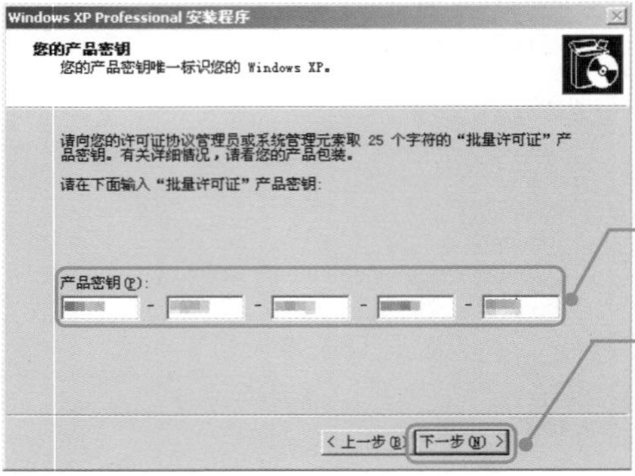
Windows XP Professional 安装程序
您的产品密钥
您的产品密钥唯一标识您的 Windows XP。
请向您的许可证协议管理员或系统管理元索取 25 个字符的“批量许可证”产品密钥。有关详细情况，请看您的产品包装。
请在下面输入“批量许可证”产品密钥:
产品密钥(P):
<上一步(B)
下一步(N) >

11 输入注册码。

12 单击“下一步”按钮。

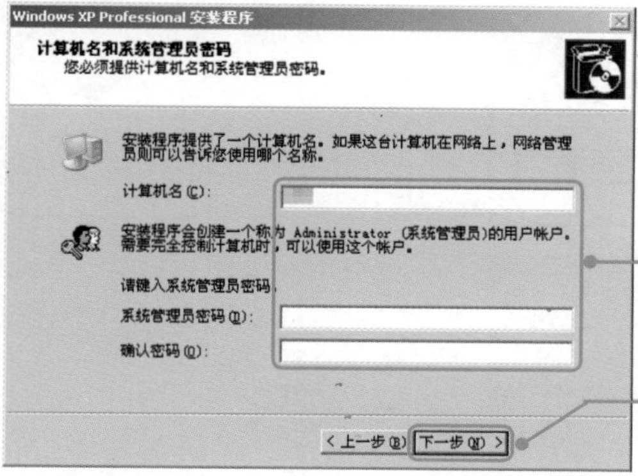
Windows XP Professional 安装程序
计算机名和系统管理员密码
您必须提供计算机名和系统管理员密码。
安装程序提供了一个计算机名。如果这台计算机在网络上，网络管理员则可以告诉您使用哪个名称。
计算机名(C):
安装程序会创建一个称为 Administrator (系统管理员)的用户帐户。需要完全控制计算机时，可以使用这个帐户。
请键入系统管理员密码。
系统管理员密码(O):
确认密码(O):
< 上一步(B)
下一步(N) >

⑬ 输入计算机名以及系统管理员密码。

⑭ 单击“下一步”按钮。

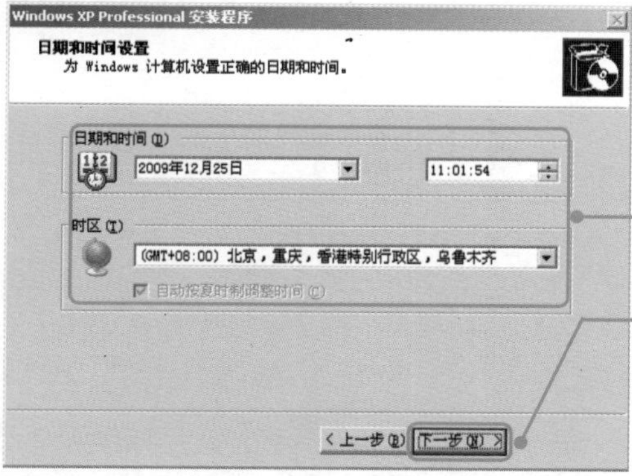
Windows XP Professional 安装程序
日期和时间设置
为 Windows 计算机设置正确的日期和时间。
日期和时间(D)
2009年12月25日
11:01:54
时区(T)
(GMT+08:00) 北京，重庆，香港特别行政区，乌鲁木齐
自动按夏时制调整时间(C)
< 上一步(B)
下一步(N) >

⑮ 设置日期、时间和时区。

⑯ 单击“下一步”按钮。

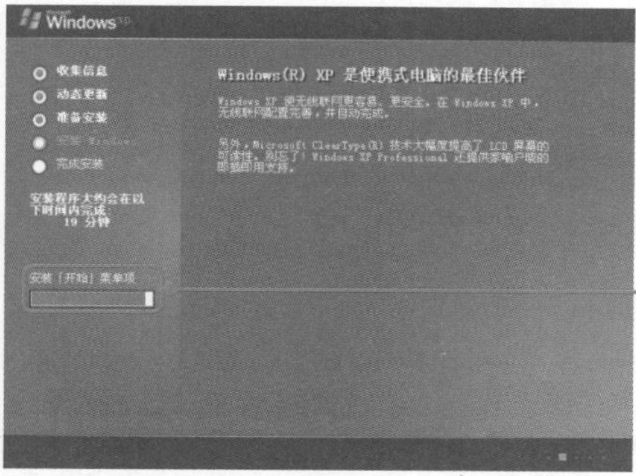
Windows XP
收集信息
动态更新
准备安装
完成安装
Windows(R) XP 是便携式电脑的最佳伙伴
安装程序大约会在以下时间内完成：
19 分钟
安装「开始」菜单项

⑰ 等待安装程序自动进行安装，并自动重启电脑。

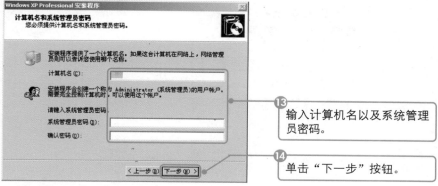

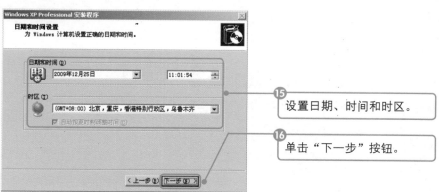

显示设置
为改善视觉元素的外观，Windows 将自动调整您的屏幕分辨率。
确定

⑱ 重启电脑后安装程序会调整屏幕分辨率，单击“确定”按钮。

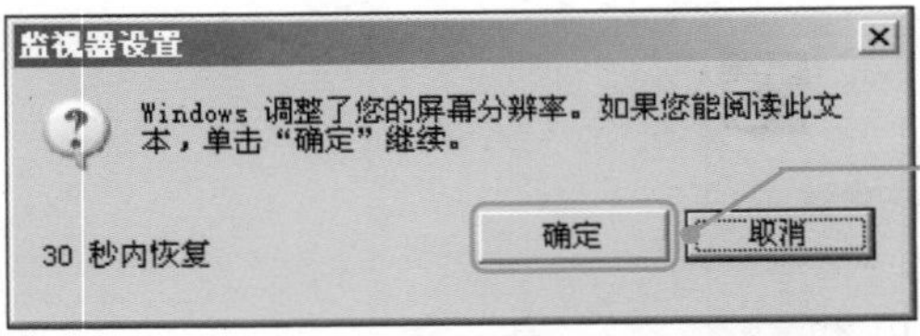

19 调整完毕后，单击“确定”按钮。

20 在欢迎界面单击“下一步”按钮。

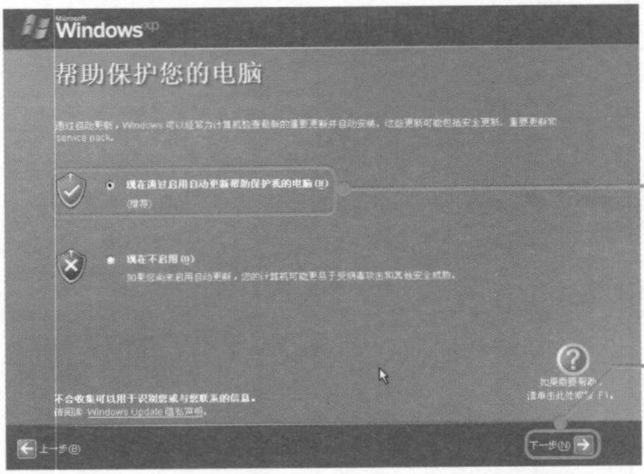

21 单击“现在通过启用自动更新帮助保护我的电脑”单选按钮。

22 单击“下一步”按钮。

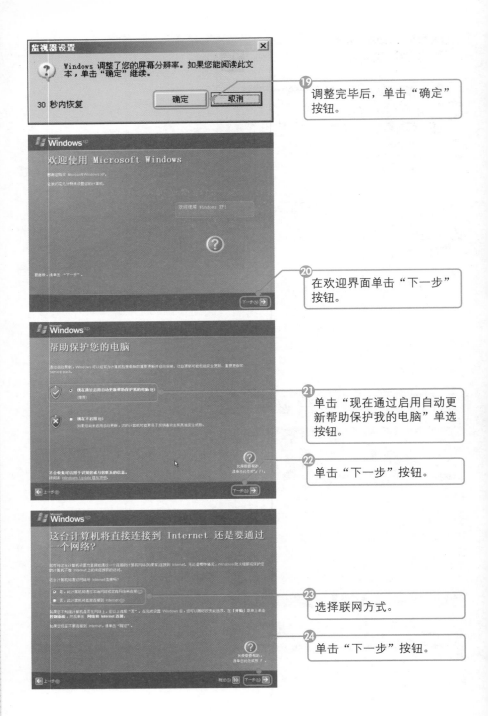

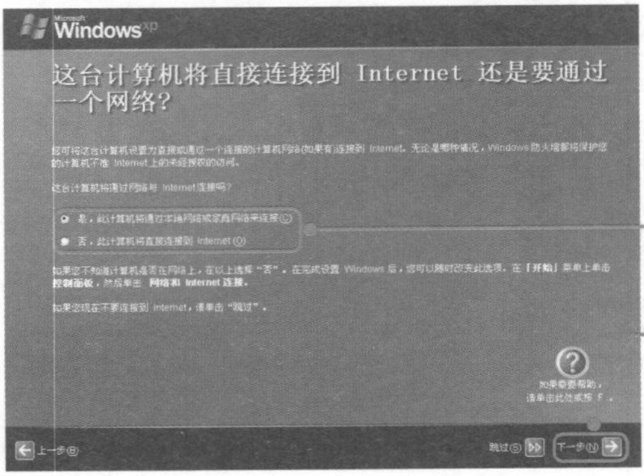

23 选择联网方式。

24 单击“下一步”按钮。

教您一招：如何选择联网方式

如果通过ADSL联网则选择第一项，如果是通过路由器或小区宽带上网则选择第二项。

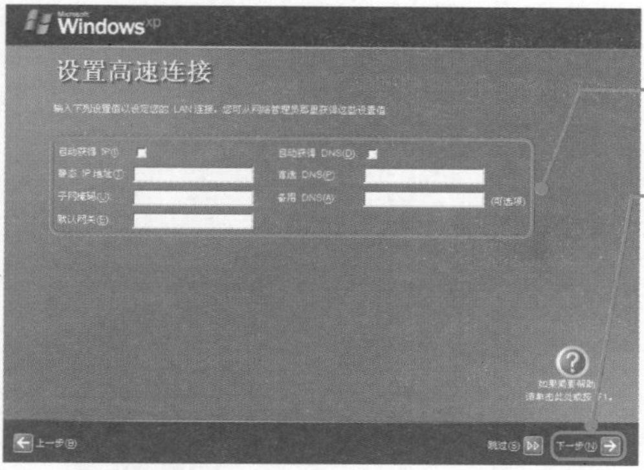

25 设置网络参数。

26 单击“下一步”按钮。

专家提示

如果不清楚参数可直接选中两个“自动获得”复选框。

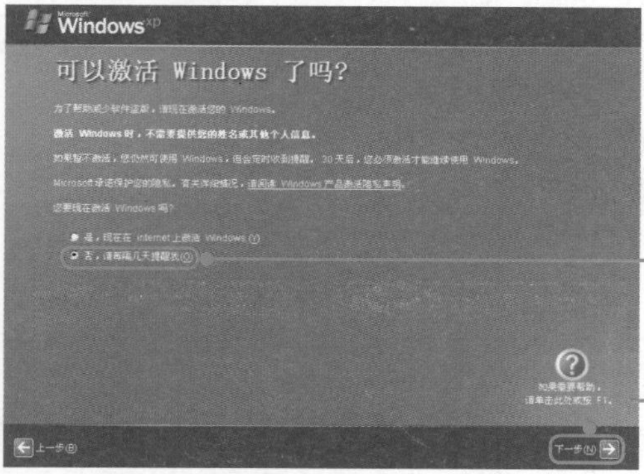

27 单击“否，请每隔几天提醒我”单选按钮。

28 单击“下一步”按钮。

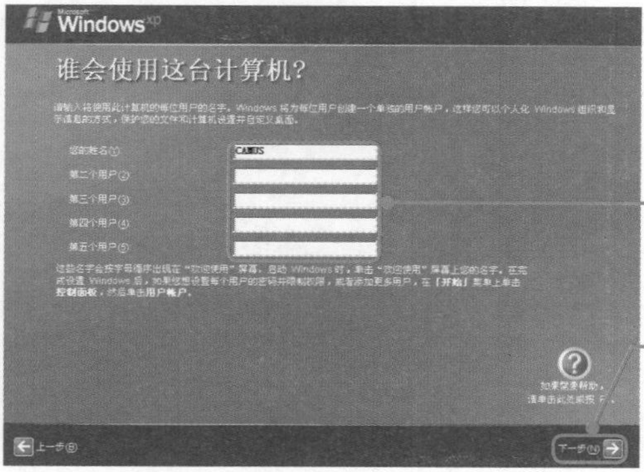

29 输入用户名（不必全部都输入）。

30 单击“下一步”按钮。

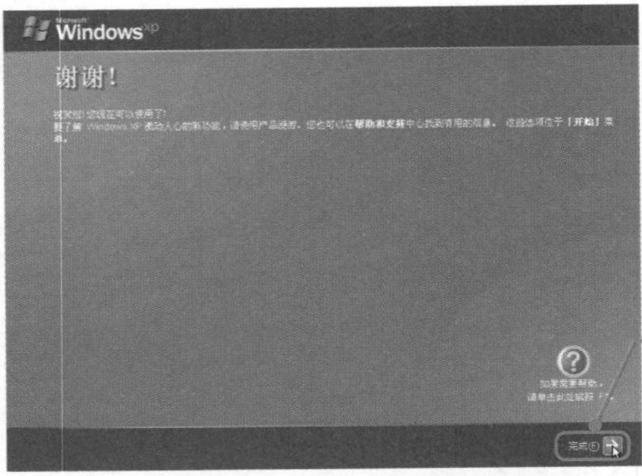

专家提示

整个安装过程中，可能会重新启动三四次。

31 单击“完成”按钮。

32 进入系统桌面。

如果在安装时没有在线激活，则Windows XP操作系统只能使用30天，因此必须要将之激活。下面就来介绍如何在系统中激活Windows XP（激活前确保电脑能够正常上网）。

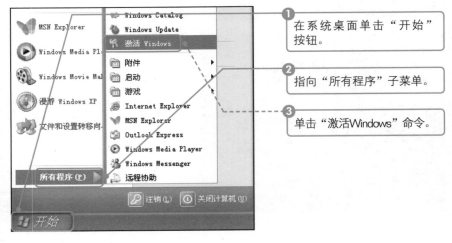

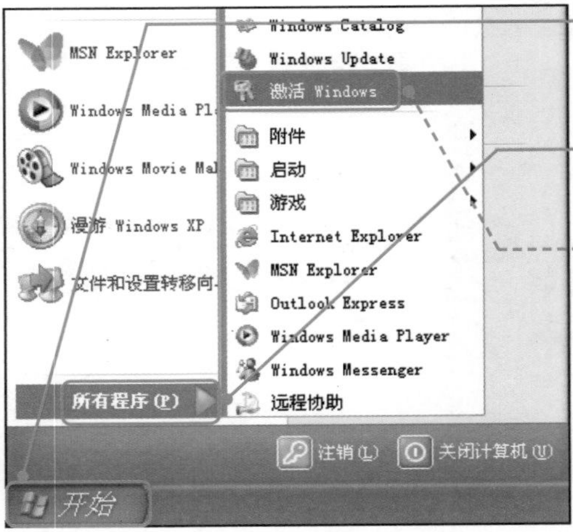

1 在系统桌面单击“开始”按钮。

2 指向“所有程序”子菜单。

3 单击“激活Windows”命令。

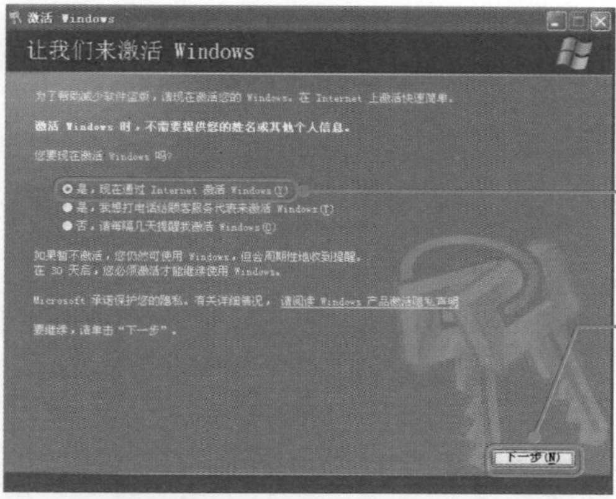
激活 Windows
让我们来激活 Windows
激活 Windows 时，不需要提供您的姓名或其他个人信息。
下一步(N)

❹ 单击“是，现在通过Internet激活Windows”单选按钮。

❺ 单击“下一步”按钮。

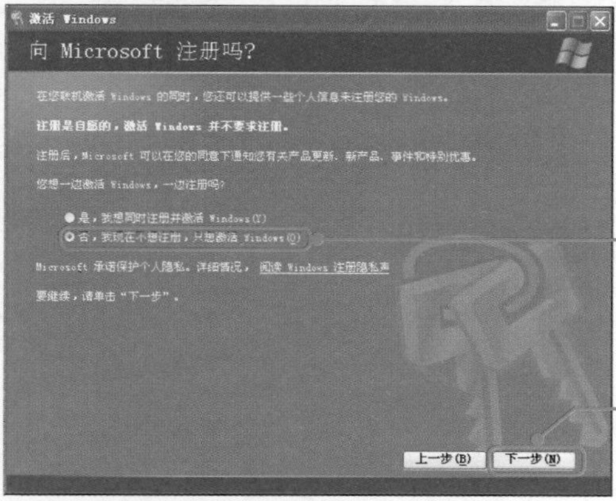
激活 Windows
向 Microsoft 注册吗?
注册是自愿的，激活 Windows 并不要求注册。
上一步(B)
下一步(N)

❻ 单击“否，我现在不想注册，只想激活Windows”单选按钮。

❼ 单击“下一步”按钮。

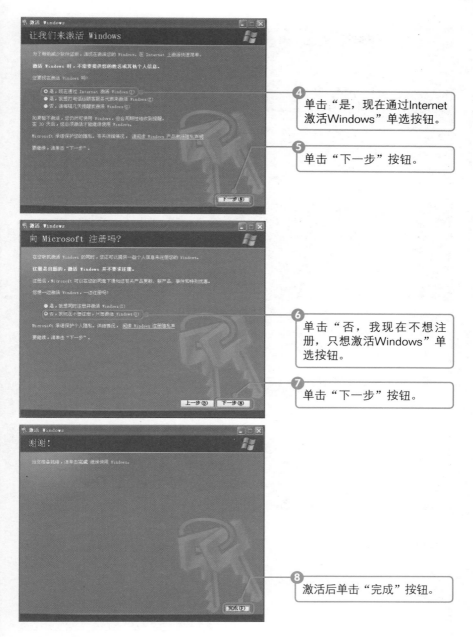

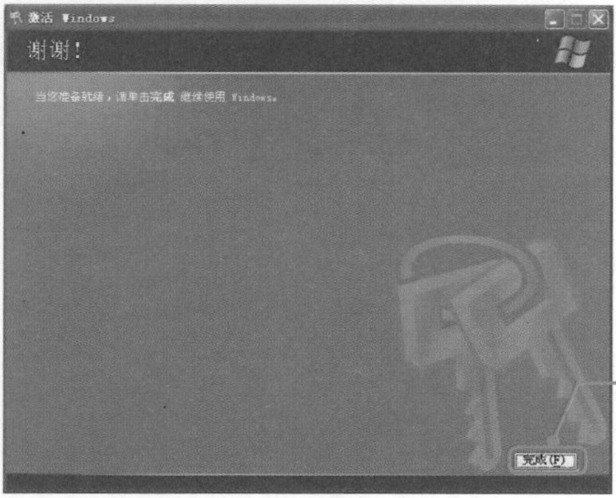
激活 Windows
谢谢!
完成(F)

❽ 激活后单击“完成”按钮。

2. 全新安装Windows 7

在开始安装之前，首先要将BIOS设置为从光驱启动，保存设置并退出。

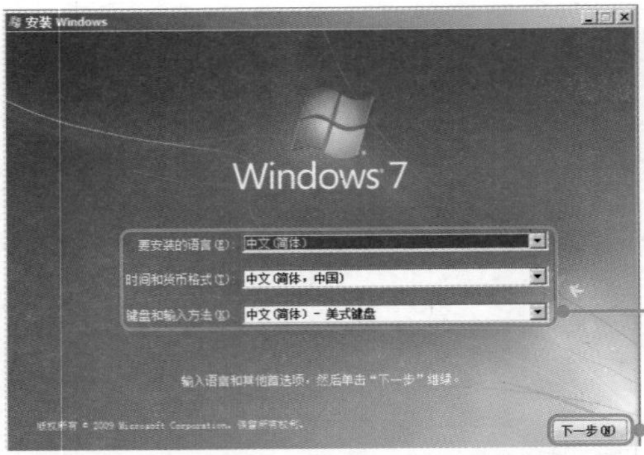
安装 Windows
Windows 7
要安装的语言(E): 中文(简体)
时间和货币格式(T): 中文(简体，中国)
键盘和输入方法(K): 中文(简体) - 美式键盘
输入语言和其他首选项，然后单击"下一步"继续。
下一步(N)

❶ 将Windows 7安装光盘放入光驱，重新启动电脑，等待安装程序自动将一些必要的文件复制到硬盘上，并出现图形界面以后，即可开始安装了。

❷ 设置安装语言、时间与货币格式以及键盘和输入方式（可不设置）。

❸ 单击“下一步”按钮。

安装 Windows
Windows 7
现在安装(I)

❹ 单击“现在安装”按钮。

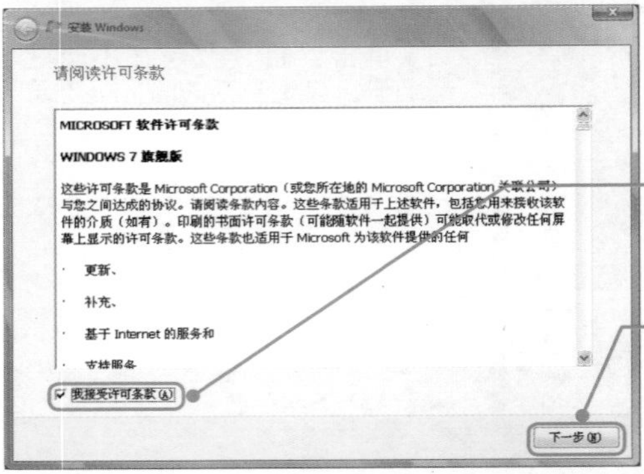
安装 Windows
请阅读许可条款
MICROSOFT 软件许可条款
WINDOWS 7 旗舰版
这些许可条款是 Microsoft Corporation（或您所在地的 Microsoft Corporation 关联公司）与您之间达成的协议。请阅读条款内容。这些条款适用于上述软件，包括您用来接收该软件的介质（如有）。印刷的书面许可条款（可能随软件一起提供）可能取代或修改任何屏幕上显示的许可条款。这些条款也适用于 Microsoft 为该软件提供的任何
更新、
补充、
基于 Internet 的服务和
我接受许可条款(A)
下一步(N)

❺ 单击“我接受许可条款”复选框。

❻ 单击“下一步”按钮。

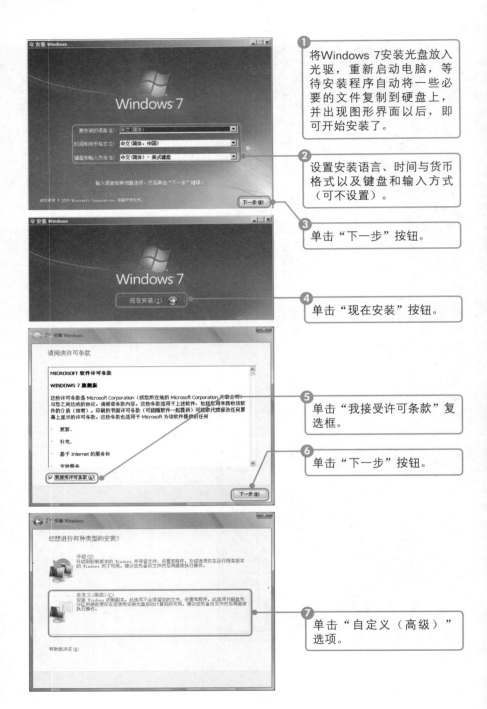

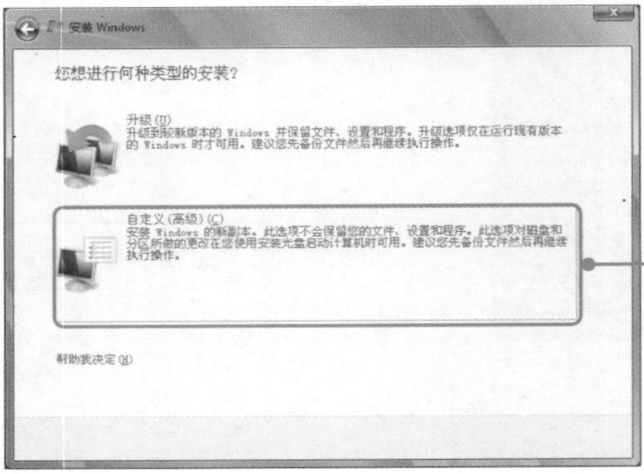
安装 Windows
您想进行何种类型的安装?
升级(U)
升级到较新版本的 Windows 并保留文件、设置和程序。升级选项仅在运行现有版本的 Windows 时才可用。建议您先备份文件然后再继续执行操作。
自定义(高级)(C)
安装 Windows 的新副本。此选项不会保留您的文件、设置和程序。此选项对磁盘和分区所做的更改在您使用安装光盘启动计算机时可用。建议您先备份文件然后再继续执行操作。
帮助我决定(H)

❼ 单击“自定义（高级）”选项。

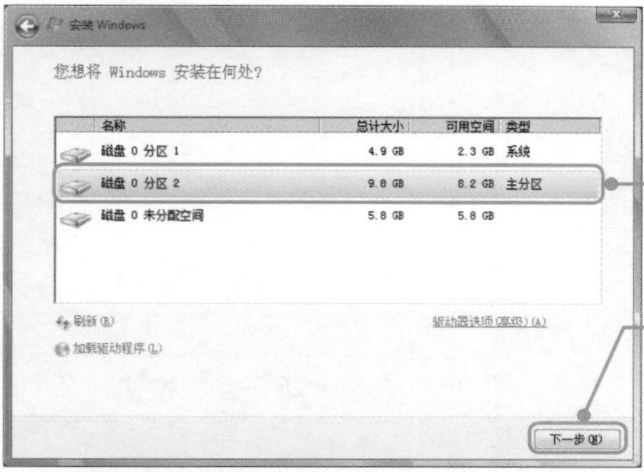
安装 Windows
您想将 Windows 安装在何处?
名称 总计大小 可用空间 类型
磁盘 0 分区 1 4.9 GB 2.3 GB 系统
磁盘 0 分区 2 9.8 GB 8.2 GB 主分区
磁盘 0 未分配空间 5.8 GB 5.8 GB
刷新(R)
加载驱动程序(L)
驱动器选项(高级)(A)
下一步(N)

8 选择要安装操作系统的分区。

9 单击“下一步”按钮。

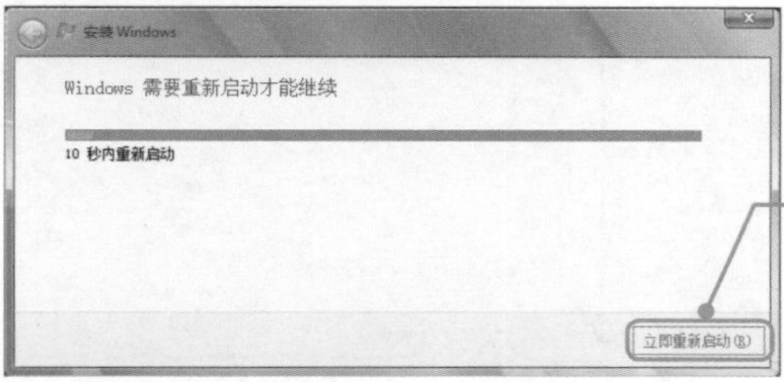
安装 Windows
Windows 需要重新启动才能继续
10 秒内重新启动
立即重新启动(R)

10 复制好必要文件后，单击“立即重新启动”按钮，重启电脑。

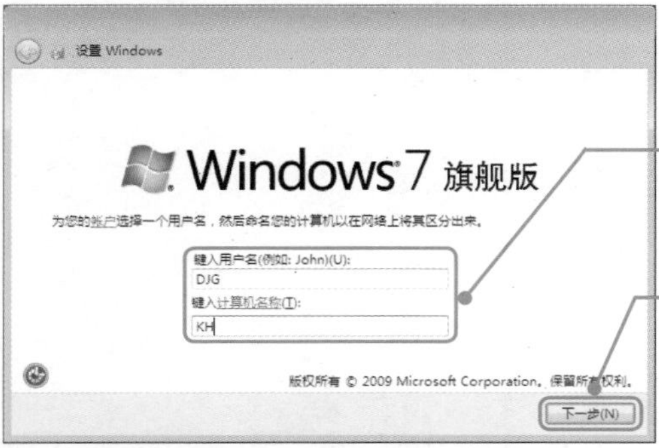
设置 Windows
Windows 7 旗舰版
为您的帐户选择一个用户名，然后命名您的计算机以在网络上将其区分出来。
键入用户名(例如: John)(U):
DJG
键入计算机名称(T):
KH
版权所有 © 2009 Microsoft Corporation。保留所有权利。
下一步(N)

11 重启后输入用户名和计算机名。

12 单击“下一步”按钮。

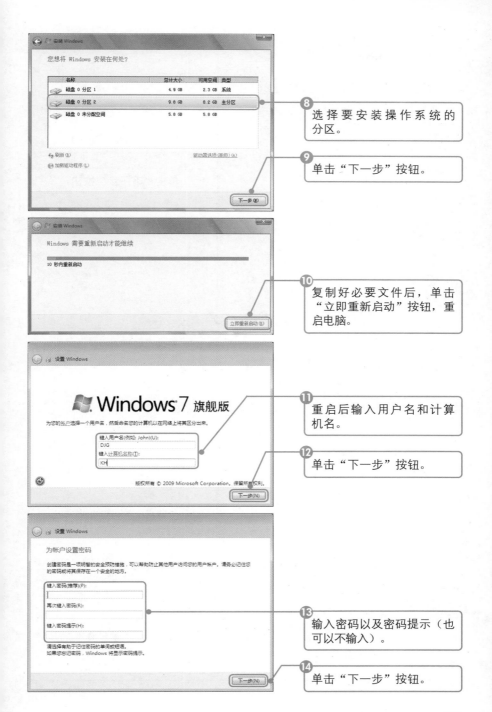

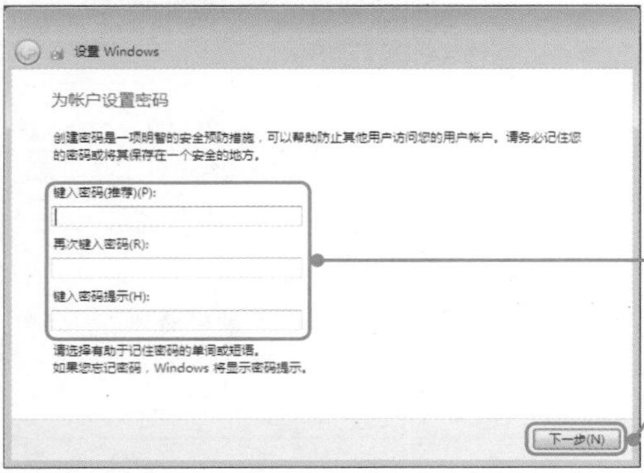
设置 Windows
为帐户设置密码
创建密码是一项明智的安全预防措施，可以帮助防止其他用户访问您的用户帐户。请务必记住您的密码或将其保存在一个安全的地方。
键入密码(推荐)(P):
再次键入密码(R):
键入密码提示(H):
请选择有助于记住密码的单词或短语。
如果您忘记密码，Windows 将显示密码提示。
下一步(N)

13 输入密码以及密码提示（也可以不输入）。

14 单击“下一步”按钮。

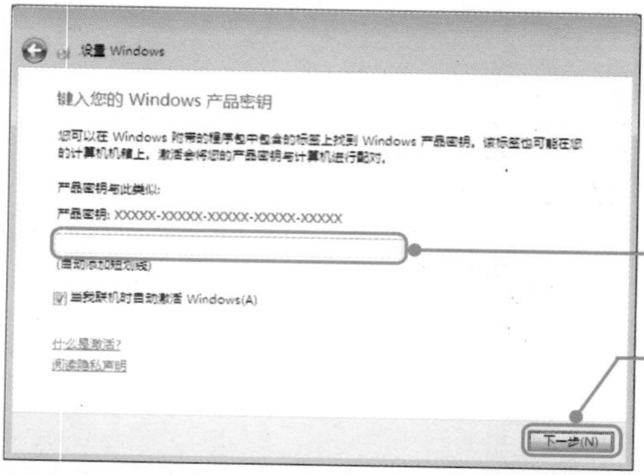
设置 Windows
键入您的 Windows 产品密钥
您可以在 Windows 附带的程序包中包含的标签上找到 Windows 产品密钥。该标签也可能在您的计算机机箱上。激活会将您的产品密钥与计算机进行配对。
产品密钥与此类似:
产品密钥: XXXXX-XXXXX-XXXXX-XXXXX-XXXXX
(自动添加短划线)
当我联机时自动激活 Windows(A)
什么是激活?
阅读隐私声明
下一步(N)

15 输入密钥（即注册码）。

16 单击“下一步”按钮。

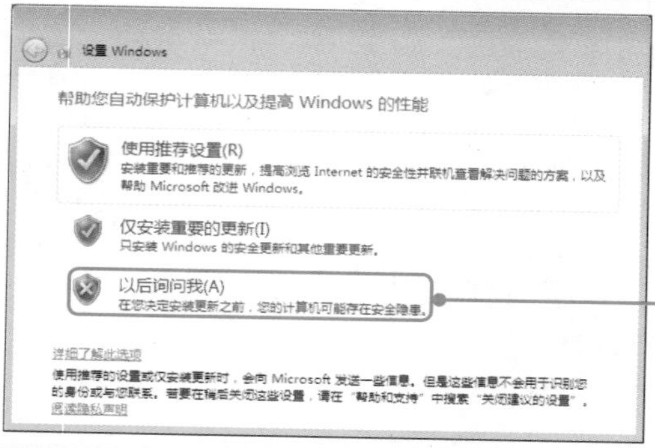
设置 Windows
帮助您自动保护计算机以及提高 Windows 的性能
使用推荐设置(R)
安装重要和推荐的更新，提高浏览 Internet 的安全性并联机查看解决问题的方案，以及帮助 Microsoft 改进 Windows。
仅安装重要的更新(I)
只安装 Windows 的安全更新和其他重要更新。
以后询问我(A)
在您决定安装更新之前，您的计算机可能存在安全隐患。
详细了解此选项
阅读隐私声明

17 单击“以后询问我”选项。

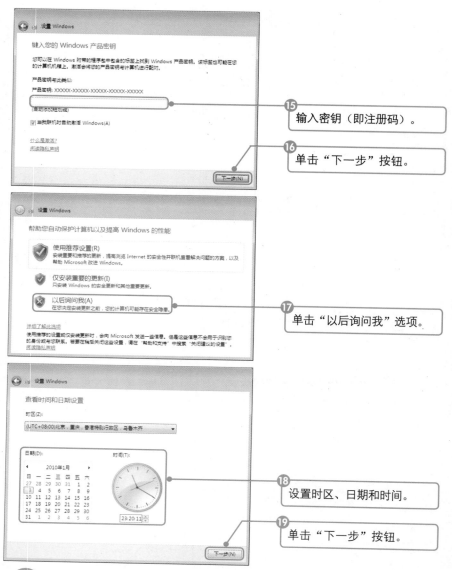

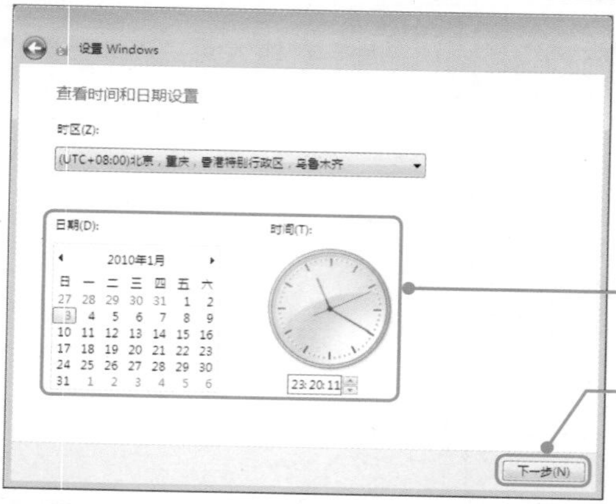
设置 Windows
查看时间和日期设置
时区(Z):
(UTC+08:00)北京，重庆，香港特别行政区，乌鲁木齐
日期(D):
2010年1月
时间(T):
23:20:11
下一步(N)

18 设置时区、日期和时间。

19 单击“下一步”按钮。

专家提示

如果在安装过程中不输入产品密钥，也可以完成安装，不过操作系统只能使用30天，在这30天内必须对操作系统进行激活。激活后的操作系统就可以无限制使用了。

20 等待片刻后，即可进入系统桌面。

主题 3 升级安装操作系统

如果电脑上已经安装了较旧版本的Windows，可以采用升级安装的方法安装较新版本的Windows。升级安装的好处是部分驱动程序和软件都可以接着使用，很多用户的设置和数据不会被清空，能省下不少麻烦。

光盘同步文件
教学文件：光盘\视频教学\第4章\新手入门：主题3 升级安装操作系统.MP4

1. 升级安装Windows 7

Windows XP/Vista可以升级为Windows 7。安装开始之前，先进入旧的Windows操作系统，然后将Windows 7的安装光盘放入光驱中，让安装程序自动运行并弹出安装界面。

1 单击“现在安装”按钮。

教您一招：检查兼容性

在安装Windows 7之前，可以在线检查自己的电脑是否适合安装Windows 7，方法是单击安装界面的“联机检查兼容性”按钮。

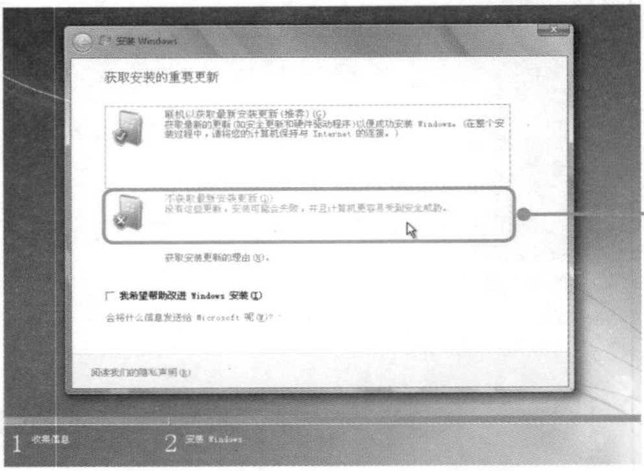

❷ 单击“不获取最新安装更新”选项。

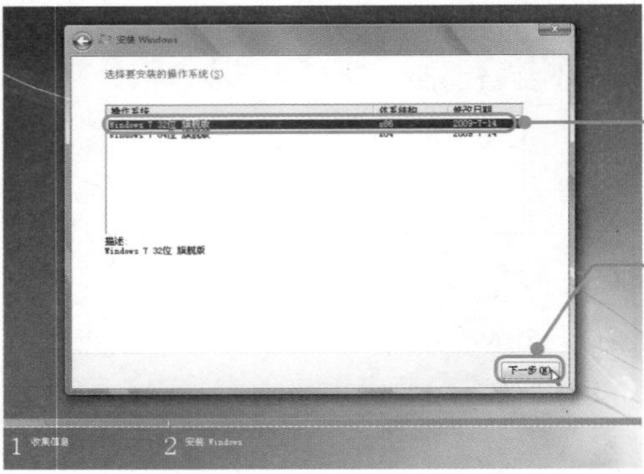

❸ 选择要安装的版本（建议选择32位版）。

❹ 单击“下一步”按钮。

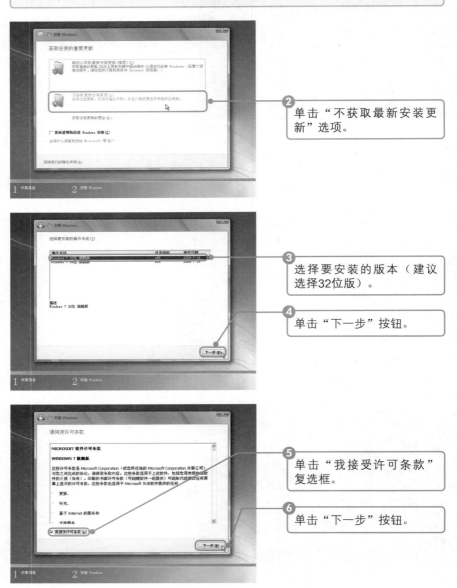

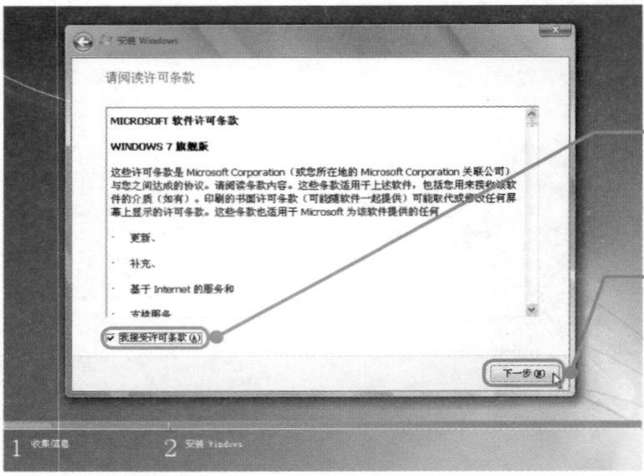

❺ 单击“我接受许可条款”复选框。

❻ 单击“下一步”按钮。

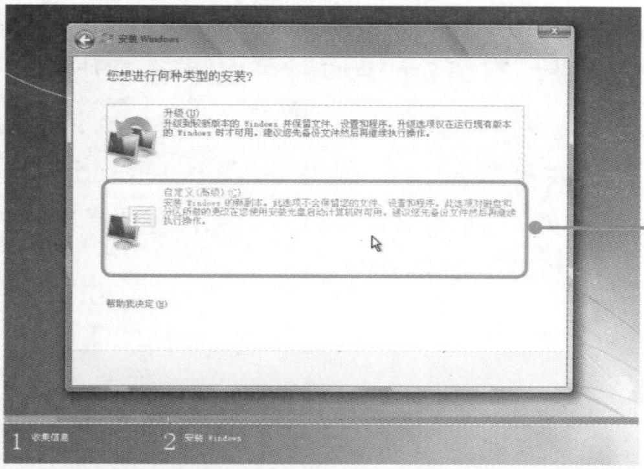

7 单击“自定义（高级）”选项。

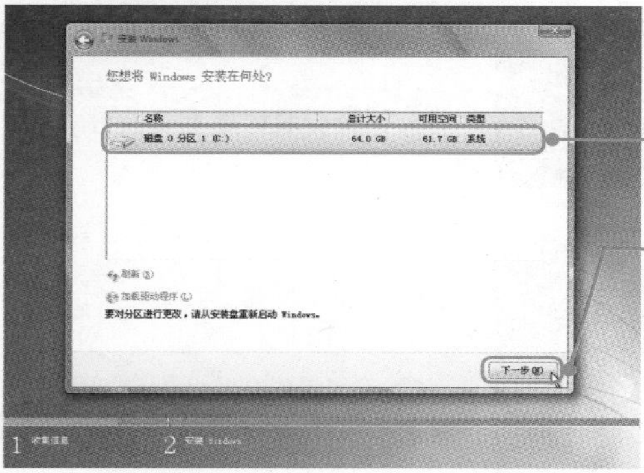

8 选择要安装操作系统的分区。

9 单击“下一步”按钮。

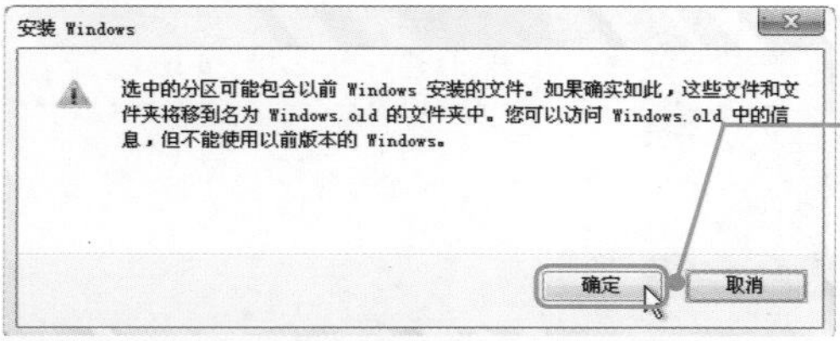

10 在弹出的提示对话框中单击“确定”按钮。

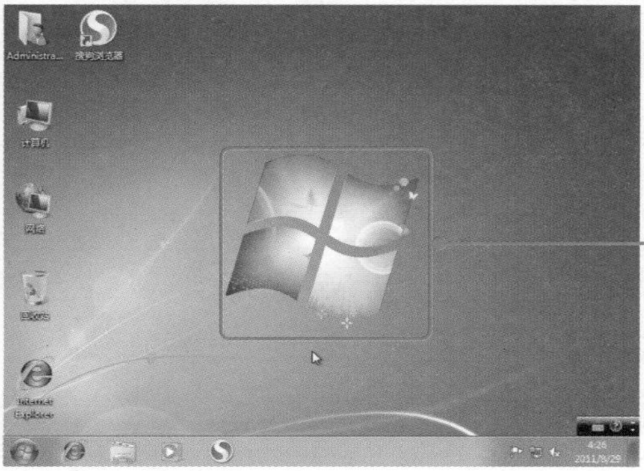

11 等待安装自动完成后，进入系统桌面。

实际上，从Windows XP升级与Windows Vista升级是有所区别的。从Windows Vista升级安装是真正的升级，在第7步操作时可以单击“升级”按钮进行安装，可以省略后面的第8、9、10步操作；而从Windows XP升级是一种“伪升级”，旧系统的数据会被放进一个名叫“Windows.old”的文件夹里，供用户找回以前的设置，如“我的文档”、“我的音乐”和IE收藏夹等，旧系统中安装的程序也基本都不能使用了。

2. 升级安装Windows 8

升级安装Windows 8之前，要先进入老版本的Windows，并将Windows 8安装光盘放进光驱，等待安装程序自动启动。

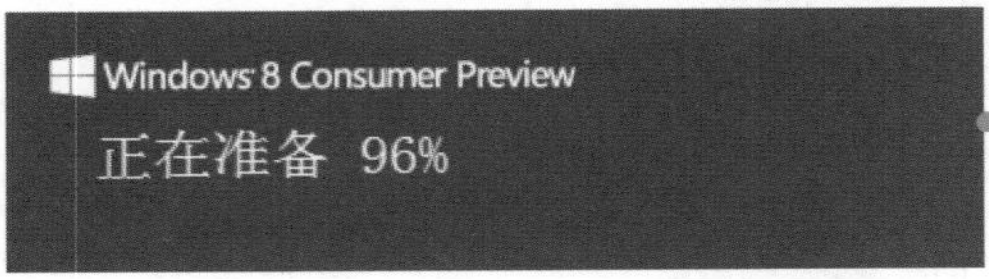

❶ 等待安装程序准备文件。

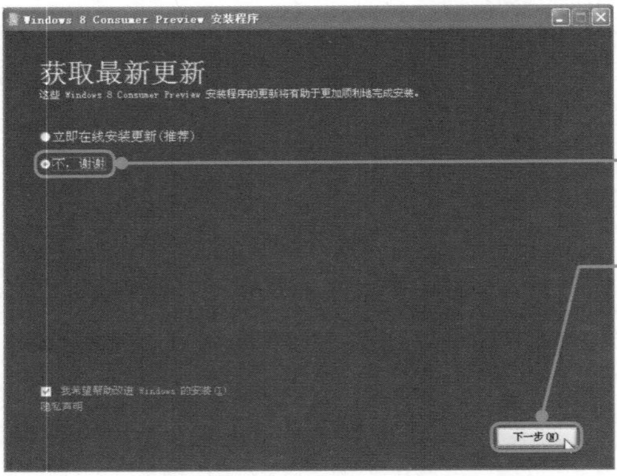

❷ 单击“不，谢谢”单选按钮。

❸ 单击“下一步”按钮。

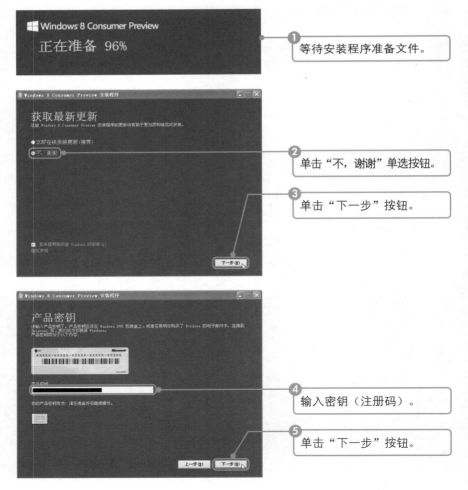

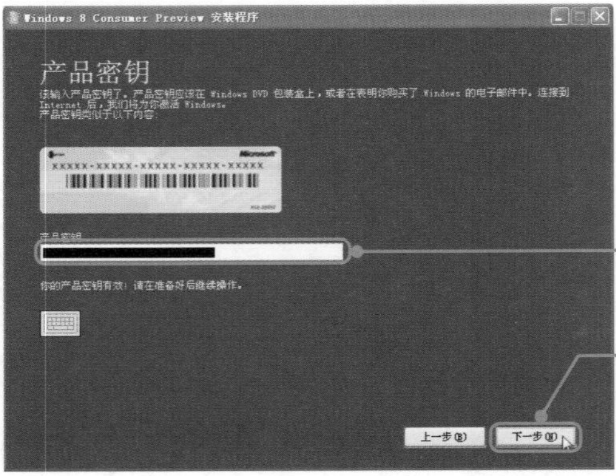

❹ 输入密钥（注册码）。

❺ 单击“下一步”按钮。

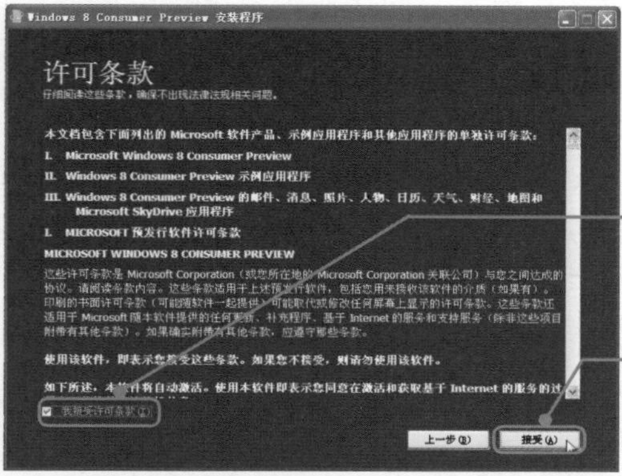

6 单击“我接受许可条款”复选框。

7 单击“接受”按钮。

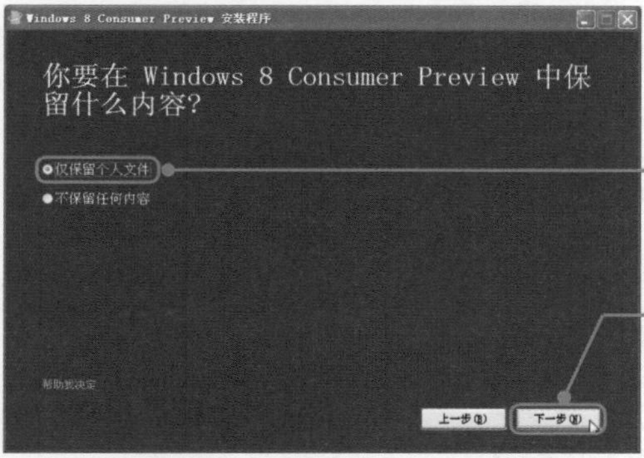

8 单击“仅保留个人文件”单选按钮。

9 单击“下一步”按钮。

10 单击“安装”按钮。

11 等待安装程序自动安装，安装期间可能会重启二三次。

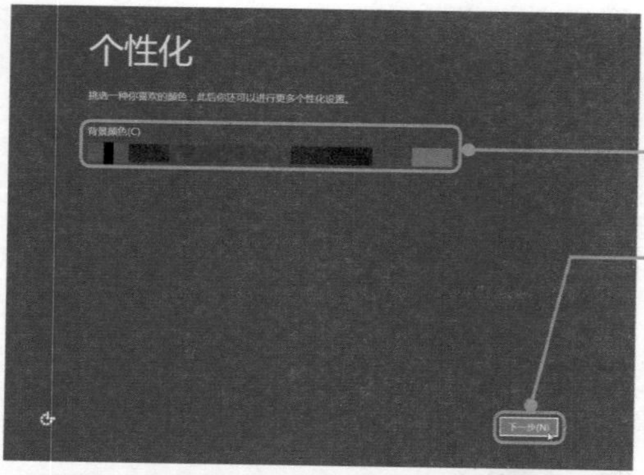

⑫ 选择背景色。

⑬ 单击“下一步”按钮。

⑭ 单击“使用快速设置”按钮。

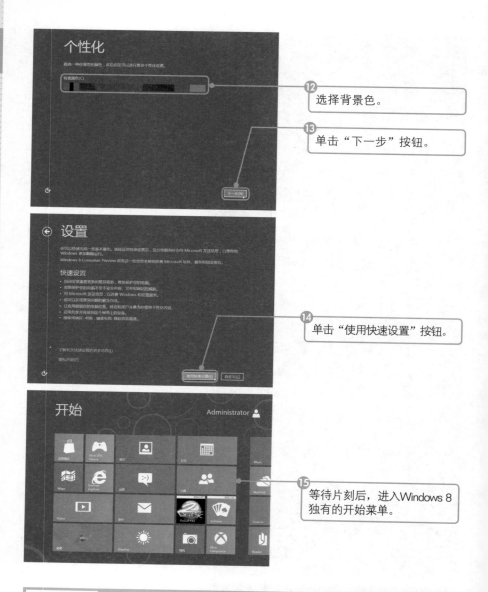

⑮ 等待片刻后，进入Windows 8独有的开始菜单。

主题 4 做好安装后续工作

安装好操作系统之后，还不算完成了工作，还要做一些后续的操作，如安装驱动程序，安装系统更新以及连接互联网等。完成了后续操作，电脑就能正常、安全地使用了。

光盘同步文件

教学文件：光盘\视频教学\第4章\新手入门：主题4 做好安装后续工作.MP4

1. 安装驱动程序

驱动程序全称为“设备驱动程序”，它是一种特殊程序，相当于硬件与操作系统之间的桥梁或者翻译，操作系统发出的指令通过驱动程序的翻译，变成为硬件能理解的指令，这样操作系统就能控制硬件工作了。

操作系统安装完成后，还需要为主板、显卡、声卡、网卡等设备安装上驱动程序，才能够正常使用。驱动程序一般都在购买硬件时附带的驱动程序光盘中，将光盘放入光驱，会自动弹出安装界面。这里就以安装技嘉主板的驱动程序为例进行讲解。

❶ 单击“Xpress Install total Install”按钮。

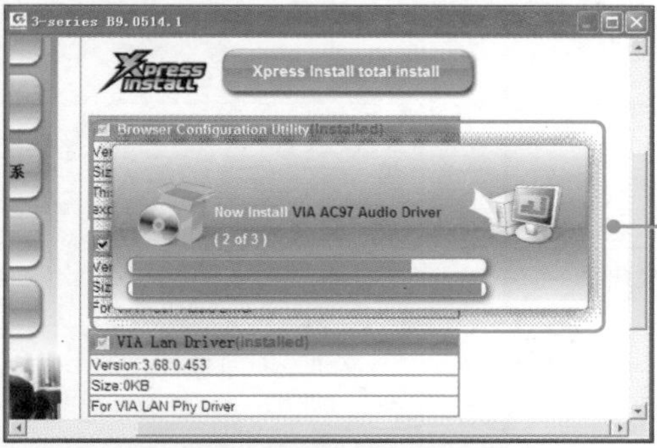

❷ 等待安装程序自动进行安装。

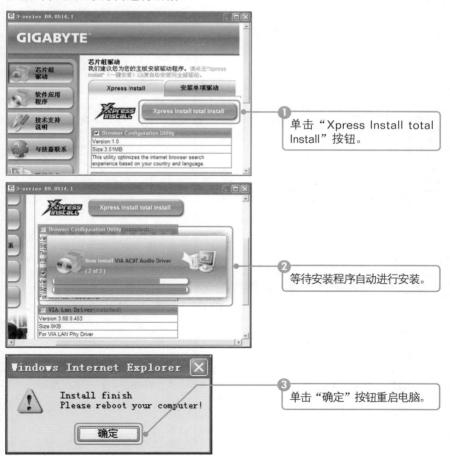

❸ 单击“确定”按钮重启电脑。

专家提示

主板驱动、显卡驱动安装以后往往需要重启电脑，而声卡、网卡、打印机等驱动安装以后一般不需要重启（也有极少数例外）。

2. 连接ADSL上网

前面讲解过安装ADSL硬件设备的内容。在安装好操作系统后，还需要建立一个拨号连接，才可以连上互联网。

教您一招：拨号连接

流行的上网方式除了ADSL还有小区宽带，这两种上网方式基本上都需要建立拨号连接。

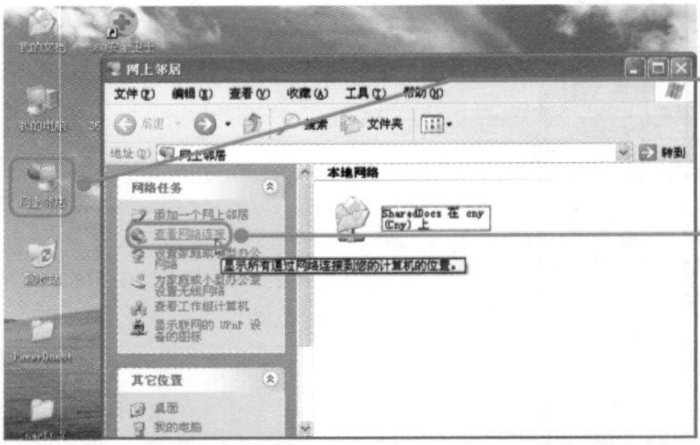

1 在桌面双击“网上邻居”图标。

2 单击“查看网络连接”文字链接。

3 单击“创建一个新的连接”文字链接。

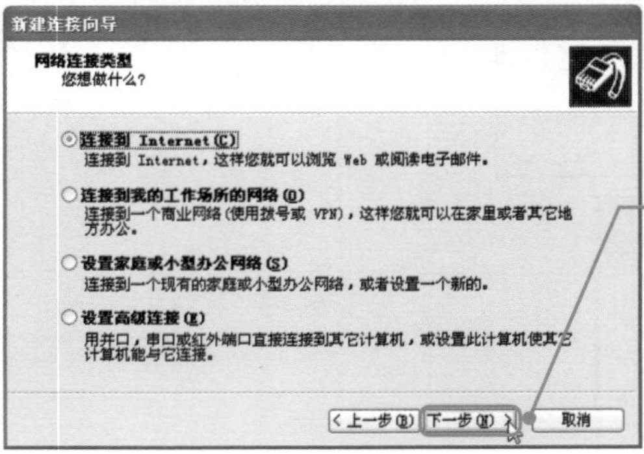

4 在欢迎界面单击“下一步”按钮。

5 确认选择了网络连接类型后单击“下一步”按钮。

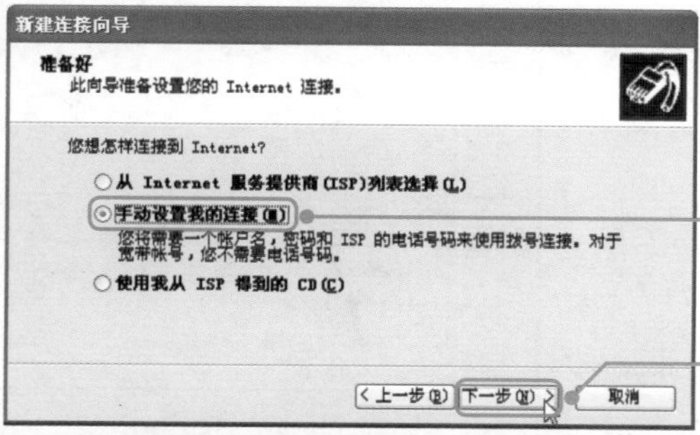
新建连接向导
准备好
此向导准备设置您的 Internet 连接。
您想怎样连接到 Internet?
从 Internet 服务提供商(ISP)列表选择(L)
手动设置我的连接(M)
您将需要一个帐户名，密码和 ISP 的电话号码来使用拨号连接。对于宽带帐号，您不需要电话号码。
使用我从 ISP 得到的 CD(C)
< 上一步(B)
下一步(N) >
取消

6 单击“手动设置我的连接”单选按钮。

7 单击“下一步”按钮。

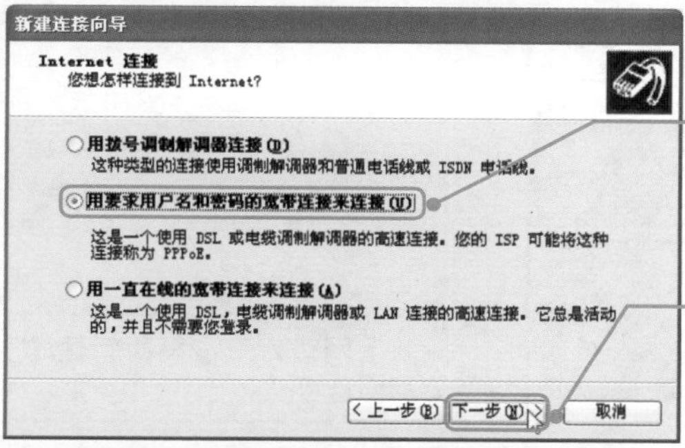
新建连接向导
Internet 连接
您想怎样连接到 Internet?
用拨号调制解调器连接(D)
这种类型的连接使用调制解调器和普通电话线或 ISDN 电话线。
用要求用户名和密码的宽带连接来连接(U)
这是一个使用 DSL 或电缆调制解调器的高速连接。您的 ISP 可能将这种连接称为 PPPoE。
用一直在线的宽带连接来连接(A)
这是一个使用 DSL，电缆调制解调器或 LAN 连接的高速连接。它总是活动的，并且不需要您登录。
< 上一步(B)
下一步(N) >
取消

8 单击“用要求用户名和密码的宽带连接来连接”单选按钮。

9 单击“下一步”按钮。

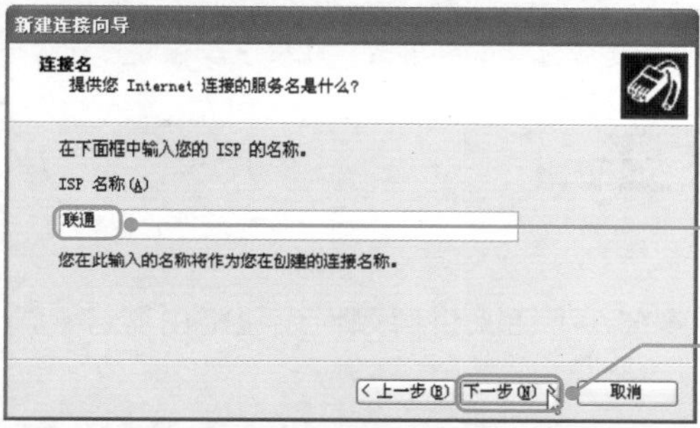
新建连接向导
连接名
提供您 Internet 连接的服务名是什么?
在下面框中输入您的 ISP 的名称。
ISP 名称(A)
联通
您在此输入的名称将作为您在创建的连接名称。
< 上一步(B)
下一步(N) >
取消

10 输入新建连接的名称。

11 单击“下一步”按钮。

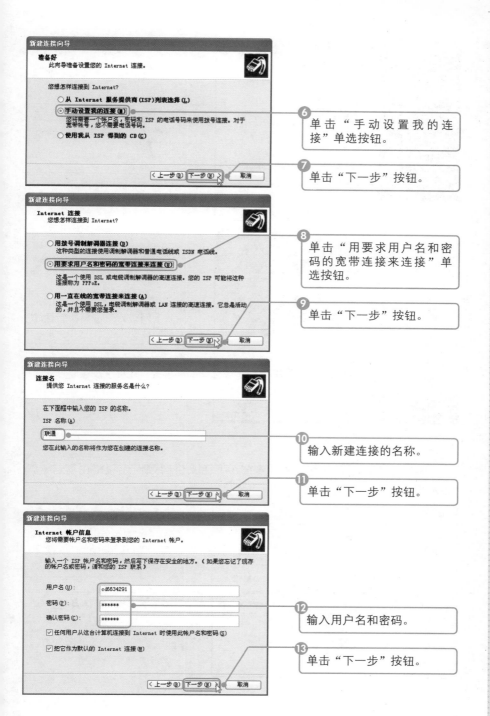

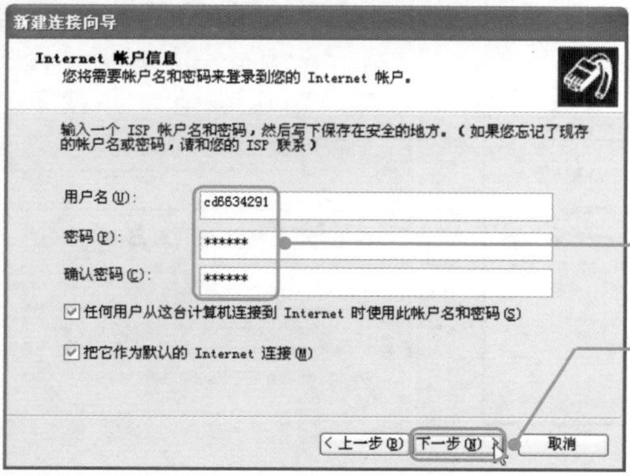
新建连接向导
Internet 帐户信息
您将需要帐户名和密码来登录到您的 Internet 帐户。
输入一个 ISP 帐户名和密码，然后写下保存在安全的地方。(如果您忘记了现存的帐户名或密码，请和您的 ISP 联系)
用户名(U):
cd6634291
密码(P):
******
确认密码(C):
******
任何用户从这台计算机连接到 Internet 时使用此帐户名和密码(S)
把它作为默认的 Internet 连接(M)
< 上一步(B)
下一步(N) >
取消

12 输入用户名和密码。

13 单击“下一步”按钮。

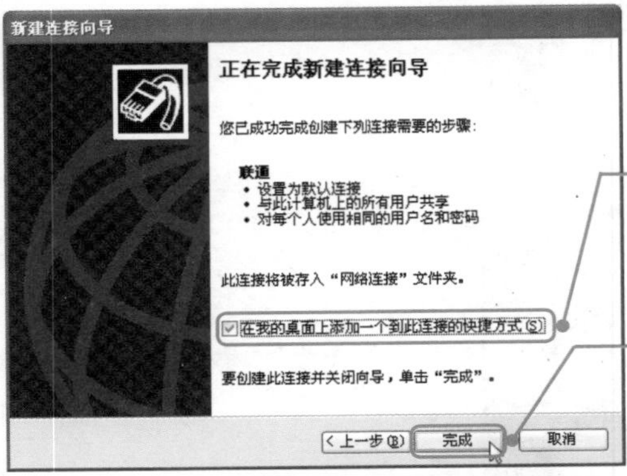

14 单击选中"在我的桌面上添加一个到此连接的快捷方式"复选框。

15 单击"完成"按钮。

16 要上网时，双击桌面新建的网络连接。

17 单击"连接"按钮即可连上互联网。

3. 连接局域网

前面已经讲解了相关的硬件连接，下面来讲解如何设置路由器，让局域网内所有电脑都能上网。

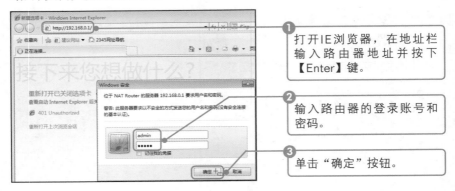

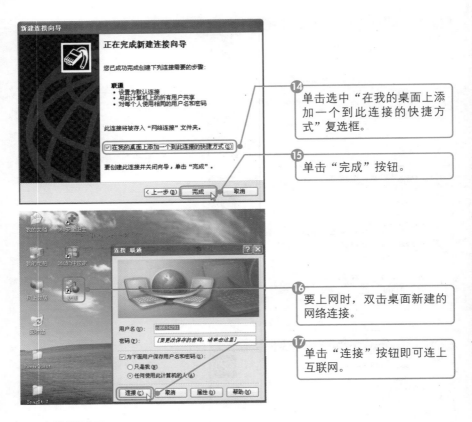

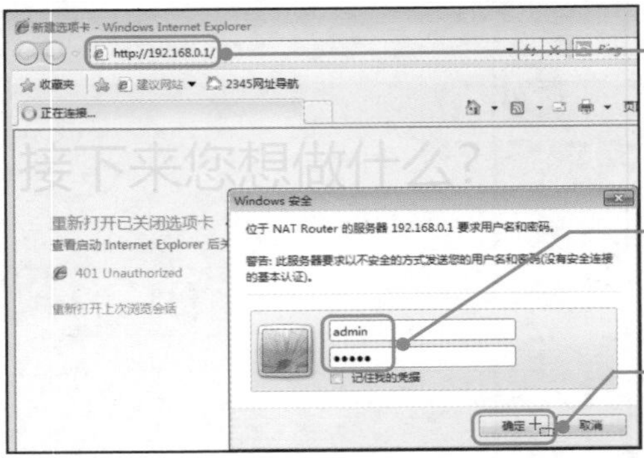

1 打开IE浏览器，在地址栏输入路由器地址并按下【Enter】键。

2 输入路由器的登录账号和密码。

3 单击"确定"按钮。

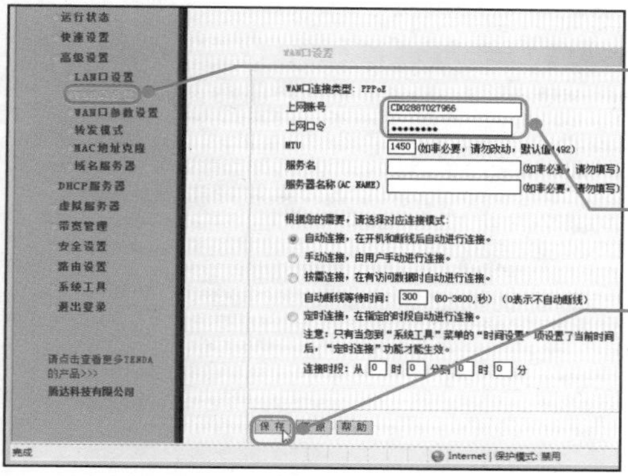

4 单击“高级设置”菜单下的“WAN口设置”选项。

5 输入ADSL账号和密码。

6 单击“保存”按钮。

专家提示

路由器地址通常为“192.168.0.1”或“192.168.1.1”（详见购买的路由器说明书）。

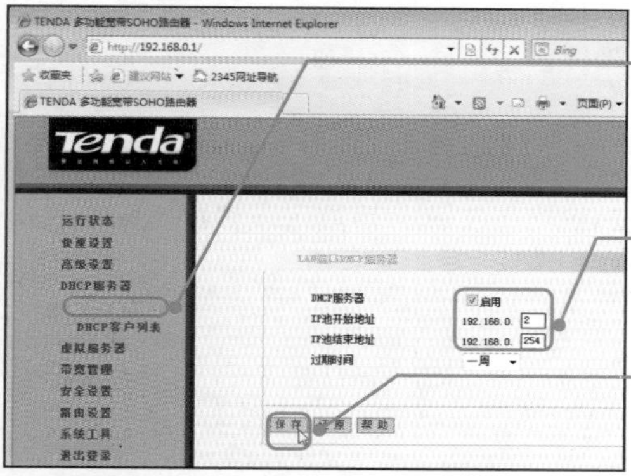

7 单击“DHCP服务器”菜单下的“DHCP服务设置”选项。

8 单击“启用”复选框并设置起止IP地址。

9 单击“保存”按钮。

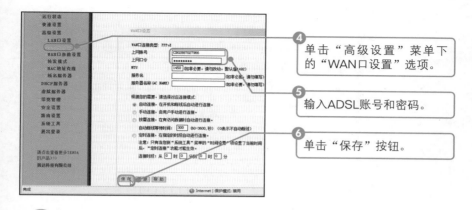

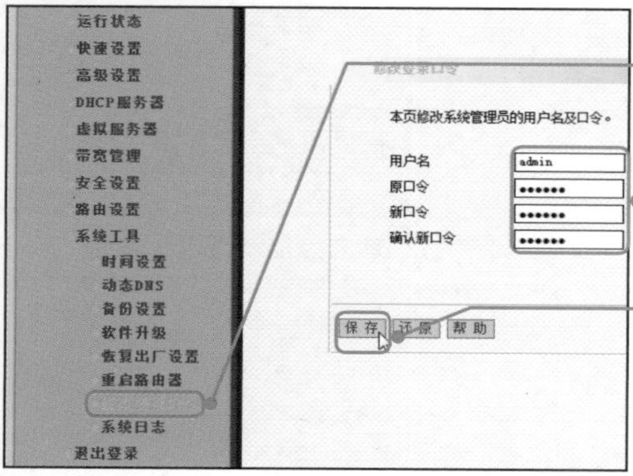

10 单击“系统工具”菜单下的“修改登录口令”选项。

11 设置用户名和口令。

12 单击“保存”按钮。

13 单击“系统工具”菜单下的“重启路由器”选项。

14 单击“重启路由器”按钮。

4. 安装系统补丁

Windows操作系统是由数量惊人的程序组成的，程序一多，就会出现各种各样的问题，会影响到用户的正常使用，甚至会危害用户的数据安全。因此微软公司经常发布系统补丁，对Windows进行修补。

Windows XP和Windows 7都有自动更新补丁的功能，只要打开该功能并连上互联网，Windows就会自动搜索是否有新的补丁，并根据预先的设定进行操作。另外还可以通过计算机管理软件（如360安全卫士、QQ电脑管家等）来下载系统补丁。

（1）Windows自动更新

Windows系统中集成了“自动更新”工具，用户可以根据实际情况选择下面任意一种方式更新系统补丁。

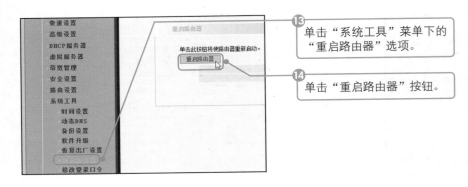

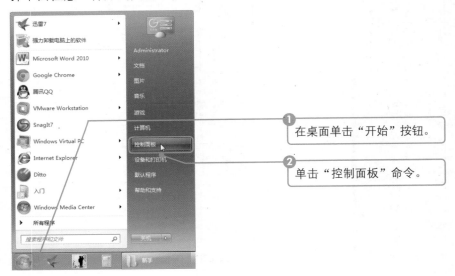

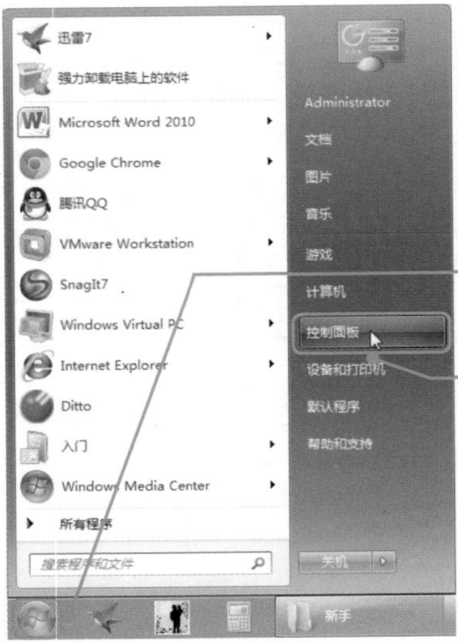

1 在桌面单击“开始”按钮。

2 单击“控制面板”命令。

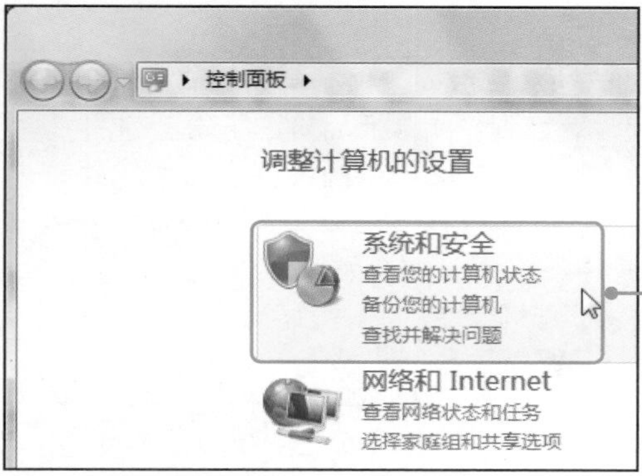

3 单击“系统和安全”选项。

教您一招：Windows XP的自动更新

本例讲解的是在Windows 7中打开自动更新功能，在Windows XP中的操作略有不同：打开控制面板后，双击“自动更新”图标即可。

4 单击“启用或禁用自动更新”选项。

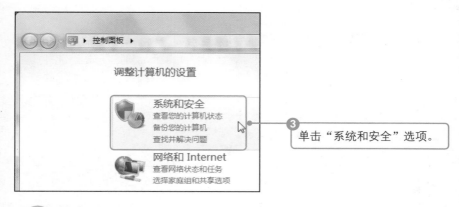

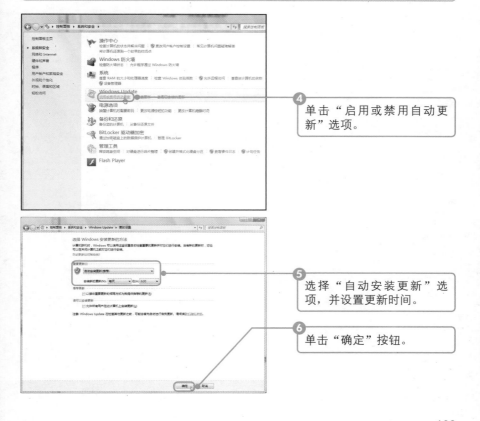

5 选择“自动安装更新”选项，并设置更新时间。

6 单击“确定”按钮。

（2）用360安全卫士安装系统补丁

有的用户可能不喜欢使用自动更新功能，因为自动更新功能会把很多用不上的补丁都下载下来安装，不仅没有起到作用，反而挤占了磁盘空间。

针对这种情况，很多公司推出了管理升级补丁的软件，其中比较著名的有360安全卫士，QQ电脑管家等。这些软件会提示用户各种补丁的作用供用户选择，并且会在后台进行自动安装，非常方便、快捷。

❶ 选择“修复漏洞”选项卡。

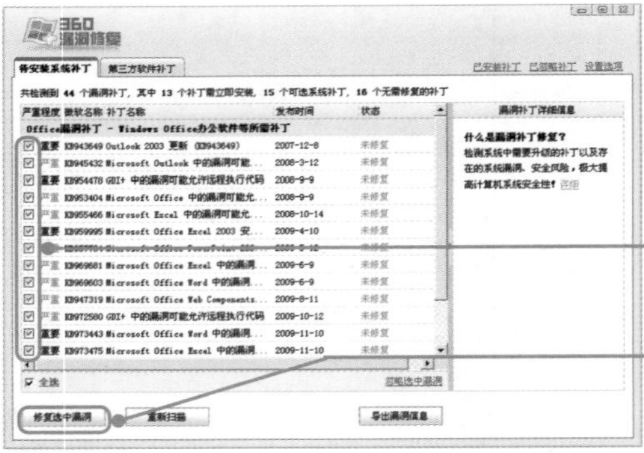

❷ 选择要下载的补丁。

❸ 单击“修复选中漏洞”按钮。

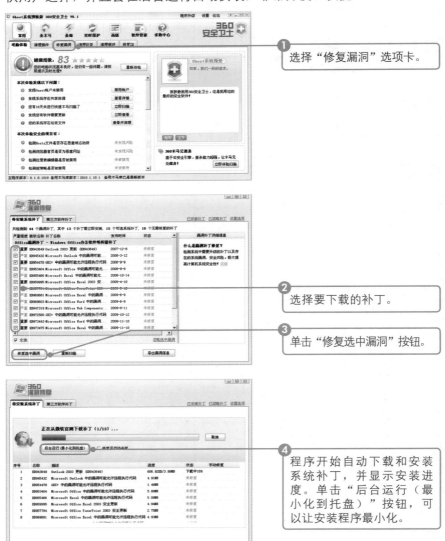

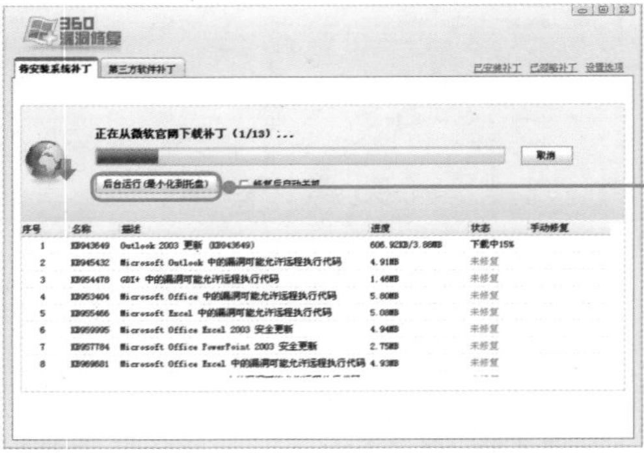

❹ 程序开始自动下载和安装系统补丁，并显示安装进度。单击“后台运行（最小化到托盘）”按钮，可以让安装程序最小化。

Next

新手提高——技能拓展

多操作系统是指在一台电脑上安装两个或两个以上的操作系统，以满足用户的不同需求。这种方式能让不同操作系统发挥各自的优点，从而受到许多电脑用户的青睐。在安装多操作系统时，应该遵循一些基本的原则。

- 不要在压缩分区上安装新的操作系统，否则容易出问题。
- 每个操作系统必须安装在一个独立的磁盘驱动器或者分区上。
- 最好先安装低版本系统，再安装高版本系统。

主题 1 稳妥安装双Windows操作系统

Windows XP是应用最广泛的操作系统，Windows 7是新一代流行的操作系统，同时安装二者是一种最常见的组合。下面就以不同的安装顺序来讲解双操作系统的安装方法。

光盘同步文件

教学文件：光盘\视频教学\第4章\新手提高：主题1 稳妥安装双windows操作系统.MP4

1. 先安装Windows XP后安装Windows 7

先安装Windows XP，再安装Windows 7应该说是最简单的安装方法，因为Windows 7能自动识别Windows XP并生成正确的多操作系统启动菜单。首先安装好Windows XP，然后将Windows 7的安装光盘放入光驱，等待安装程序自动启动（也可以用虚拟光驱软件载入Windows 7的安装光盘镜像文件）。

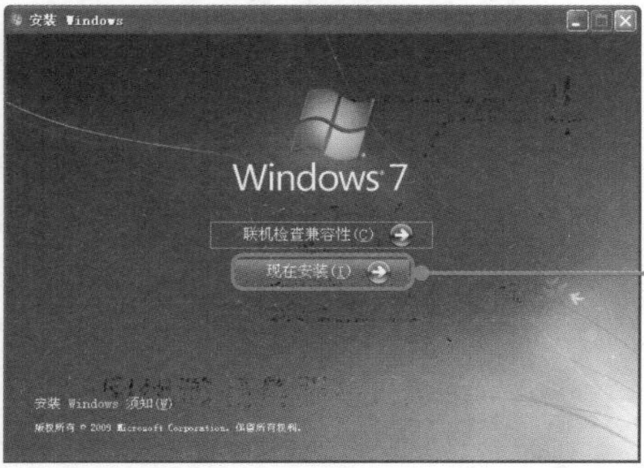

❶ 在弹出的“安装Windows 7”窗口中，单击“现在安装”按钮。

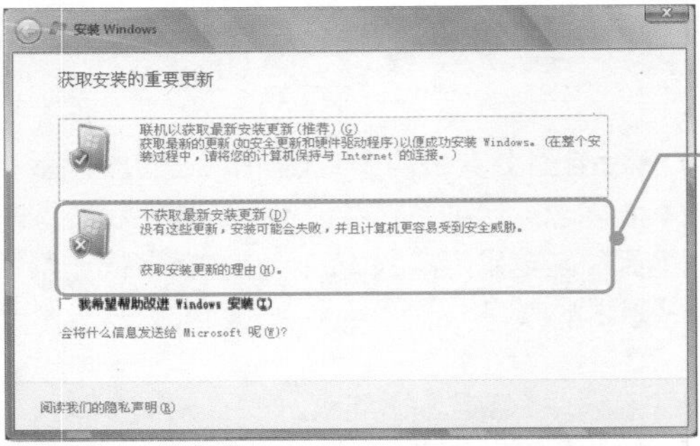

❷ 选择安装更新的方式（建议选择“不获取最新安装更新”选项以加快安装速度）。

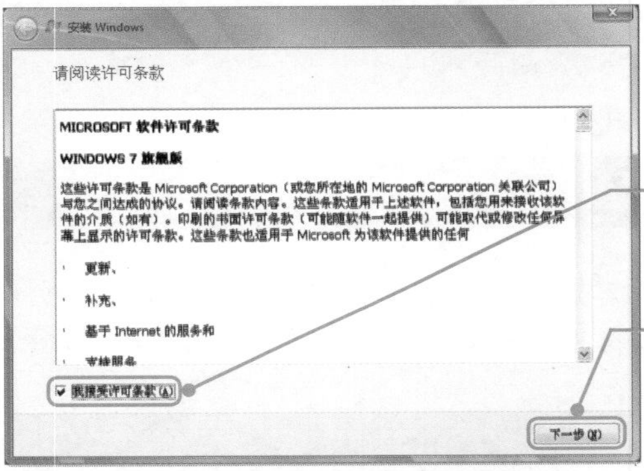

❸ 单击“我接受许可条款”复选框。

❹ 单击“下一步”按钮。

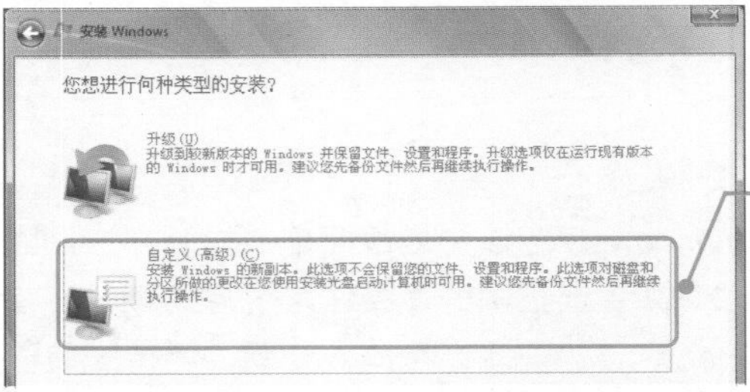

❺ 单击“自定义（高级）”选项。

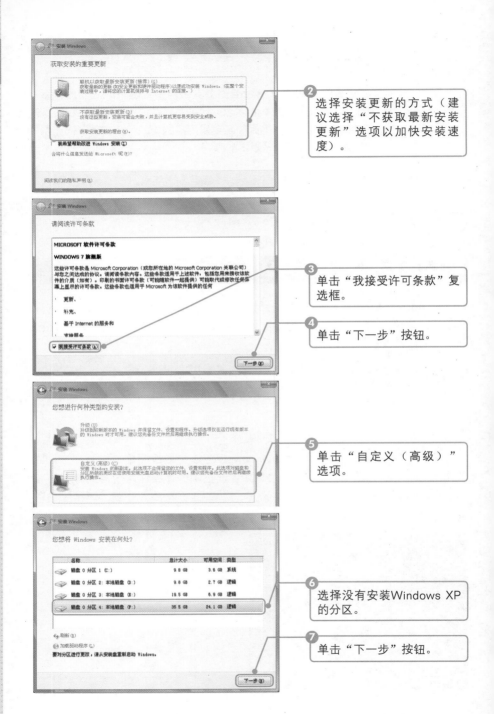

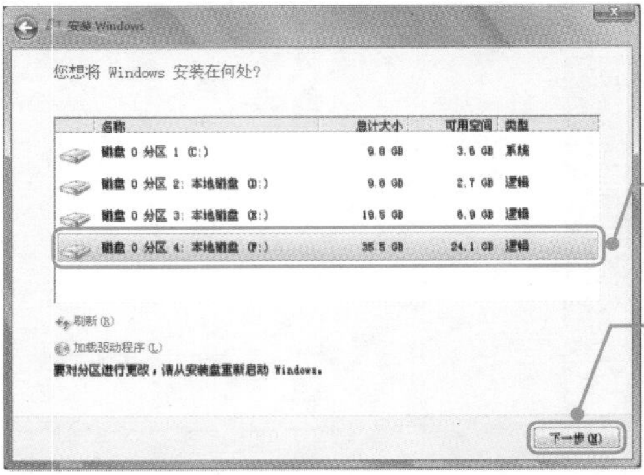

❻ 选择没有安装Windows XP的分区。

❼ 单击“下一步”按钮。

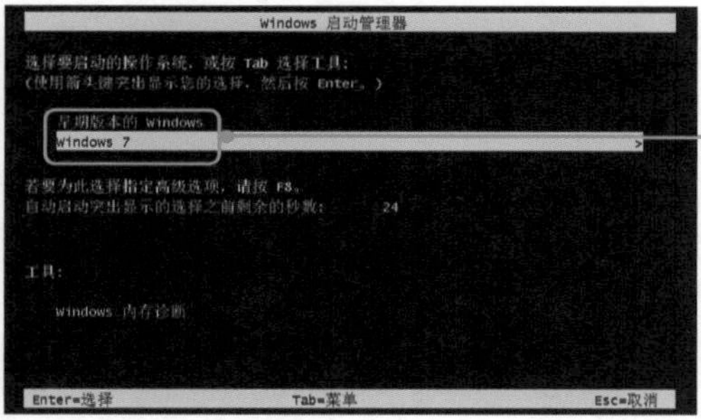

Windows 启动管理器
选择要启动的操作系统，或按 Tab 选择工具:
(使用箭头键突出显示您的选择，然后按 Enter。)
早期版本的 Windows
Windows 7
若要为此选择指定高级选项，请按 F8。
自动启动突出显示的选择之前剩余的秒数: 24
工具:
Windows 内存诊断
Enter=选择
Tab=菜单
Esc=取消

8 后续操作和全新安装Windows 7操作系统大致相同。安装完成后将出现启动菜单供用户选择。

2. 先安装Windows 7后安装Windows XP

由于Windows XP的版本低于Windows 7，因此先安装Windows 7再安装Windows XP，启动时会直接进入Windows XP，而不会出现正确的启动菜单。此时需要使用软件来修复启动菜单。本例中使用NTBOOTautofix软件来进行修复。

安装之前，先按照安装Windows XP的方法进入“Windows XP Professional安装程序”的界面，再进行以下步骤的操作。

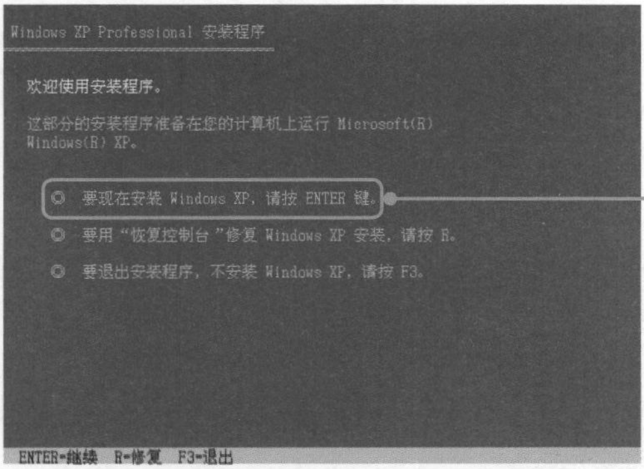

Windows XP Professional 安装程序
欢迎使用安装程序。
这部分的安装程序准备在您的计算机上运行 Microsoft(R) Windows(R) XP。
要现在安装 Windows XP，请按 ENTER 键。
要用“恢复控制台”修复 Windows XP 安装，请按 R。
要退出安装程序，不安装 Windows XP，请按 F3。
ENTER=继续 R=修复 F3=退出

1 按照提示按下【Enter】键开始安装。

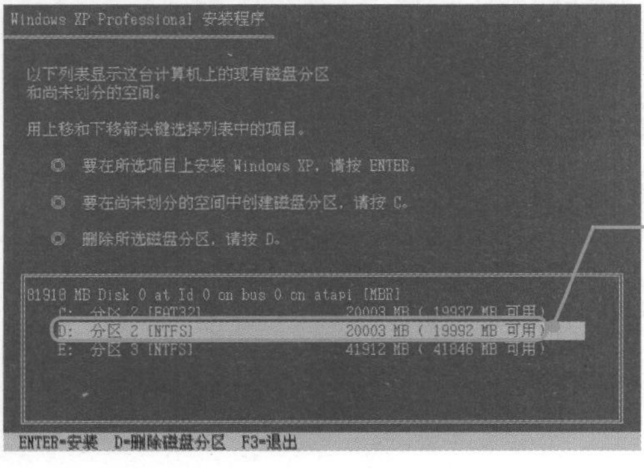

Windows XP Professional 安装程序
以下列表显示这台计算机上的现有磁盘分区和尚未划分的空间。
用上移和下移箭头键选择列表中的项目。
要在所选项目上安装 Windows XP，请按 ENTER。
要在尚未划分的空间中创建磁盘分区，请按 C。
删除所选磁盘分区，请按 D。
81918 MB Disk 0 at Id 0 on bus 0 on atapi [MBR]
C: 分区 2 [FAT32] 20003 MB (19937 MB 可用)
D: 分区 2 [NTFS] 20003 MB (19992 MB 可用)
E: 分区 3 [NTFS] 41912 MB (41846 MB 可用)
ENTER=安装 D=删除磁盘分区 F3=退出

2 选择没有安装Windows 7操作系统的分区并按下【Enter】键。

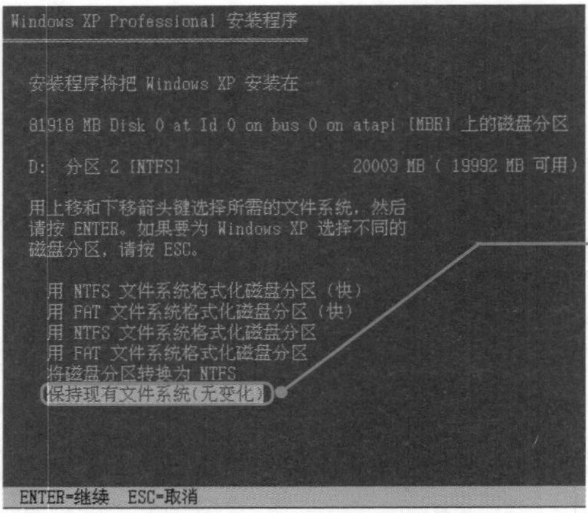

3 选择“保持现有文件系统（无变化）”选项并按下【Enter】键。

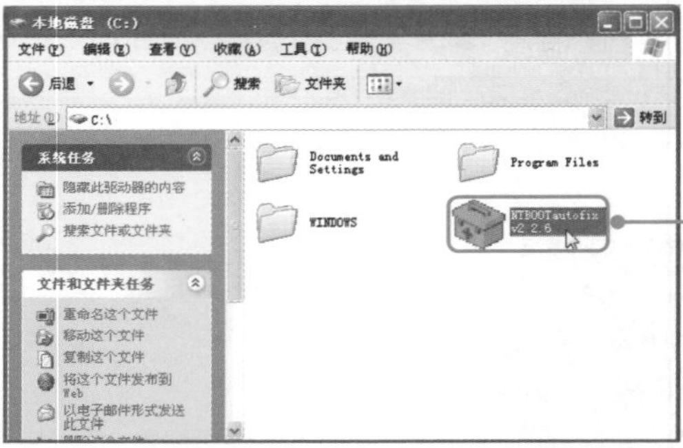

4 安装完毕后进入操作系统，下载“NTBOOTauto fix”软件并双击。

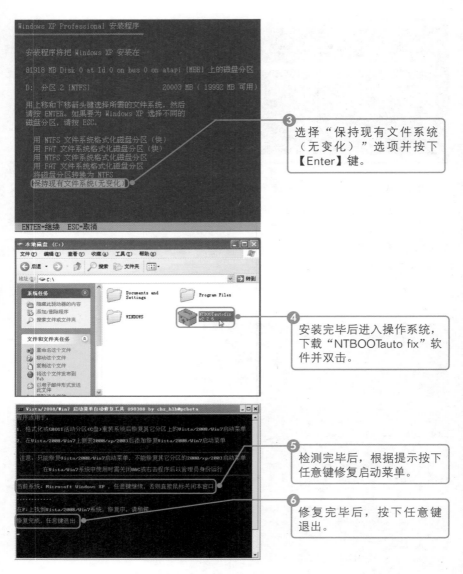

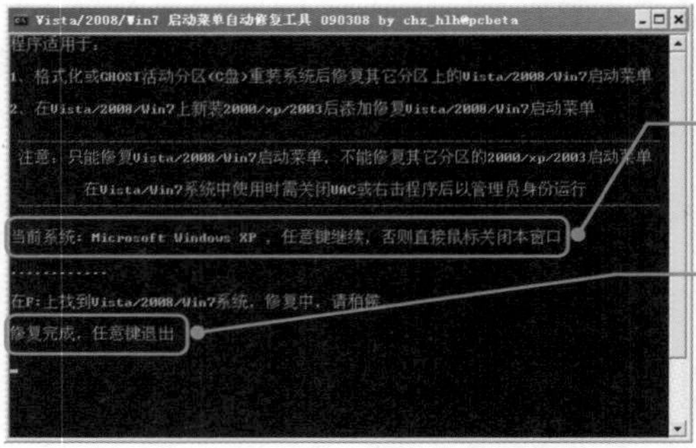

5 检测完毕后，根据提示按下任意键修复启动菜单。

6 修复完毕后，按下任意键退出。

3. 在Windows中调整启动顺序

在安装了Windows XP和Windows 7双系统的电脑上，其启动菜单往往默认选中Windows 7。要调整启动顺序，可以进入Windows 7进行设置。

控制面板 ▸ 系统和安全 ▸ 系统
控制面板主页
设备管理器
远程设置
系统保护
高级系统设置
查看有关计算机的基本信息
Windows 版本
Windows 7 旗舰版
版权所有 © 2009 Microsoft Cor

1. 右击桌面“计算机”图标，在弹出的快捷菜单中单击“属性”命令。
2. 在弹出的窗口中单击“高级系统设置”文字链接。

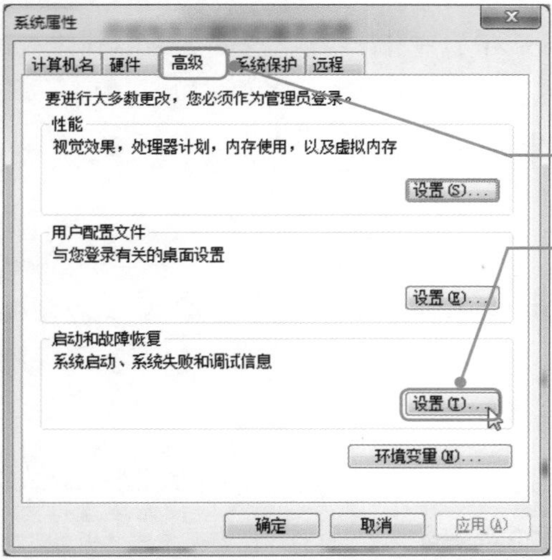
系统属性
计算机名
硬件
高级
系统保护
远程
要进行大多数更改，您必须作为管理员登录。
性能
视觉效果，处理器计划，内存使用，以及虚拟内存
设置(S)...
用户配置文件
与您登录有关的桌面设置
设置(E)...
启动和故障恢复
系统启动、系统失败和调试信息
设置(T)...
环境变量(N)...
确定
取消
应用(A)

3. 选择“高级”选项卡。
4. 单击“设置”按钮。

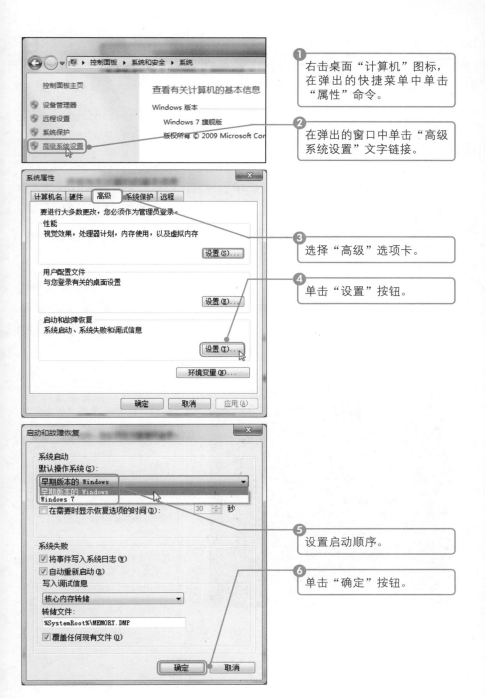

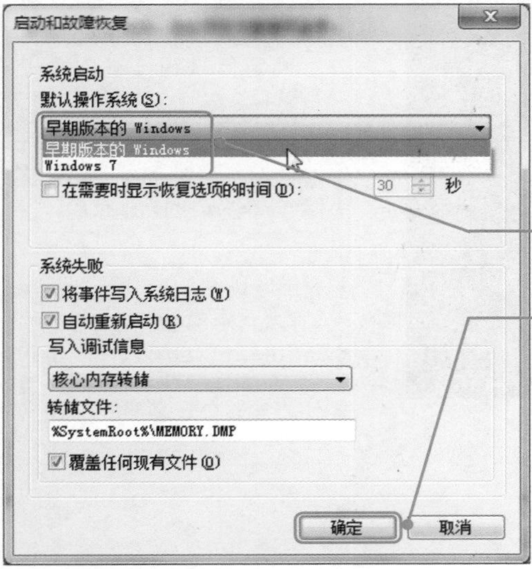
启动和故障恢复
系统启动
默认操作系统(S):
早期版本的 Windows
早期版本的 Windows
Windows 7
在需要时显示恢复选项的时间(D):
30
秒
系统失败
将事件写入系统日志(W)
自动重新启动(R)
写入调试信息
核心内存转储
转储文件:
%SystemRoot%\MEMORY.DMP
覆盖任何现有文件(O)
确定
取消

5. 设置启动顺序。
6. 单击“确定”按钮。

主题 2 安全卸载双操作系统

不再使用的操作系统可以卸载。相比安装多操作系统，卸载操作比较快捷，主要的操作集中在卸载后调整启动菜单的操作上，目的是不再显示多重启动菜单，开机直接进入保留的操作系统。

1．卸载Windows 7留下Windows XP

卸载Windows 7保留Windowx XP的情况分两种：一种是Windows XP在C分区，Windows 7在其他分区；一种是Windows 7在C分区，Windows XP在其他分区。下面就这两种情况分别进行讲解。

（1）Windows XP在C分区

当Windows XP在C分区时，卸载Windows 7的方法较为简单，只需运行Windows 7安装光盘上的程序来解除Windows 7的启动菜单，把控制权还给Windows XP，之后直接格式化Windows 7所在分区即可。

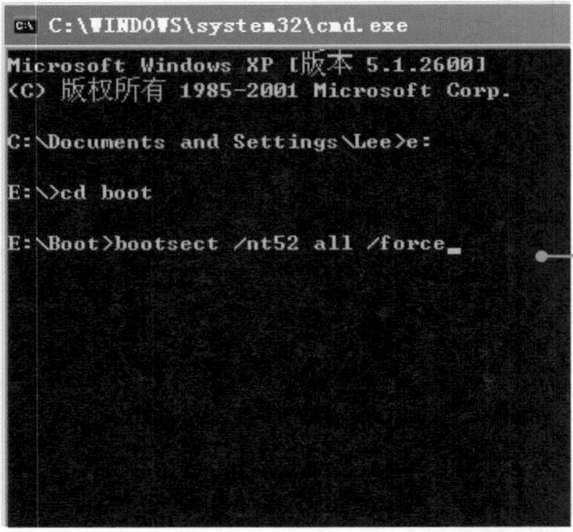
C:\WINDOWS\system32\cmd.exe
Microsoft Windows XP [版本 5.1.2600]
(C) 版权所有 1985-2001 Microsoft Corp.
C:\Documents and Settings\Lee>e:
E:\>cd boot
E:\Boot>bootsect /nt52 all /force

1. 首先进入Windows XP，将Windows 7的安装光盘放入光驱（假设光驱盘符为H），在桌面单击“开始”按钮，再单击“运行”命令，输入“cmd”后单击“确定”按钮，进入命令行窗口。

2. 按照图示输入命令，即可移除Windows 7的启动菜单。

3. 重启电脑会直接进入Windows XP。之后可使用DOS下的Partition Magic软件来格式化Windows 7所在分区，另外再删除C分区下的Boot文件夹。

专家提示

“h:”命令用于转到光驱所在盘符；“cd boot”命令用于进入安装光盘下的“boot”文件夹；“bootsect/nt52 all /force”命令用于解除Windows 7的启动菜单。

（2）Windows 7在C分区

当Windows 7在C分区时，卸载Windows 7就稍微要复杂一点。首先还是使用“bootsect.exe -nt52 all”命令解除Windows 7的启动菜单，之后重启电脑会直接进入Windows XP，因为Windows XP有一些启动文件在C分区上，所以不能直接格式化C分区，而必须保留以下几个文件：Ntldr、Boot.ini、Ntdetect.com、Ntbootdd.sys（该文件有可能会不存在）、Bootsect.dos（该文件有可能会不存在）。

除了这几个文件以外，其他文件和文件夹都删除即可。如果Windows 7和Windows XP均不在C盘，也可以按此方法处理，基本原则就是保留这几个启动文件。

2. 卸载Windows XP留下Windows 7

光盘同步文件

教学文件：光盘\视频教学\第4章\新手提高：主题2 卸载Windows XP留下Windows 7.MP4

保留Windows 7卸载Windows XP同样也分为两种情况，下面分别进行讲解。在开始操作之前，要先调整启动顺序，将默认启动系统设置为Windows 7。

（1）Windows XP在C分区

如果Windows XP在C分区，则可以在使用DOS或Windows PE下的工具格式化C分区，然后使用NTBOOTautofix程序恢复启动功能。

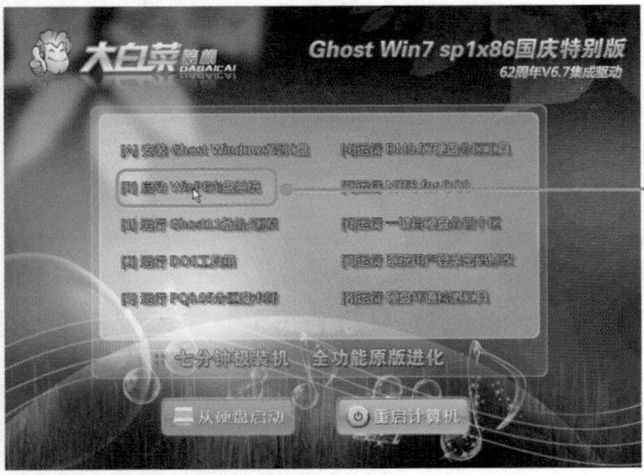

❶ 使用Windows PE光盘启动电脑，单击“启动Windows PE光盘系统”选项。

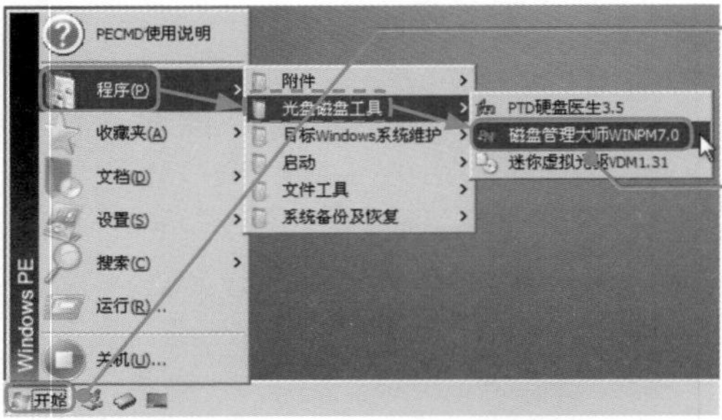

2 进入Windows PE后，单击“开始”按钮。

3 打开“程序”、“光盘磁盘工具”子菜单，单击“磁盘管理大师”命令。

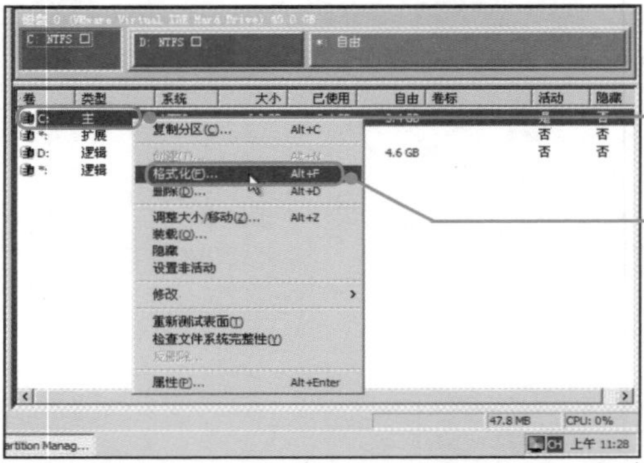

4 右击C分区。

5 单击“格式化”命令。

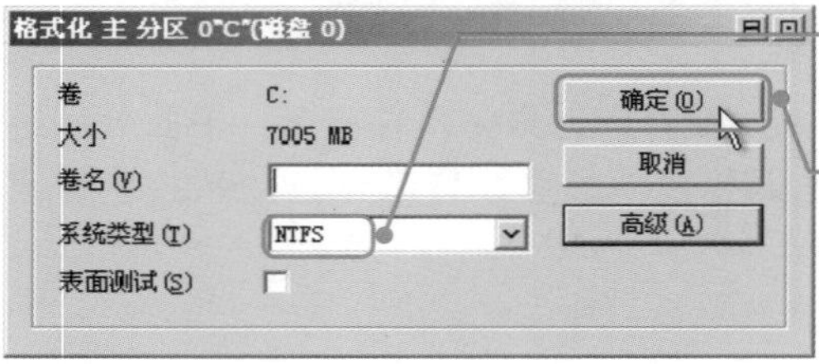

6 设置分区格式。

7 单击“确定”按钮。

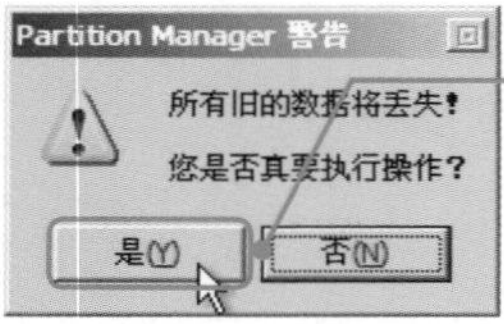

8 在弹出的警告对话框中单击“是”按钮。

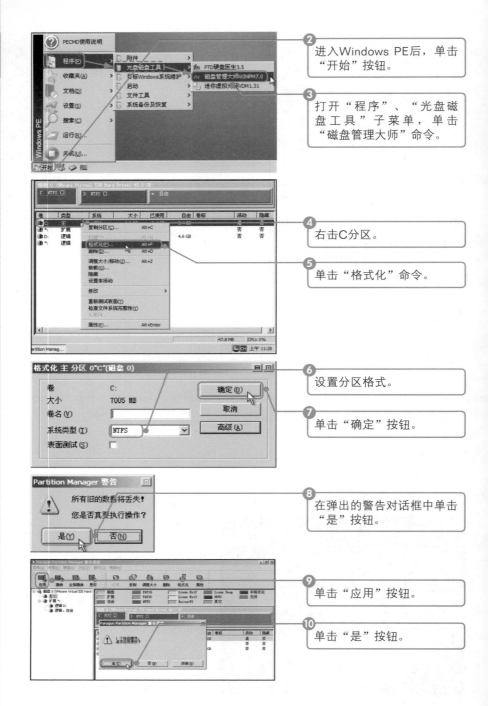

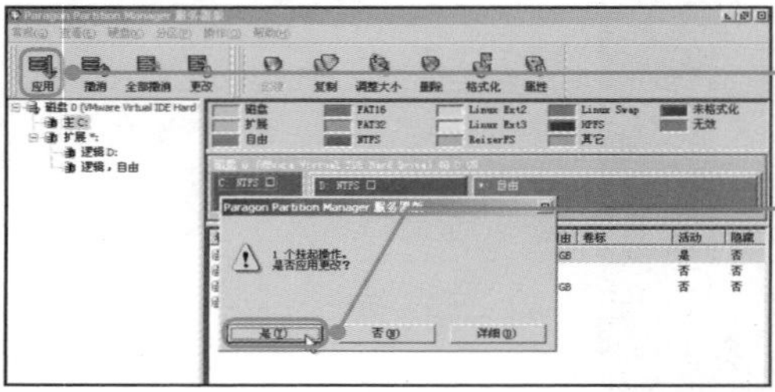

9 单击“应用”按钮。

10 单击“是”按钮。

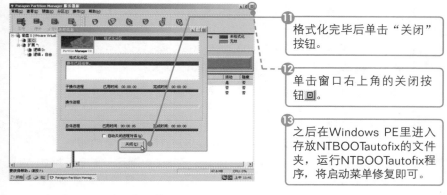

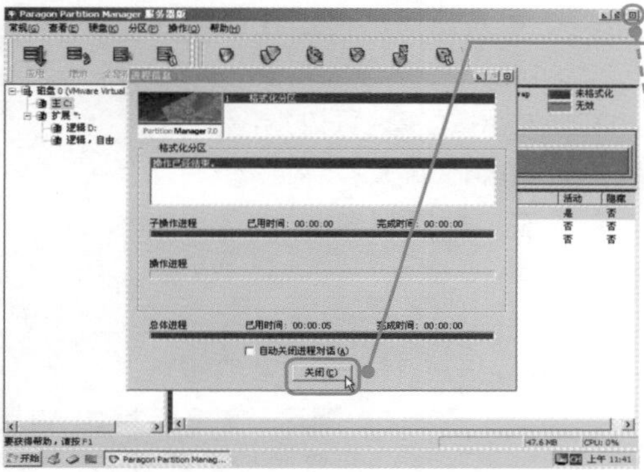

⑪ 格式化完毕后单击“关闭”按钮。

⑫ 单击窗口右上角的关闭按钮。

⑬ 之后在Windows PE里进入存放NTBOOTautofix的文件夹，运行NTBOOTautofix程序，将启动菜单修复即可。

（2）Windows 7在C分区

如果Windows 7在C分区，操作更加方便，首先格式化Windows XP所在分区，然后删除C分区下Windows XP的几个启动文件，最后使用“bootsect”程序清除多重启动菜单即可。如果此时出现启动故障，可在Windows PE环境下运行NTBOOTautofix程序恢复启动功能。

Last 新手问答——排忧解难

下面，针对初学者学习本章内容时容易出现的问题或错误，进行解答，帮助初学者顺利过关。

Q1 听说Windows XP的64位版比32位版好，我应该安装64位版吗？

64位Windows XP是能够在64位处理器上运行的具有完整功能的Windows XP Professional操作系统，64位应用程序可以在每个时钟周期内传递更多的数据，这样使它们的运行速度更快、效率更高；最多支持128 GB内存以及16 TB虚拟内存寻址空间，而32位Windows XP最多只能支持总共4 GB的物理内存和虚拟内存寻址空间。

不过64位Windows XP在兼容性上有较大问题。最突出的就是各种硬件设备的驱动程序。64位和32位Windows XP的硬件驱动程序完全不能混用，也就是说，如果所用的硬件设备的开发商还没有开发出针对64位Windows XP的驱动程序，那么该设备要么在64位Windows XP下无法使用，要么使用操作系统自带的通用驱动勉强使用，但是性能和功能都会受到影响。其他软件则一般没有什么大问题。在64位Windows XP中，只有16位应用程序是完全无法使用的，32位应用程序则可以继续使用。

判断自己的电脑是否能够安装64位Windows XP，最核心的还是要看电脑上有没有64位驱动程序的配件，若没有，则不应安装。

Q2 安装Windows XP所需的电脑配置是什么？

Windows XP有三个版本，一个是Windows Home（家庭版），一个是Windows Professional（专业版），还有一个是64位版。家庭版用的人比较少，下面给出专业版和64位版安装所需最小配置和推荐配置的列表。

	Windows XP Professional	Windows XP 64位版
最小CPU频率	233 MHz	733 MHz
推荐CPU频率	300 MHz	未明确提出
最小内存容量	64 MB	1 GB
推荐内存容量	128 MB	未明确提出
安装所需硬盘空间	1.5 GB	1.5 GB

Q3 安装Windows 7所需的电脑配置是什么？

Windows 7对硬件的要求比Windows XP高一些，具体参数对比如下表。

	最低配置	推荐配置
CPU	1GHz	2GHz
内存	1GB DDR及以上	2GB DDR2及以上
硬盘	16GB	20GB
显卡	集成显卡64MB	DirectX9显卡支持WDDM1.1或更高版本（显存大于128MB）
其他	DVD光驱、网络	DVD光驱、网络

Q4 安装Linux和Windows双系统要注意些什么？

如果是先安装Windows后安装Linux的话，则比较简单，因为Linux安装程序都能正确识别Windows等系统，并能生成对应的多重启动菜单。反过来如果先安装Linux后安装Windows的话，则需要注意Linux最好不要安装到主分区，把主分区留给Windows（如果先将Linux安装到了主分区，则需要新建另外一个主分区，并设为活动分区，在该分区上安装Windows），安装好Windows之后，由Linux创建的启动菜单会被清除掉，此时可使用Linux的安装光盘，重新安装一次Linux的启动菜单软件Grub或Lilo即可，其操作也很简单：

使用Linux安装光盘启动电脑，并在“boot”提示符后输入“linux rescue”（全小写）并按下【Enter】键进入急救界面，回答一系列问题后，在提示符后面输入“grub-install /dev/hda”命令按下【Enter】键执行，执行完毕后重启电脑即可。

Q5 想要卸载Linux和Windows双系统中某一个系统，应该怎么做？

如果是卸载Linux保留Windows，可以先进入Windows，打开命令行窗口，输入“fdisk /mbr”命令并按下【Enter】键，清除掉Linux的启动菜单，然后格式化Linux所在分区即可。

如果是卸载Windows保留Linux，可进入Linux，找到“/boot/grub/”目录下的“grub.conf”文件，将其中的“timeout=10”修改为“timeout=0”，然后将“title DOS”及其后面两行删除即可。重启电脑，可直接进入Linux，然后将Windows所在分区格式化即可。

CHAPTER 05

系统优化与安全快速上手

关于本章

操作系统安装好以后，就可以正常使用了。在使用操作系统时，通过优化手段可以将操作系统保持在一个较为良好的状态，让操作系统运行速度始终保持较快的水平；通过各种安全设置，还可以让操作系统变得更加坚固，不易受到外界攻击，自身也不易崩溃。

知识要点

- 优化硬盘的方法
- 优化操作系统的方法
- 使用Windows自带功能提高其安全性的方法
- 使用360安全软件管理电脑的方法

效果展示

First 新手入门——必学基础

为什么差不多的电脑配置，一台运行如飞，一台却像老牛拉破车？秘诀就在于一台经过了优化设置，而另一台没有优化，被长时间使用后的各种垃圾文件和不合理的系统设置拖慢了运行速度。下面就一起来看看如何优化电脑吧。

主题 1 优化硬盘不复杂

硬盘的速度对于整个系统的运行速度来说是至关重要的。下面就讲解一下能够优化硬盘效率、减少硬盘读写次数的方法，从而达到提升整个系统运行速度的目的。

光盘同步文件

教学文件：光盘\视频教学\第5章\新手入门：主题1 优化硬盘不复杂.MP4

1. 清理磁盘垃圾

清理磁盘中的垃圾文件，可以增加磁盘的可用空间，并提高磁盘的运行效率。

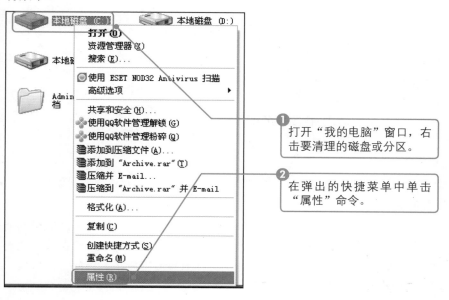

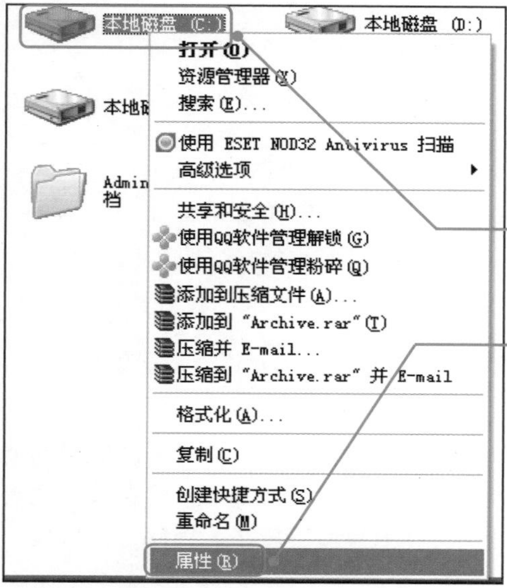

❶ 打开“我的电脑”窗口，右击要清理的磁盘或分区。

❷ 在弹出的快捷菜单中单击“属性”命令。

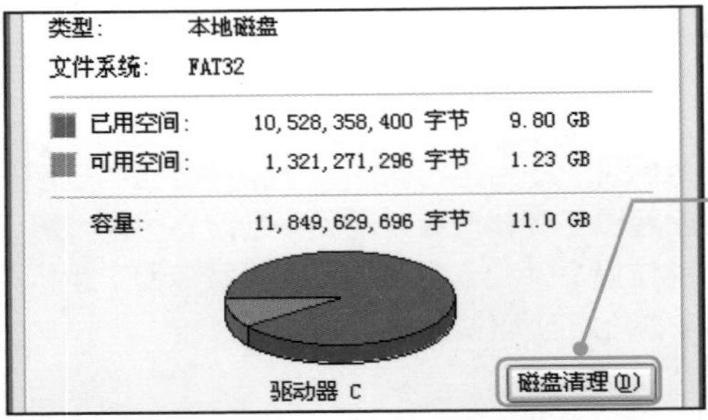

3 在弹出的对话框中单击“磁盘清理”按钮。

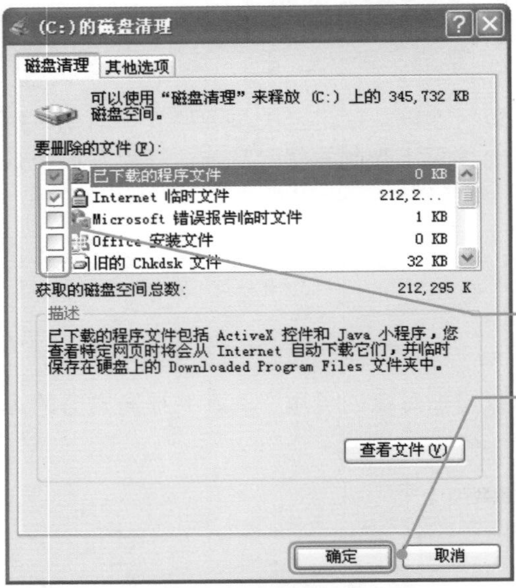

4 选择要清理的项目。

5 单击“确定”按钮。

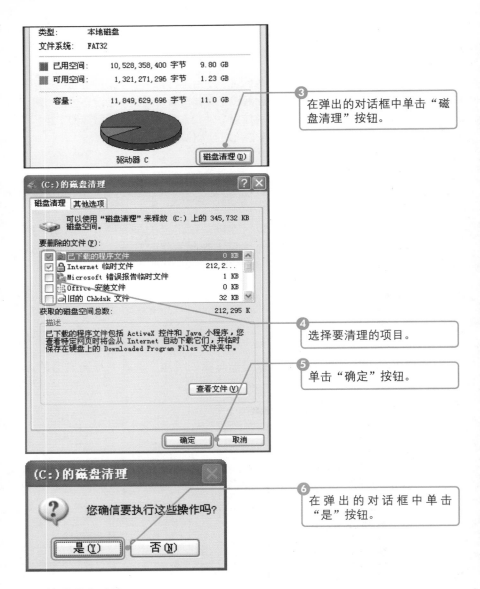

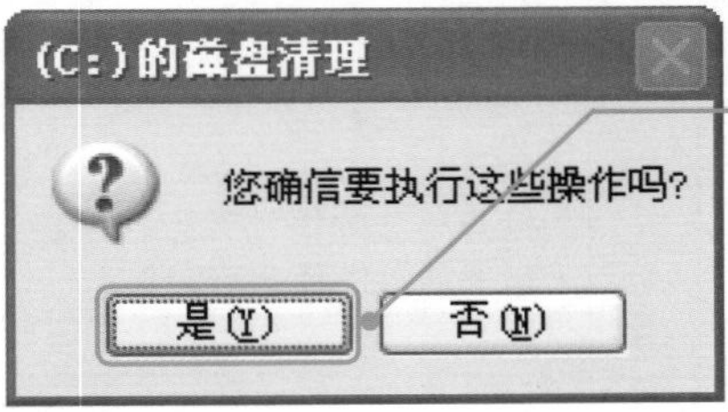

6 在弹出的对话框中单击“是”按钮。

2. 整理磁盘碎片

硬盘上的文件在连续存放的时候读写效率最高，但经过一段时间的使用以后，部分文件就不能再连续存放了，只能碎片似地零散地存放于硬盘各处，这样的文件一多，整个硬盘的工作效率就下降了。因此定时整理一下文件碎片有利于提高硬盘的工作效率。

❶ 在桌面单击“开始”按钮。

❷ 依次展开“所有程序”、“附件”、“系统工具”子菜单，单击“磁盘碎片整理程序”命令。

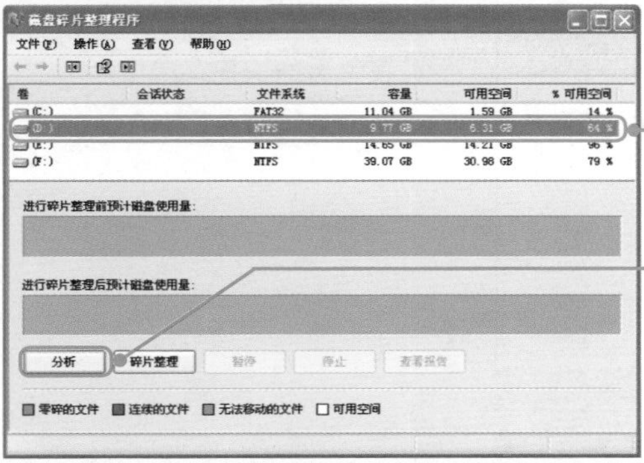

❸ 在弹出的窗口中选择要整理的磁盘或分区。

❹ 单击“分析”按钮。

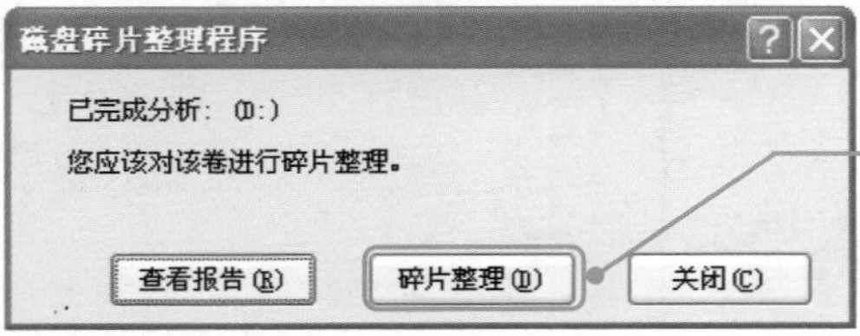

❺ 分析完毕后，单击“碎片整理”按钮。

专家提示

如果分析完毕后提示无需进行碎片整理，则可单击“关闭”按钮退出。

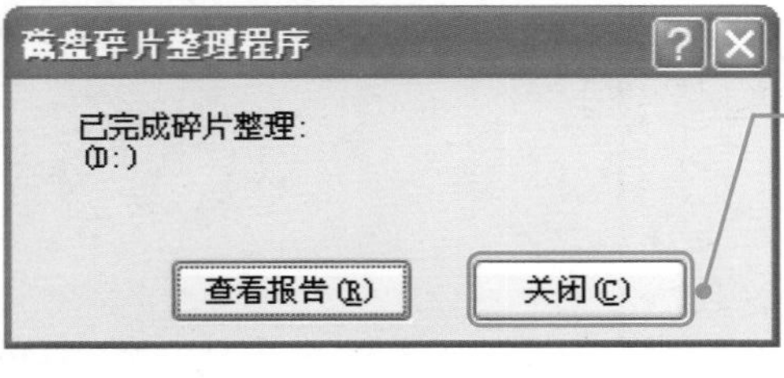

❻ 整理完毕后，单击“关闭”按钮。

3. 为磁盘查错

对磁盘进行检查，可修复文件系统错误或恢复逻辑坏扇区，提高系统的运行速度，具体操作步骤如下。

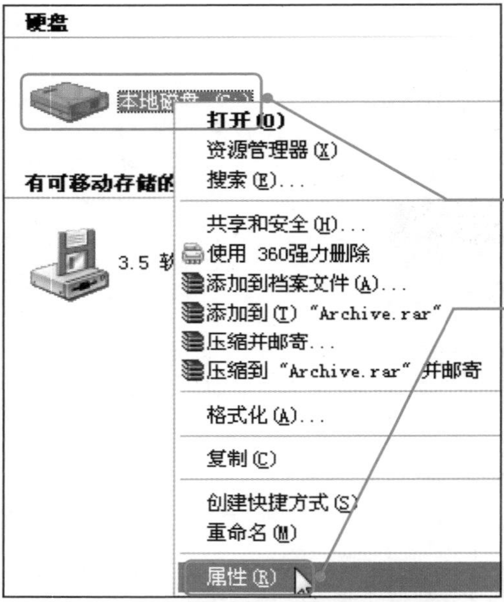

❶ 打开“我的电脑”窗口，右击要检查的磁盘或分区。

❷ 在弹出的快捷菜单中，单击“属性”命令。

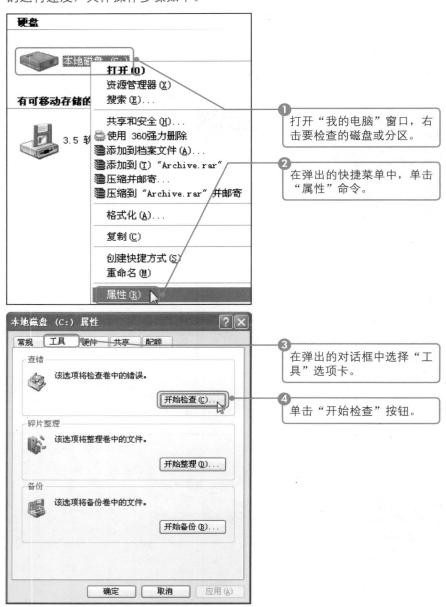

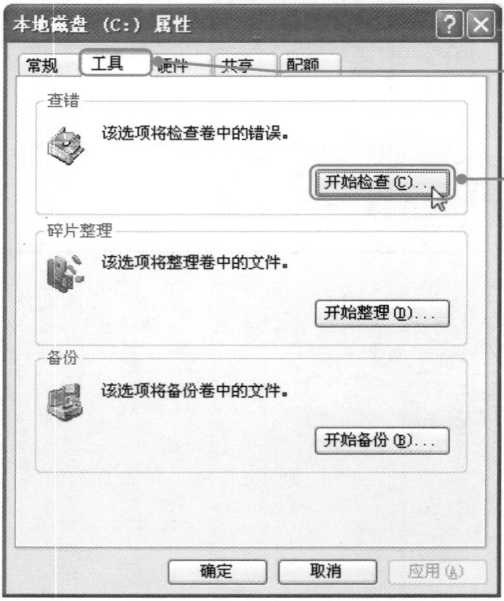

❸ 在弹出的对话框中选择“工具”选项卡。

❹ 单击“开始检查”按钮。

专家提示

在检查正在运行的操作系统所在的分区时，会弹出一个对话框，提示用户检查只能在下次启动系统时进行。这是因为操作系统所在分区有很多系统文件正在被使用中，无法立即进行检查操作。

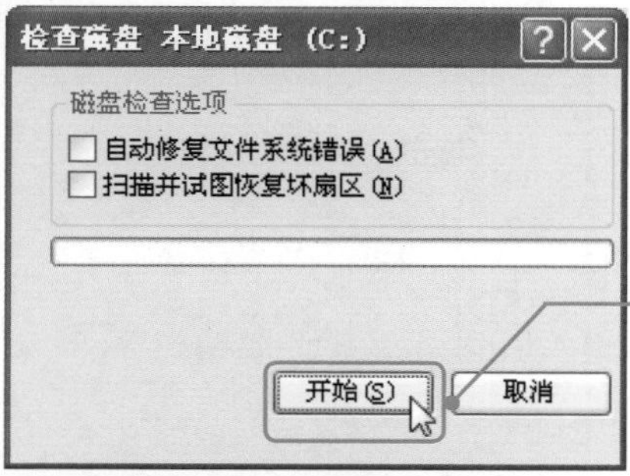

5 在弹出的对话框中单击“开始”按钮。

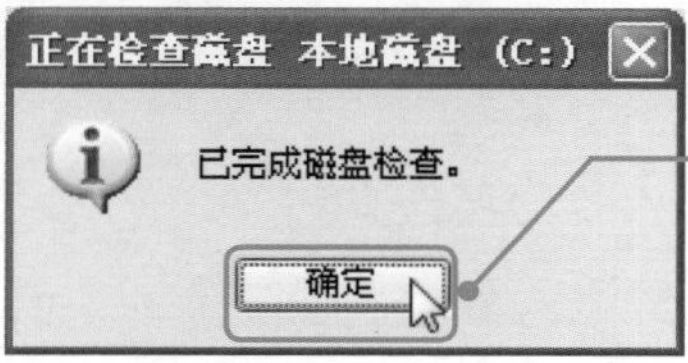

6 检查完毕后，单击“确定”命令。

4. 禁止系统还原

如果操作系统出了问题，可以使用系统还原功能将之恢复到出问题以前的状态，这是一个很有用的功能。但对于非系统分区就没有必要使用系统还原功能了，可将之关闭，释放其占用的磁盘空间。

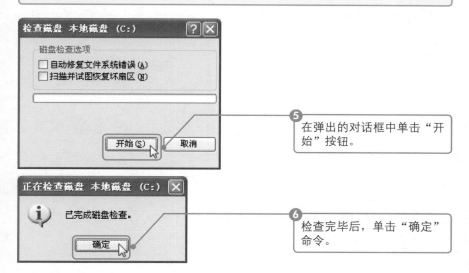

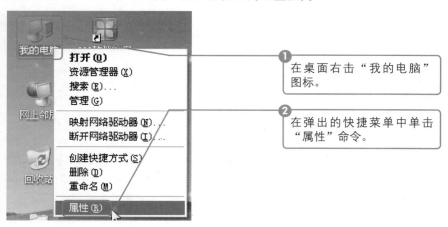

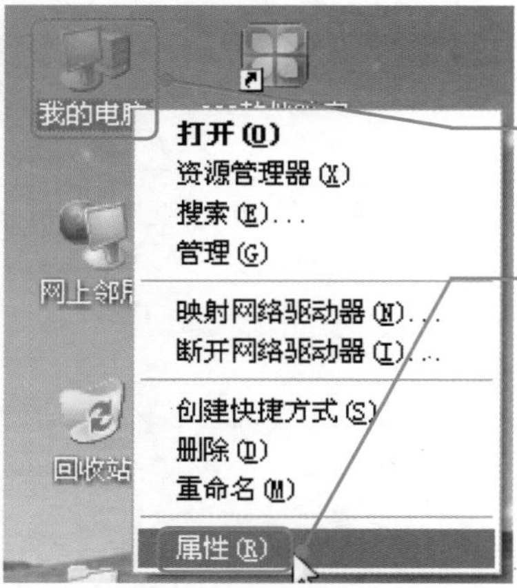

1 在桌面右击“我的电脑”图标。

2 在弹出的快捷菜单中单击“属性”命令。

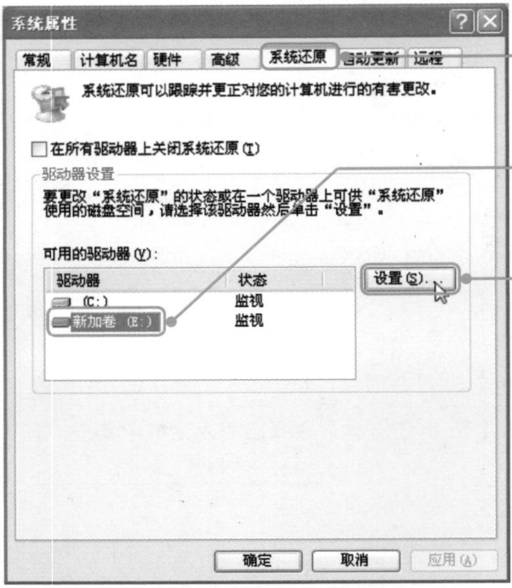

3 在弹出的对话框中选择"系统还原"选项卡。

4 选择要关闭系统还原功能的分区。

5 单击"设置"按钮。

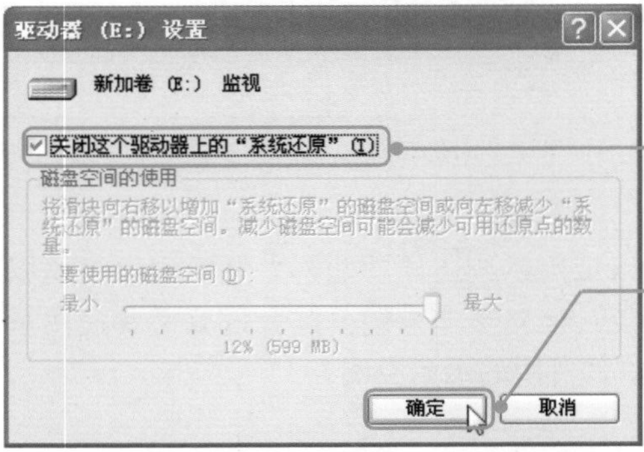

6 单击"关闭这个驱动器上的'系统还原'"复选框。

7 单击"确定"按钮。

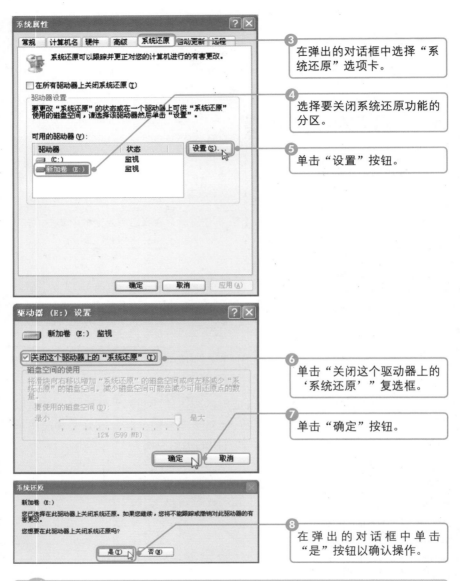

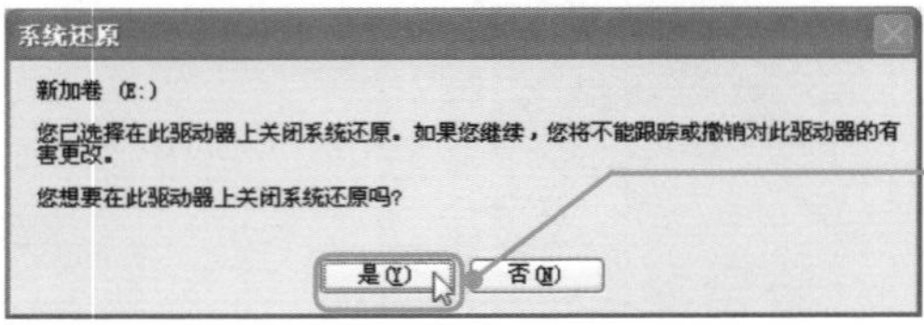

8 在弹出的对话框中单击"是"按钮以确认操作。

教您一招：一次性关闭所有分区上的系统还原功能

若要关闭所有分区上的系统还原，可直接选中"在所有驱动器上关闭系统还原"复选框，单击"确定"按钮，然后在弹出的警告对话框里单击"是"按钮即可。

5. 关闭系统错误发送报告

程序异常终止时，系统就会自动弹出一个对话框，询问是否将错误发送给微软公司进行分析，帮助微软完善操作系统，这就是Windows系统中的“自动发送错误”功能，但对用户来说，这个功能实际上无太大用处，还会占用一定的系统资源，电脑配置不好的用户可以考虑将之关闭。

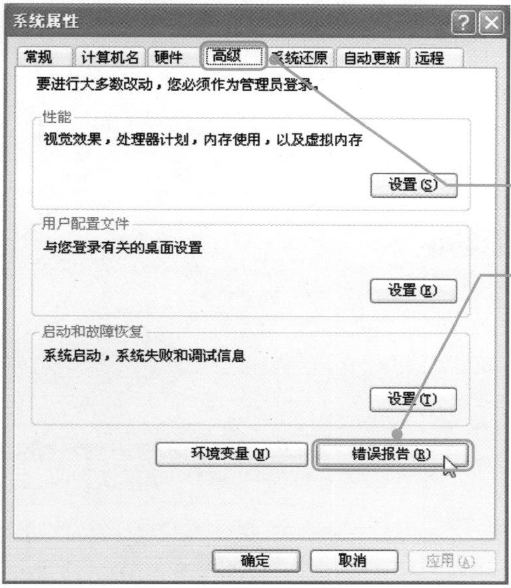

1. 右击“我的电脑”图标，在弹出的快捷菜单中单击“属性”命令。
2. 选择“高级”选项卡。
3. 单击“错误报告”按钮。

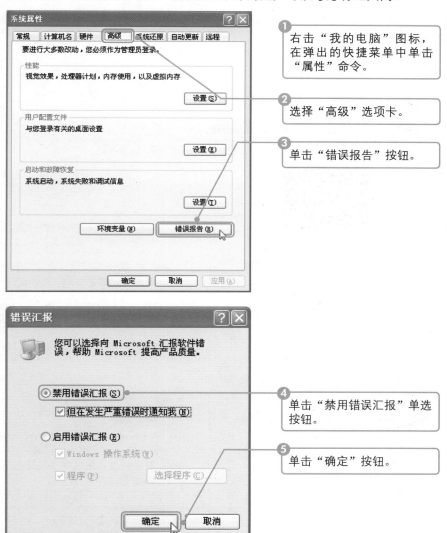

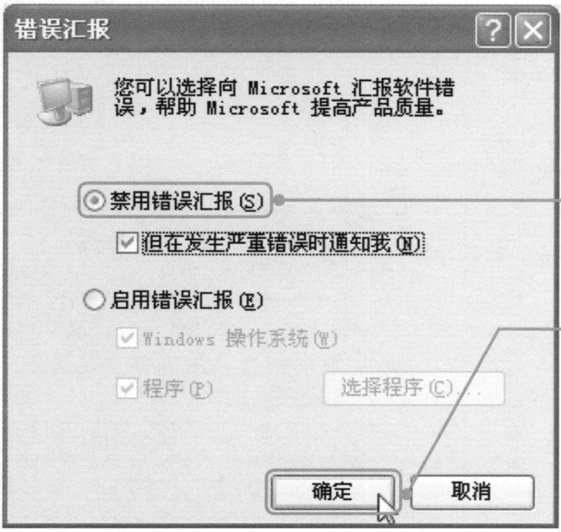

4. 单击“禁用错误汇报”单选按钮。
5. 单击“确定”按钮。

6. 关闭休眠功能

休眠功能可以把当前的系统状态完全保存到硬盘，当下次开机的时候，直接恢复上次休眠时的状态，比较方便。需要长时间用电脑处理工作时，如果中途又要离开或进行休息，常常会用到这个功能。但休眠功能会占用和内存同样大小的硬盘空间，如无必要可将其关闭，以释放出硬盘空间。

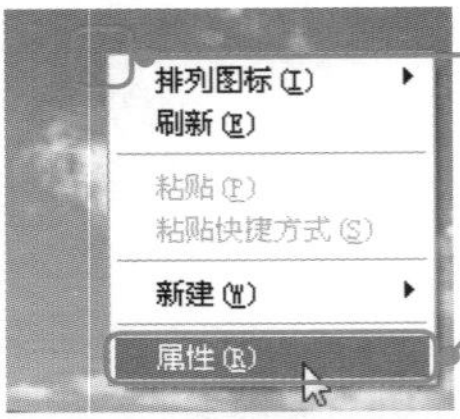

❶ 右击桌面空白处。

❷ 在弹出的快捷菜单中单击“属性”命令。

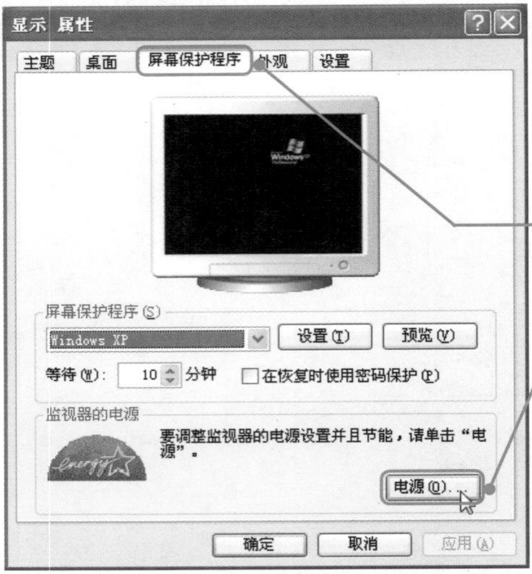

❸ 在弹出的对话框中选择“屏幕保护程序”选项卡。

❹ 单击“电源”按钮。

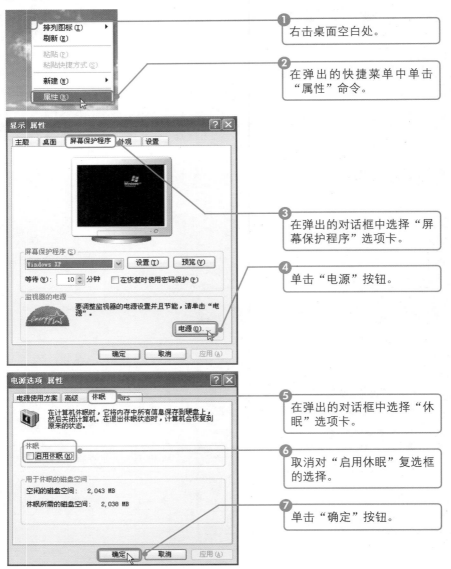

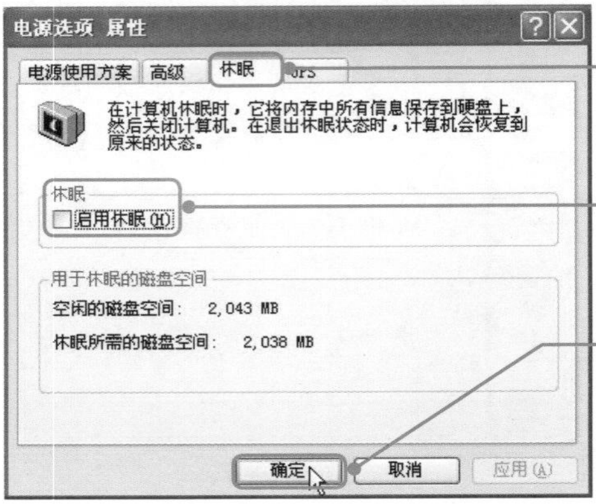

❺ 在弹出的对话框中选择“休眠”选项卡。

❻ 取消对“启用休眠”复选框的选择。

❼ 单击“确定”按钮。

7. 启用写入缓存提高磁盘的读写速度

磁盘写入缓存用于缓冲数据写入。当有大量数据要写入磁盘时，系统会将数据先写入缓存，再从缓存中写入磁盘，这是为了防止磁盘被大量数据写入操作占用，而导致其他操作被搁置。启用磁盘写入缓存可提高磁盘的读写速度。

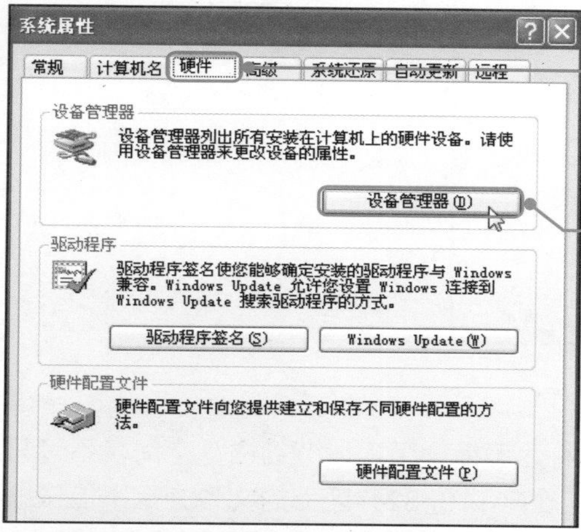

❶ 按照前面讲解的方法打开“系统属性”对话框，并选择“硬件”选项卡。

❷ 单击“设备管理器”按钮。

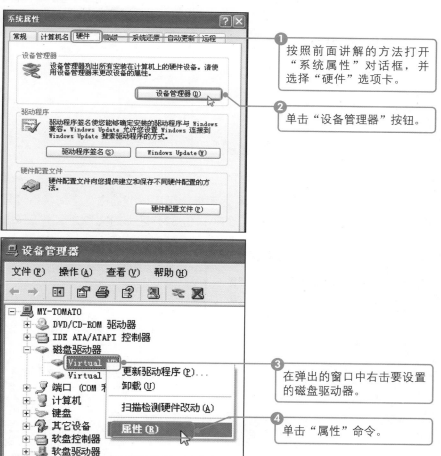

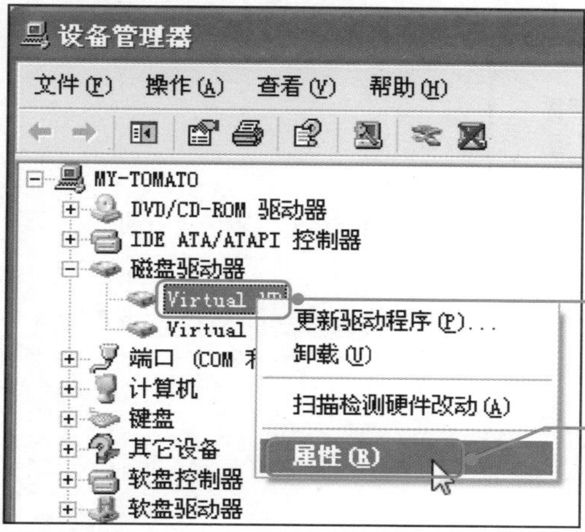

❸ 在弹出的窗口中右击要设置的磁盘驱动器。

❹ 单击“属性”命令。

专家提示

写入缓存中的数据是存放在系统内存中的，在突然断电时，写入缓存中的数据会丢失，因为这些数据尚未及时写入硬盘。因此建议打开该选项的同时，给电脑添加一个不间断电源（UPS）可以保证停电后电脑继续运行至少五分钟，足够安全关闭电脑，不至于丢失缓存内的数据。

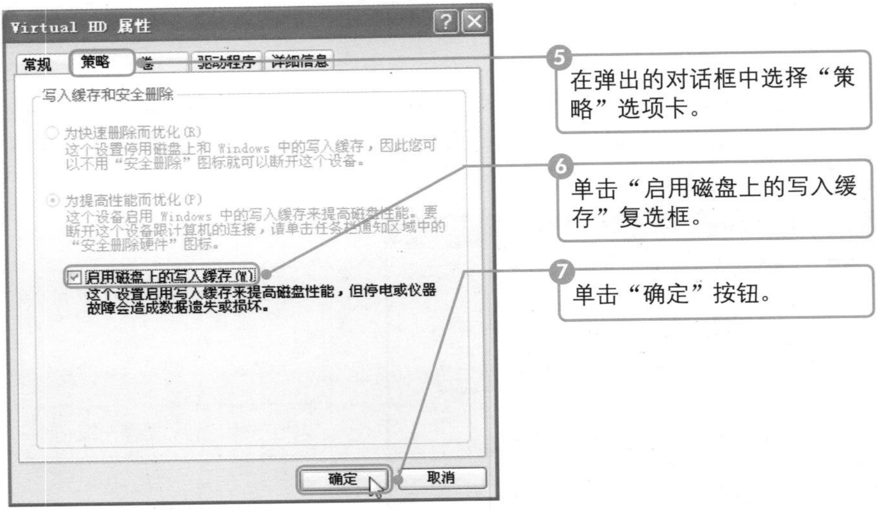

8. 压缩文件夹以节约磁盘空间

对于某些太大的文件，可以将之压缩一下，以节约磁盘空间。不过只能压缩在NTFS分区上的文件夹，在FAT16/32分区上的文件夹是不能压缩的。使用时要注意以下几点：

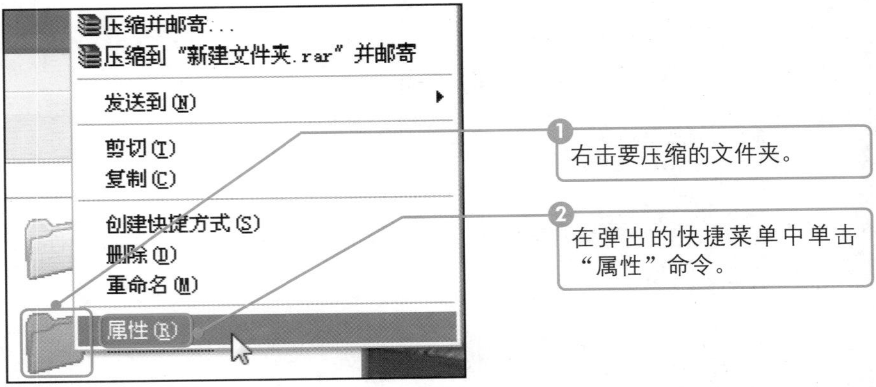

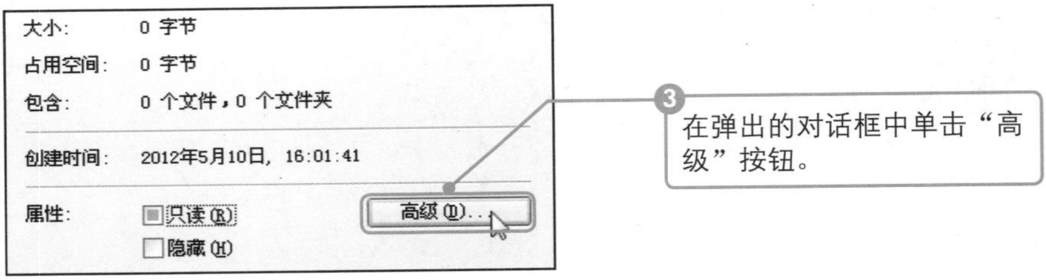

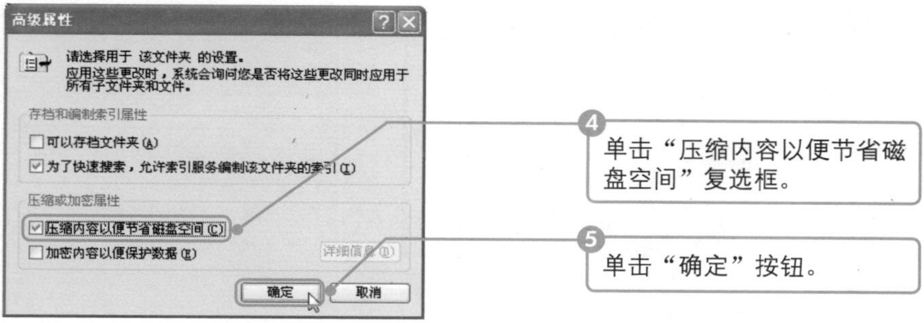

教您一招：压缩磁盘

不单只有文件夹可以被压缩，磁盘也可以被压缩。方法为：打开“我的电脑”窗口，右击要压缩的磁盘驱动器图标，单击“属性”命令，在弹出的对话框中单击“压缩驱动器以节约磁盘空间”复选框，再单击“确定”按钮即可。

主题 2 优化系统很简单

优化Windows操作系统也很简单。系统里有很多对个人用户来说不是很必要的功能和文件，可以通过优化设置将这些功能和文件清除掉，可以提高操作系统的运行效率。

光盘同步文件

教学文件：光盘\视频教学\第5章\新手入门：主题2 优化系统很简单.MP4

1. 取消缩略图加快文件夹显示速度

Windows 系统为加快被频繁浏览的缩略图的显示速度，会将这些被显示过的图片进行缓存，以达到快速显示的目的，但这样同时也浪费了系统资源。利用组策略关闭缩略图缓存的功能，可以增加系统性能。

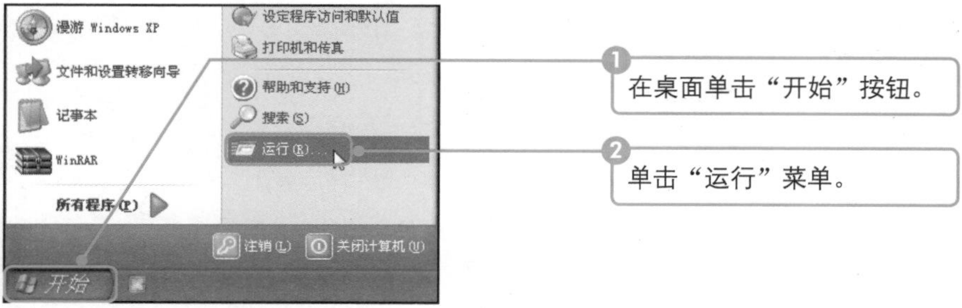

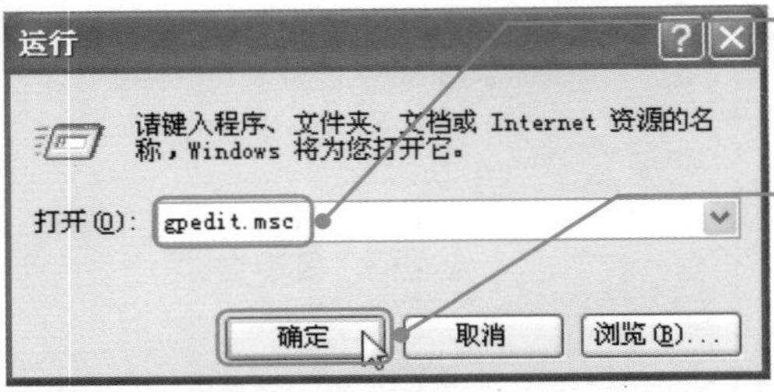

3 在弹出的对话框中输入“gpedit .msc”。

4 单击“确定”按钮，打开组策略编辑器。

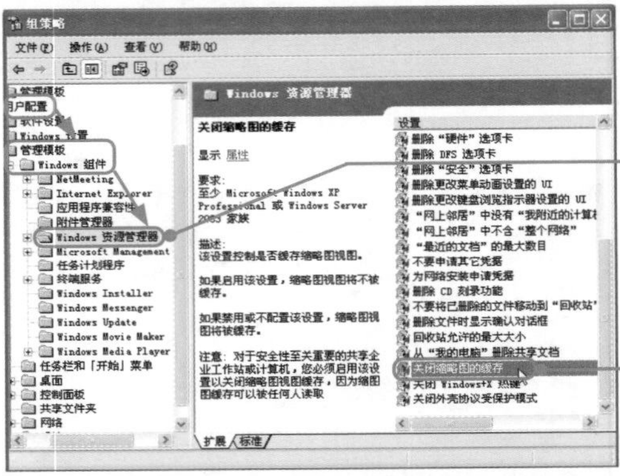

5 依次展开“用户配置”、“管理模板”、“Windows组件”、“Windows资源管理器”分支。

6 双击“关闭缩略图的缓存”选项。

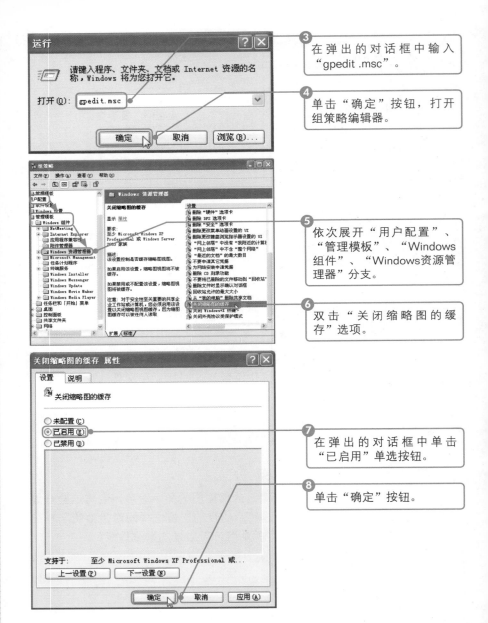

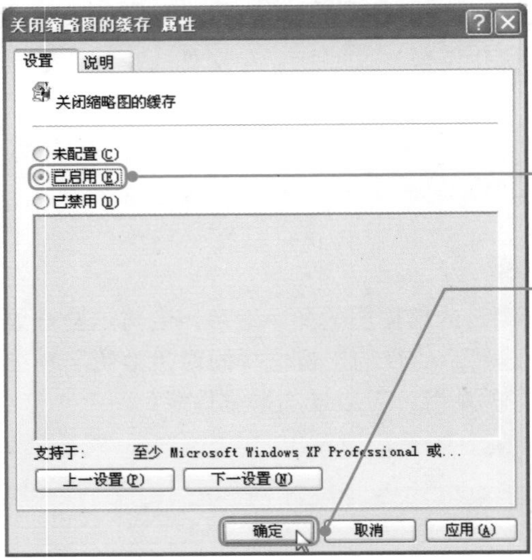

7 在弹出的对话框中单击“已启用”单选按钮。

8 单击“确定”按钮。

2. 取消欢迎界面快速进入Windows

开机时，即便没有设置开机密码，也会先进入用户登录界面，点击一下登录按钮才能进入系统，不太方便，但通过设置就可直接进入系统桌面。在Windowx XP中取消欢迎界面的方法如下。

❶ 在桌面单击“开始”按钮。

❷ 单击“控制面板”命令。

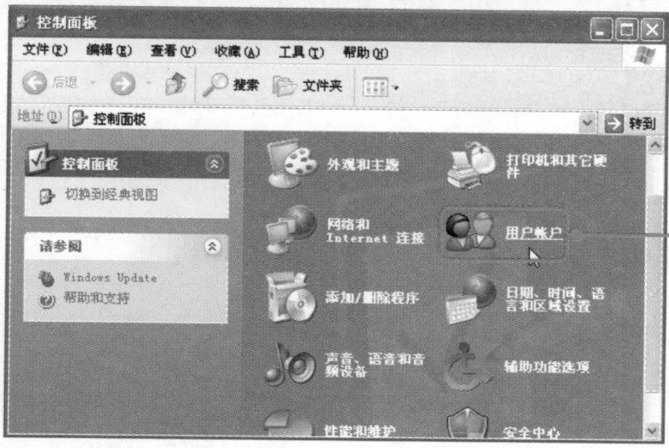

❸ 在控制面板窗口中单击“用户帐户”命令。

教您一招：转换控制面板的两种形态

上图中，控制面板是以“分类视图”的形式存在的，如果用户不习惯这种形式，可以单击左上角的“切换到经典视图”文字链接，使用传统的视图形式。

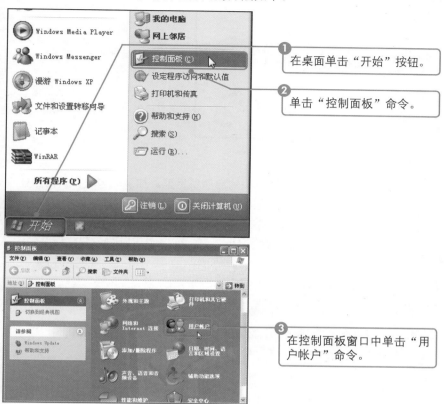

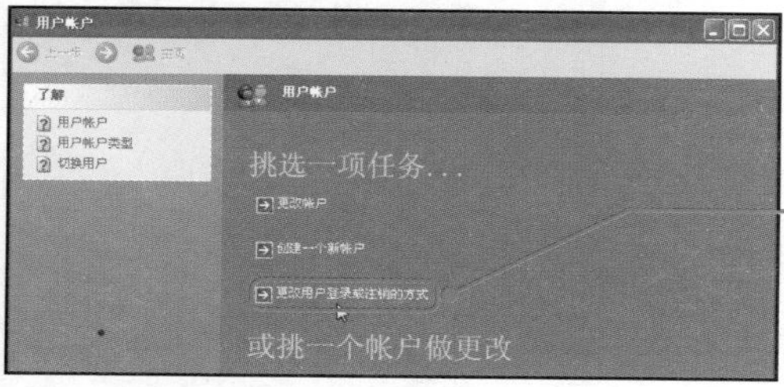

❹ 在弹出的对话框中单击“更改用户登录或注销的方式”文字链接。

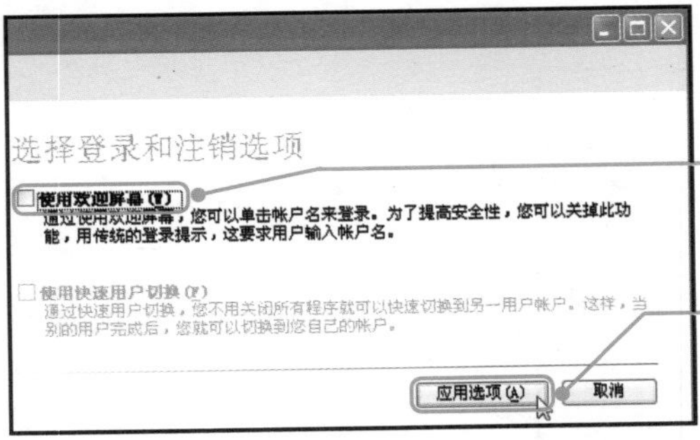

5 取消对“使用欢迎屏幕”复选框的选择。

6 单击“应用选项”按钮。

3. 清理不必要的启动项目

有些软件在安装时偷偷往系统的启动项目里添加了一些项目，而这些启动项目往往用户并不需要，将这些项目清除之后，系统启动速度会变快。

1 在桌面单击“开始”按钮。

2 单击“运行”命令。

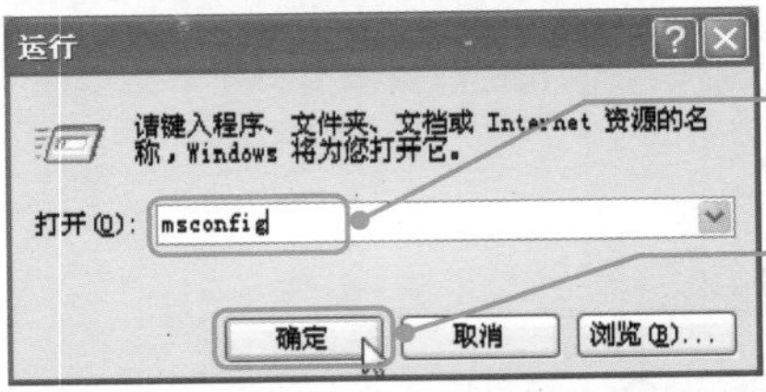

3 输入“msconfig”。

4 单击“确定”按钮。

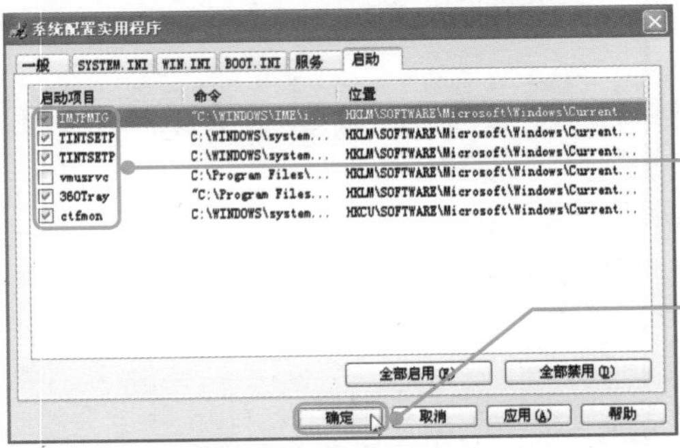

5 取消对不再使用的开机启动项目选择。

6 单击“确定”按钮。

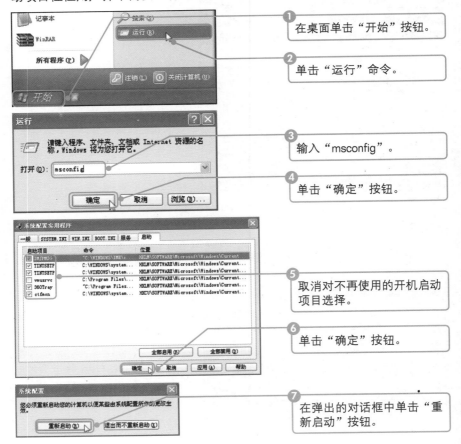

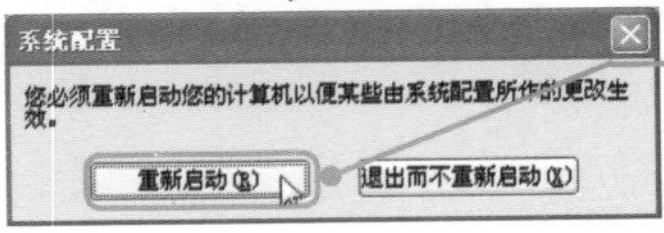

7 在弹出的对话框中单击“重新启动”按钮。

> **教您一招：如何判断一个启动项目是否应该取消**
>
> 可以根据启动项目的位置来查看该项目的来源。如果是来源于Windows系统，则最好不要取消，如果是来源于某些软件的目录，可以尝试取消，如无不良后果，则表明该项目是多余的。另外重启系统后，会弹出一个提示对话框，需要单击其中的“在Windows启动时不显示此信息或启动系统配置实用程序”复选框，再单击“确定”按钮即可，不然以后每次进入系统都会弹出该对话框，造成麻烦。

4. 让桌面图标更容易查找

桌面图标的大小可以自己定制，如果桌面上图标较多，不易查找的话，可以把图标尺寸设置得较大，这样更容易看清，也就更容易查找了。

① 按照前面讲解过的方法，单击“开始”按钮，单击“运行”命令，打开“运行”对话框。

② 输入“regedit”。

③ 单击“确定”按钮，打开注册表编辑器。

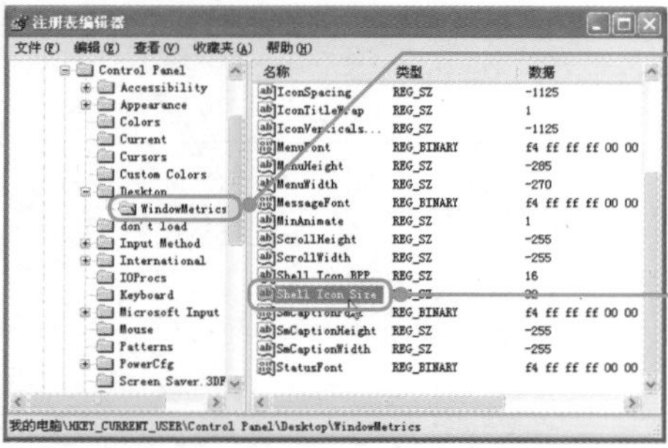

④ 展开“HKEY_CUR RENT_USER\Control Panel\Desktop\WindowMetrics”子键。

⑤ 双击右侧窗格中的“Shell Icon Size”值项。

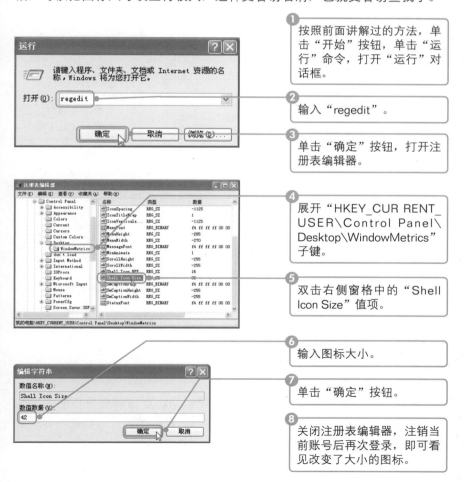

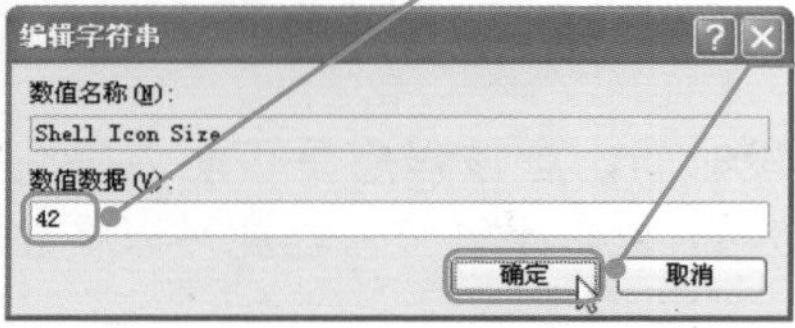

⑥ 输入图标大小。

⑦ 单击“确定”按钮。

⑧ 关闭注册表编辑器，注销当前账号后再次登录，即可看见改变了大小的图标。

专家提示

图标默认大小为32，设置想要的大小，如本例中的42，可以让图标看得更清楚。

5. 隐藏/显示桌面图标

新安装的Windows桌面上只有一个“回收站”图标，很多用户可能会很不习惯，实际上默认情况下其他常用的图标（如我的电脑、网上邻居等）都被设置为隐藏，可以通过修改注册表的方法来显示这些图标。

按照前面介绍的方法打开注册表编辑器，找到注册表子键“HKEY_CURRENT_USER\Software\Microsoft\Windows\CurrentVersion\Explorer\HideDesktopIcons\NewStartPanel”，对照下表进行编辑。

值项	数据类型	值项数据(作用)
{20D04FE0-3AEA-1069-A2D8-08002B30309D}	DWORD	0（显示IE图标） 1（隐藏IE图标）
{871C5380-42A0-1069-A2EA-08002B30309D}	字符串	0（显示回收站图标） 1（隐藏回收站图标）
{208D2C60-3AEA-1069-A2D7-08002B30309D}	字符串	0（显示网上邻居图标） 1（隐藏网上邻居图标）
{450D8FBA-AD25-11D0-98A8-0800361B1103}	字符串	0（显示我的文档图标） 1（隐藏我的文档图标）
{645FF040-5081-101B-9F08-00AA002F954E}	字符串	0（显示我的电脑图标） 1（隐藏我的电脑图标）

专家提示

如果没有这些值项，或者虽然有但其值没有设置，那么系统将认为默认情况为隐藏这些图标。

6. 让系统自动关闭停止响应的程序

在程序出错时，操作系统会等待一段时间，看该程序是否能恢复响应。实际上，绝大多数情况下程序一旦出错，就很难恢复，因此可以在注册表里进行调整，把等待时间缩短。

按照前面介绍的方法打开注册表编辑器，找到在“HKEY_CURRENT_USER\ControlPanel\desktop”下的“HungAppTimeout”值项，就是响应等待时间，单位为毫秒，缺省值为5000毫秒（即5秒），可以减少为3000毫秒，以加快系统的响应能力。

Next 新手提高——技能拓展

通过对前面入门部分知识的学习，相信初学者已经学会并掌握了系统优化的相关基础知识。下面介绍一些帮助初学者提高技能的知识。

主题 1 活用Windows安全设置

Windows操作系统本身就带了一些关于安全的功能，用好这些功能即可有效地提高操作系统的安全性，下面就介绍一些常用的安全设置方法。

光盘同步文件
教学文件：光盘\视频教学\第5章\新手提高：主题1 活用Windows安全设置.MP4

1. 打开Windows防火墙

Windows防火墙是从Windows 2000开始，内置于Windows操作系统的一种功能，可以对所有连接外接的程序进行检查，能够在一定程度上增强系统安全性。

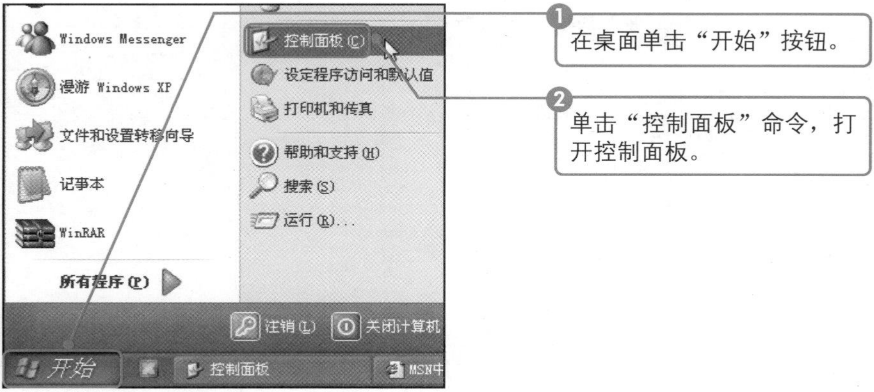

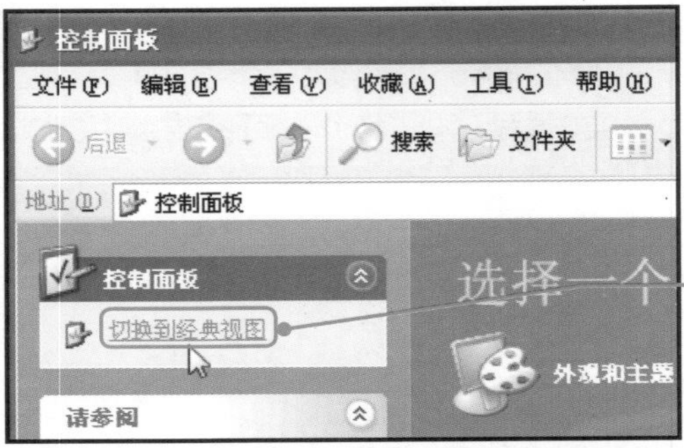

❸ 在打开的控制面板窗口中，单击“切换到经典视图”文字链接。

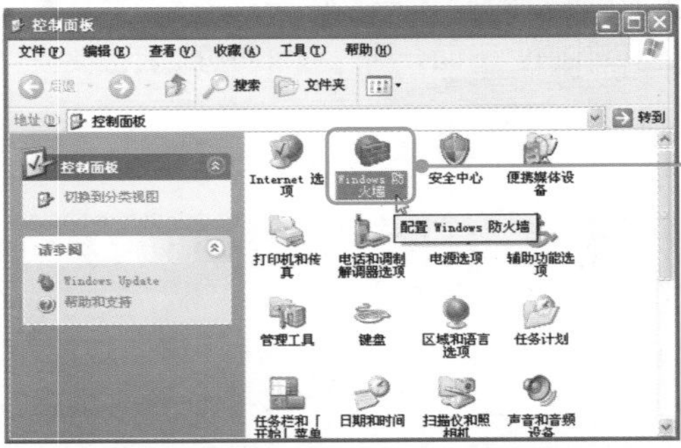

❹ 双击“Windows防火墙”图标。

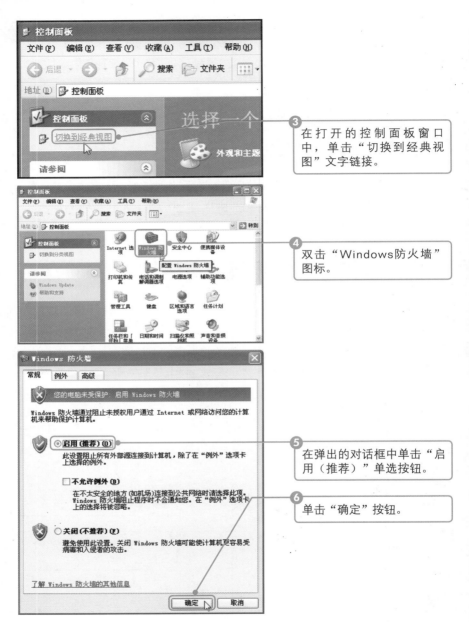

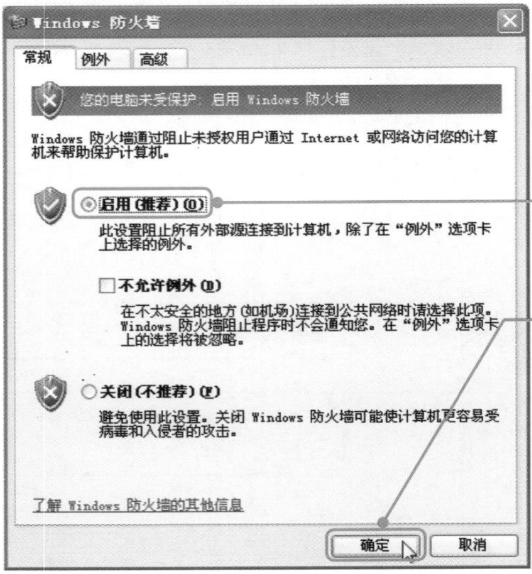

❺ 在弹出的对话框中单击“启用（推荐）”单选按钮。

❻ 单击“确定”按钮。

2. 打开Windows Defender

Windows Defender是微软公司推出的一款反广告软件和恶意程序的软件，最早是一个独立的软件，可以安装到Windows 2000/XP上，不过在

Windows Vista/7推出之后，大家发现Windows Defender已经集成到操作系统里面了，只需打开即可使用，非常方便。

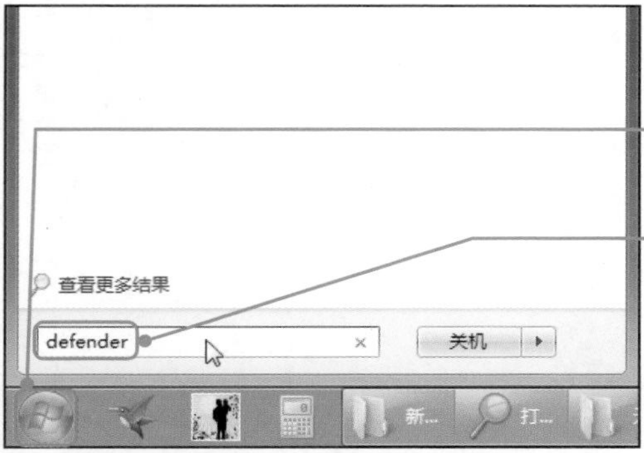

① 在桌面单击“开始”按钮。

② 输入“defender”并按下【Enter】键，打开Windows Defender。

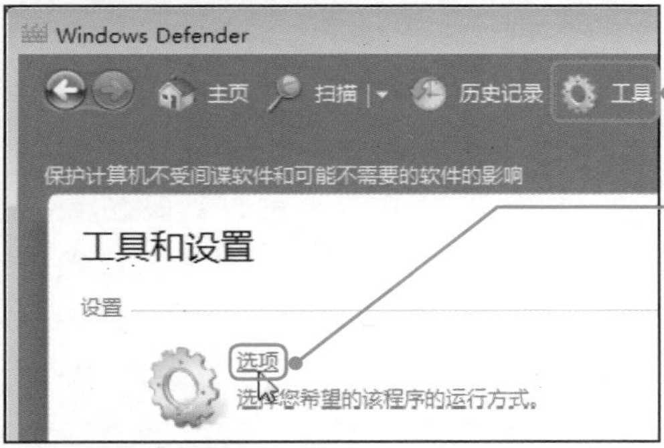

③ 选择“工具”选项卡。

④ 单击“选项”文字链接。

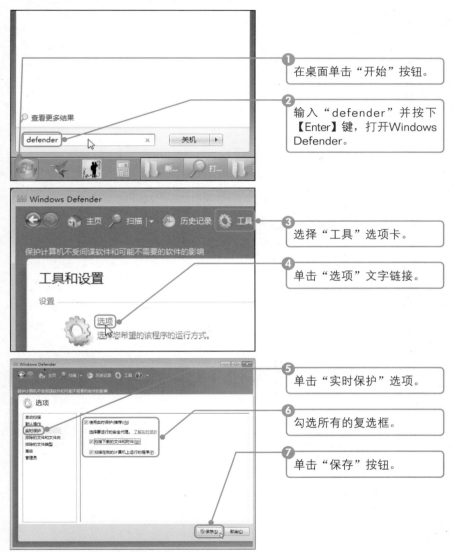

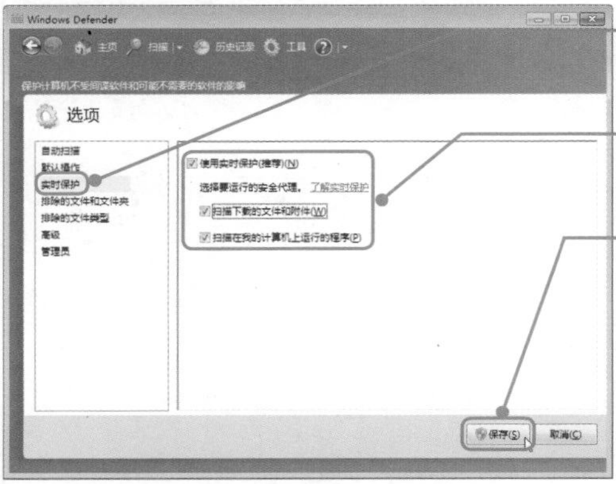

⑤ 单击“实时保护”选项。

⑥ 勾选所有的复选框。

⑦ 单击“保存”按钮。

3. 使用Windows任务管理器管理进程

Windows任务管理器是一个老资格的功能，从Windows 9x时代就附带在Windows操作系统中。通过它，可以查看正在内存中运行的进程，并可以强行关闭进程。对于一些可疑的软件留下的进程，可以使用这种方法进行强制关闭，以避免其造成不良的影响。

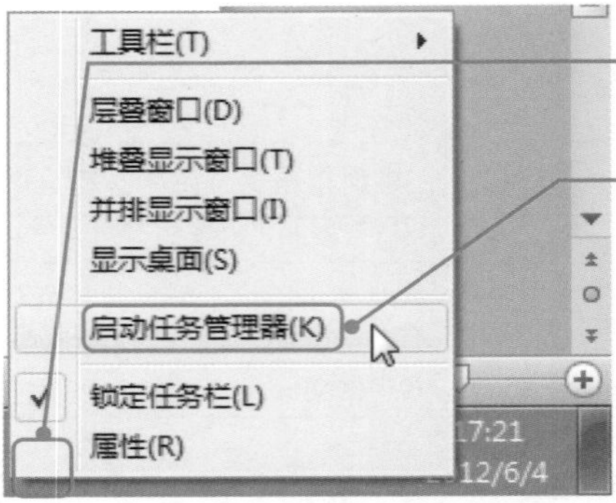

1. 右击桌面任务栏空白处。
2. 单击“启动任务管理器”命令。

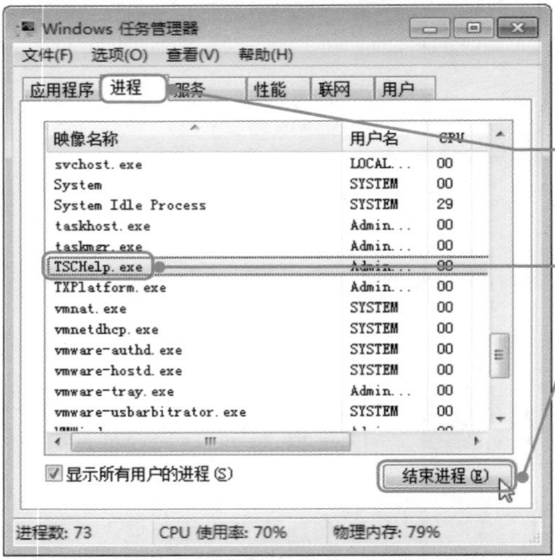

3. 在弹出的对话框中选择“进程”选项卡。
4. 选择要关闭的进程。
5. 单击“结束进程”按钮。

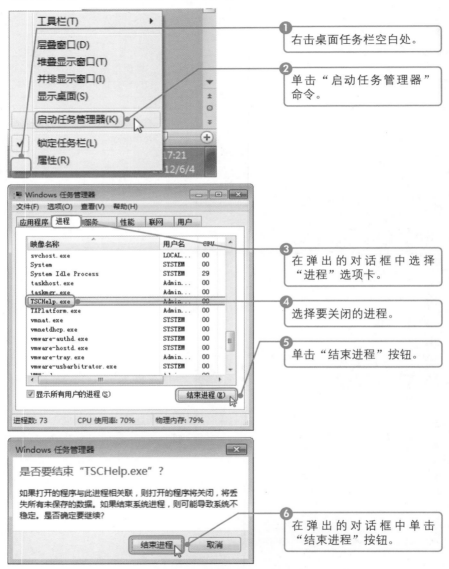

6. 在弹出的对话框中单击“结束进程”按钮。

4. 使用组策略隐藏分区

对于存放有大量私人信息或敏感资料的分区，可以在组策略编辑器里禁止对这个（些）分区的访问，这样既可以保护信息安全，又可以减轻系统负担。

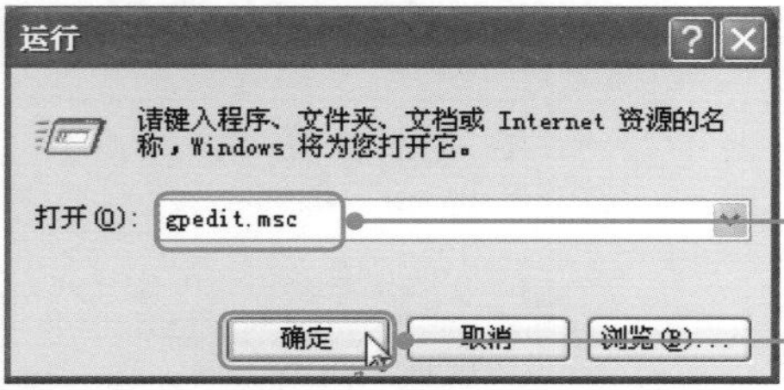

1 单击“开始”按钮，在弹出的“开始”菜单中单击“运行”命令，弹出“运行”对话框。

2 输入“gpedit.msc”。

3 单击“确定”按钮，打开组策略编辑器。

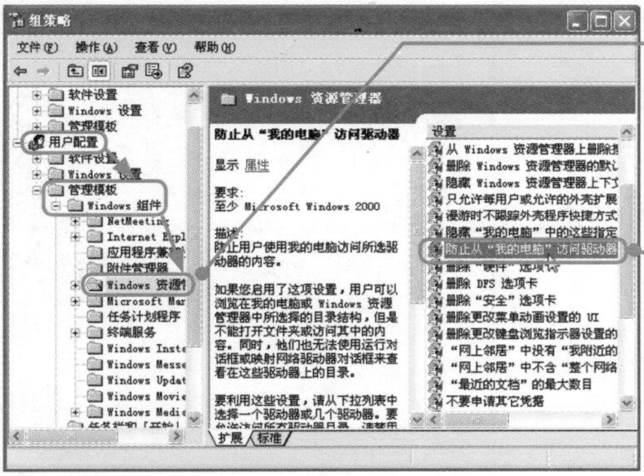

4 依次展开“用户配置”、“管理模板”、“Windows组件”、“Windows资源管理器”分支。

5 双击“防止从‘我的电脑’访问驱动器”选项。

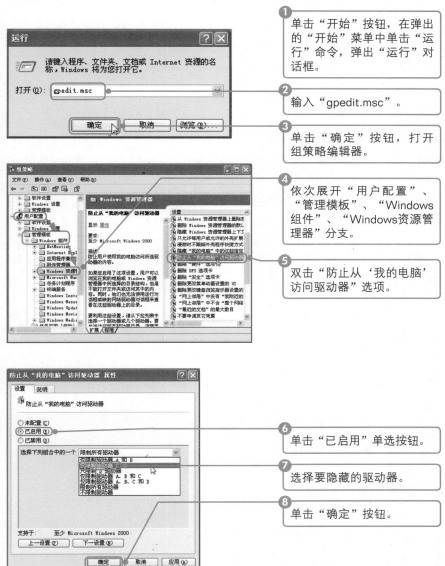

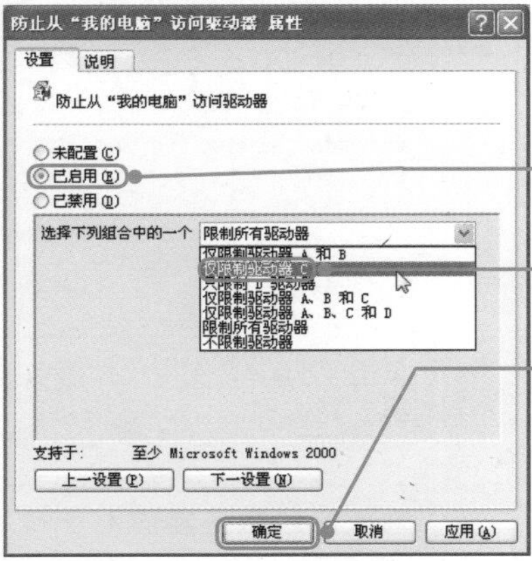

6 单击“已启用”单选按钮。

7 选择要隐藏的驱动器。

8 单击“确定”按钮。

5. 使用代理服务器隐藏真实IP地址

用户的电脑通过代理服务器访问网络，对外界而言，如果有人想侦测用户电脑的IP地址，看到的也只是代理服务器的地址，得不到用户的真实IP地址，这样就达到了保护自身安全的目的。在Windows里，可以方便地为IE设置代理服务器，这样在浏览网页的时候就更加安全了。

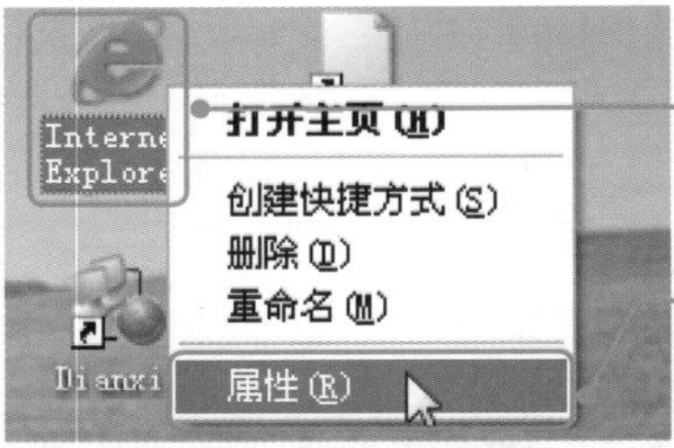

❶ 在桌面右击“Internet Explorer”图标。

❷ 在弹出的快捷菜单中单击“属性”命令。

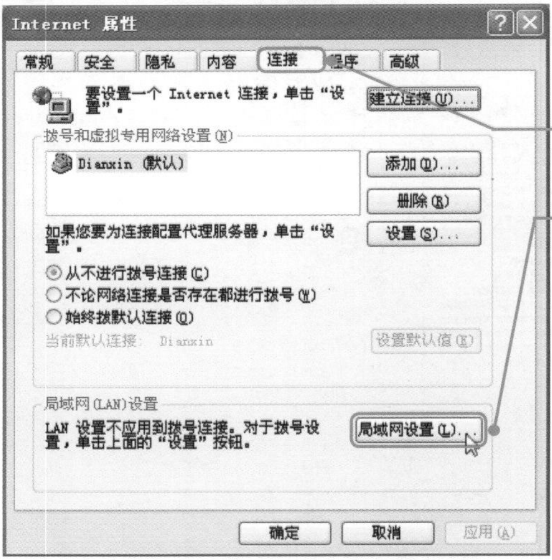

❸ 选择“连接”选项卡。

❹ 单击“局域网设置”按钮。

专家提示

使用了代理服务器之后，浏览网页的速度比平时要慢一些。

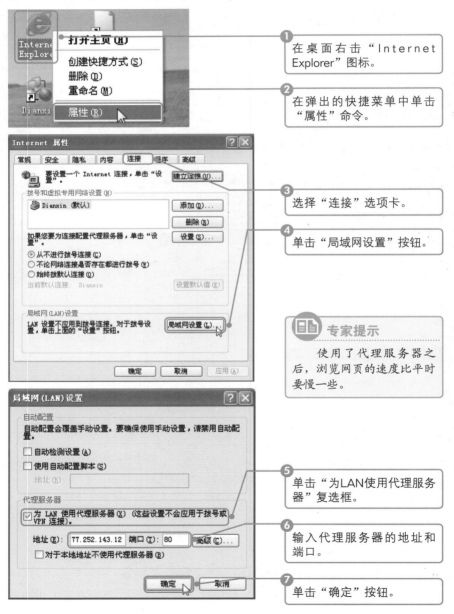

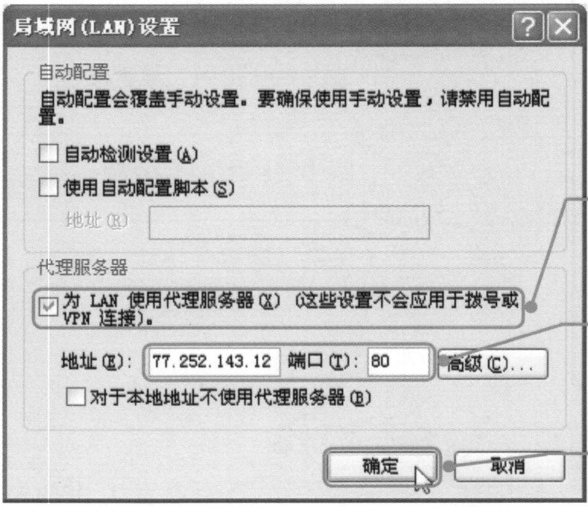

❺ 单击“为LAN使用代理服务器”复选框。

❻ 输入代理服务器的地址和端口。

❼ 单击“确定”按钮。

读者可能要问到哪里去找代理服务器呢？网上有很多专门收集代理服务器地址的网站，比如http://www.freeproxylists.net/，这个网站可以找到最新的匿名代理服务器供大家使用。

主题 2 使用360安全软件管理电脑

360系列安全软件是奇虎公司推出的免费安全软件，有查杀病毒、查杀恶意软件、插件管理和诊断及修复系统等功能，同时还提供弹出插件免疫、清理使用痕迹以及系统还原等特定的辅助功能。360安全软件可以在其主页“http://www.360.cn”上下载。

光盘同步文件

教学文件：光盘\视频教学\第5章\新手提高：主题2 使用360安全软件管理电脑.MP4

1. 查杀病毒

360杀毒能够查杀上千种类型的木马软件，对各种难以删除的木马软件都能够从系统里清除出去。它的查杀方式有三种：全盘扫描（扫描所有存储设备）、快速扫描（只扫描内存和硬盘上的关键文件）以及指定位置扫描（由用户指定扫描范围）。这里以最常用的指定位置扫描为例进行讲解。

❶ 单击桌面任务栏右边的图标，弹出360杀毒窗口。

❷ 在弹出的360杀毒主窗口，单击“切换到专业模式”按钮。

❸ 单击“指定位置扫描”按钮。

专家提示

全盘扫描有可能花掉好几个小时的时间，要谨慎使用此功能。

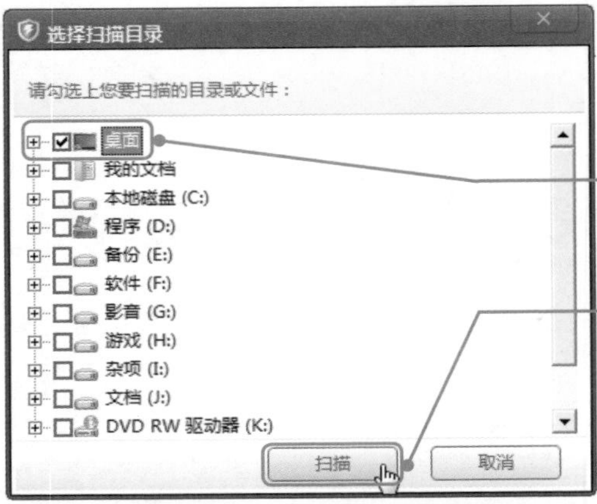

4 在弹出的对话框中选择要扫描的文件夹。

5 单击“扫描”按钮。

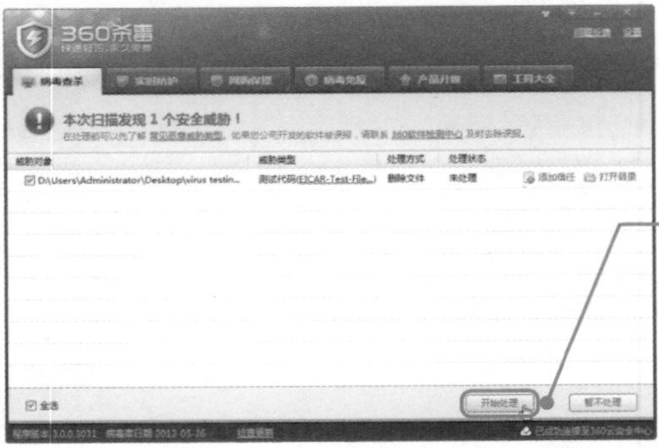

6 扫描完毕后，如发现安全威胁，可单击“开始处理”按钮进行处理。

2. 清除木马

360安全卫士能够查杀上千种类型的木马软件，对各种难以删除的木马软件都能够从系统里清除，使用它来清除木马比较方便快捷。

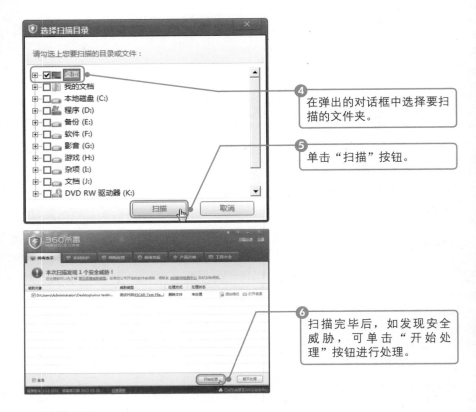

1 单击桌面任务栏右边的图标，弹出360安全卫士窗口。

2 在弹出的360安全卫士窗口中，单击“快速扫描”按钮。

扫描已完成，共发现22个安全威胁，建议您立即处理。

③ 扫描完毕后，单击“立即处理”按钮。

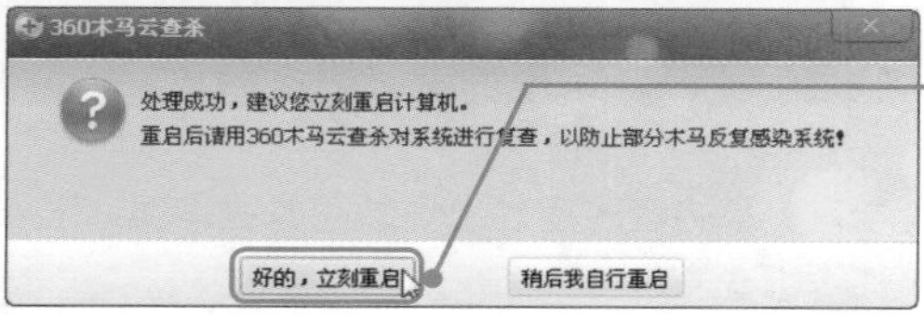
360木马云查杀
处理成功，建议您立刻重启计算机。
重启后请用360木马云查杀对系统进行复查，以防止部分木马反复感染系统！
好的，立刻重启
稍后我自行重启

④ 处理完毕后，在弹出的对话框中单击“好的，立刻重启”按钮。

3. 驱逐恶意浏览器插件

浏览器插件是指依附在浏览器上，为浏览器扩展功能的程序。很多恶意广告软件都以插件形式存在，360安全卫士可以清除这些恶意的插件。

① 打开360安全卫士，单击“清理插件”按钮。

> **专家提示**
>
> 360安全卫士功能倾向于维护系统；而360杀毒专门用于查杀病毒，对于系统的维护则没有涉及，一般来说二者都是同时安装在系统中的。

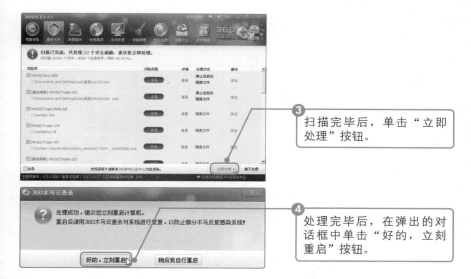

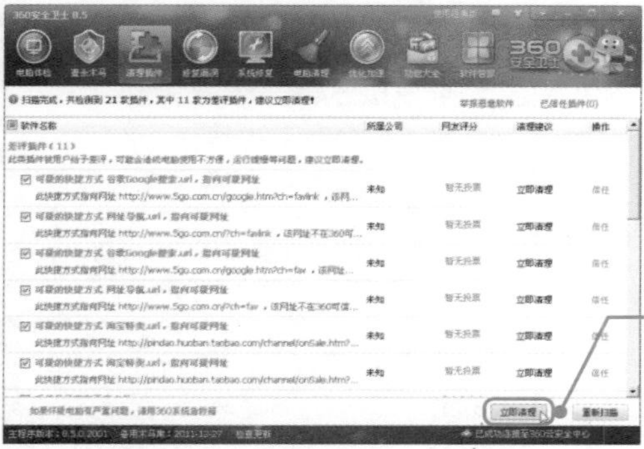

② 检查完毕后，单击“立即清理”按钮。

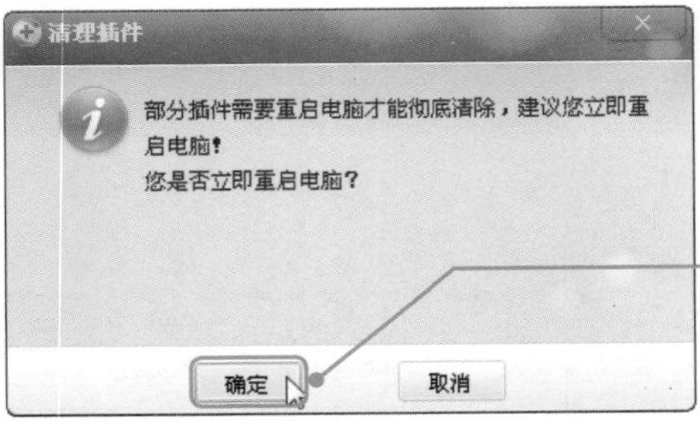

❸ 弹出对话框，单击“确定”按钮重启电脑。

Last 新手问答——排忧解难

下面，针对初学者学习本章内容时容易出现的问题或错误，进行解答，帮助初学者顺利过关。

Q1 如何降低软件对CPU的占用率？

有的软件开启后，系统速度变得非常慢，这是因为该软件占据了大量的CPU时间，可通过降低其优先级的方法来减少对CPU的占用，从而让系统快速恢复。

光盘同步文件

教学文件：光盘\视频教学\第5章\新手问答：Q1 如何降低软件对CPU的占用率.MP4

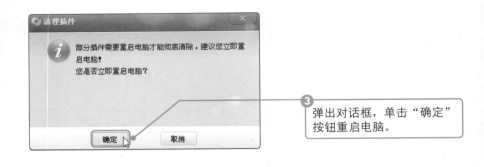

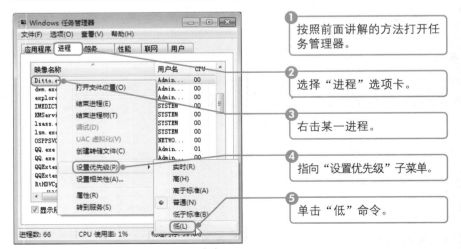

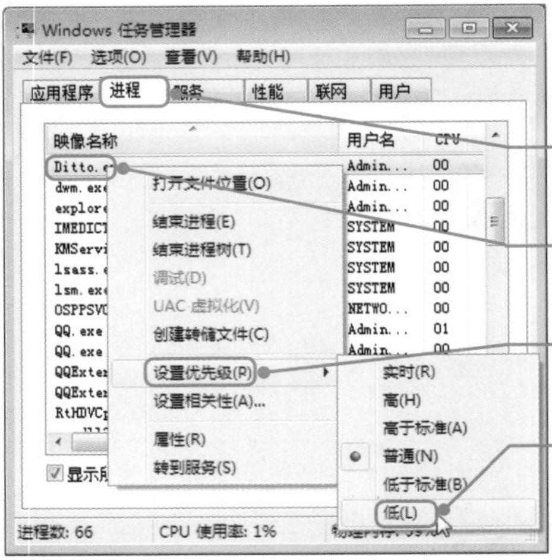

❶ 按照前面讲解的方法打开任务管理器。

❷ 选择“进程”选项卡。

❸ 右击某一进程。

❹ 指向“设置优先级”子菜单。

❺ 单击“低”命令。

Q2 听说使用U盘可以提升系统性能，应该怎么做？

Windows Vista/7提供了一项Ready Boost功能，可以利用U盘高速随机访问能力，让U盘作为Windows Vista/7的SuperFetch缓存，从而让低内存的电脑也能获得比较好的性能。

光盘同步文件

教学文件：光盘\视频教学\第5章\新手问答：Q2 听说使用U盘可以提升系统性能，应该怎么做.MP4

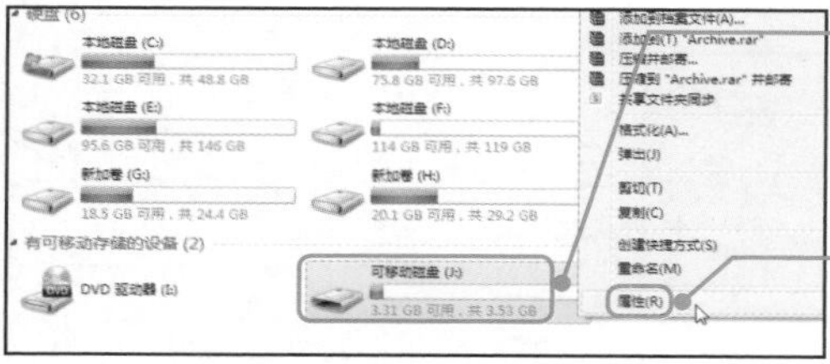

❶ 把U盘插入电脑的USB接口，打开“我的电脑”窗口，右击U盘图标。

❷ 单击“属性”命令。

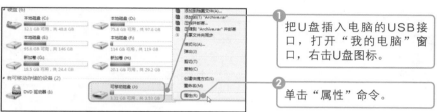

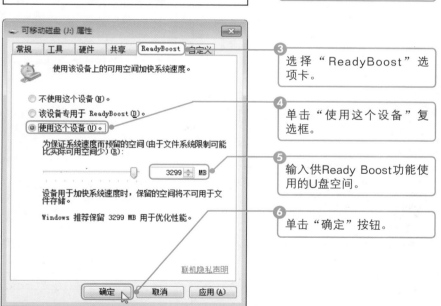

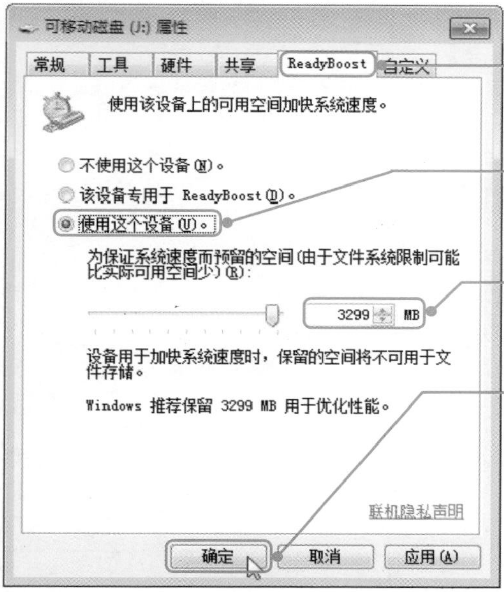

❸ 选择“ReadyBoost”选项卡。

❹ 单击“使用这个设备”复选框。

❺ 输入供Ready Boost功能使用的U盘空间。

❻ 单击“确定”按钮。

Q3 怎样清理安全日志？

每次开关机、运行程序、系统报错时，这些信息都会被Windows XP的安全日志记录下来。安全日志文件不仅会越来越大，影响系统运行，而且还存在着泄密的危险，因此可将其清理掉。

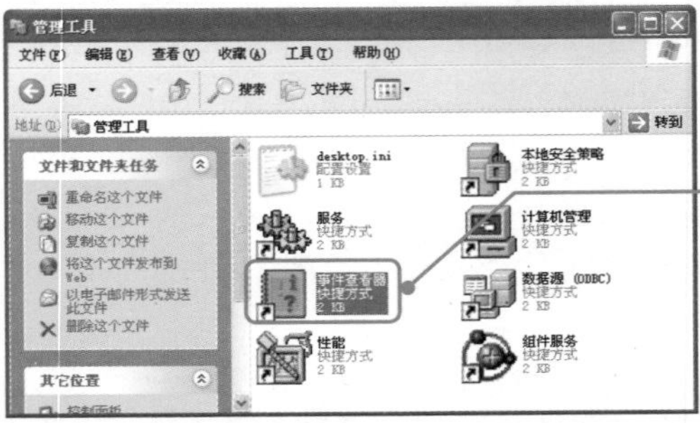

❶ 打开“控制面板”窗口，双击“管理工具”图标。

❷ 双击“事件查看器”图标。

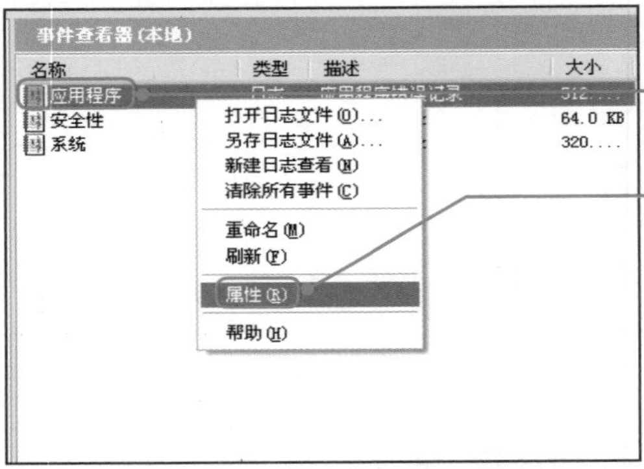

❸ 右击任意日志。

❹ 单击“属性”命令。

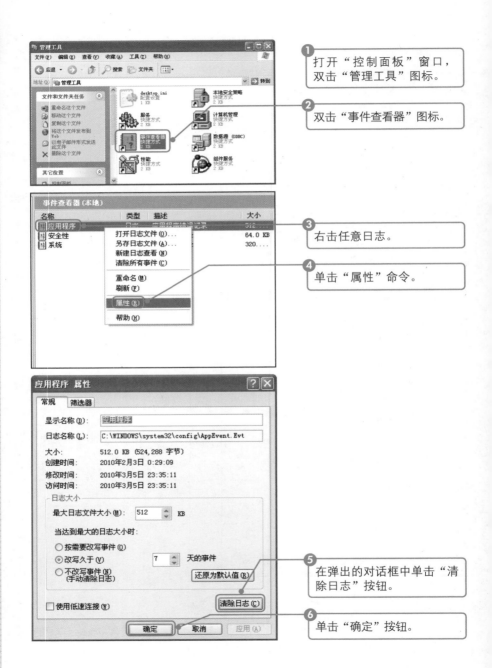

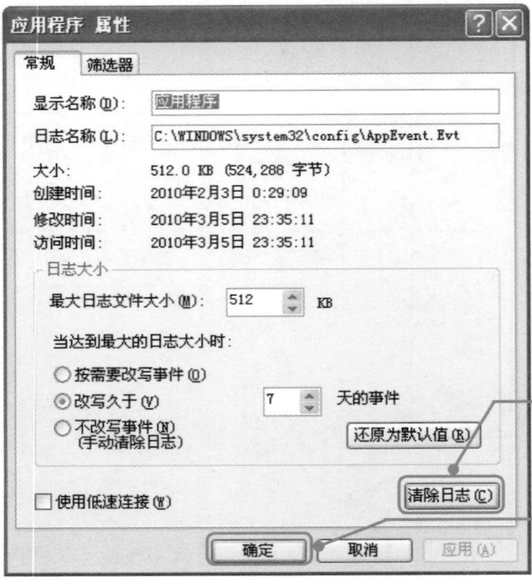

❺ 在弹出的对话框中单击“清除日志”按钮。

❻ 单击“确定”按钮。

Q4 如何清除“我的文档”历史记录？

在多人共用电脑的情况下，如果不希望别人从开始菜单的文档记录中看到曾经打开过什么文档，可以通过以下修改来解决这个问题。

在注册表编辑器中展开“HKEY_CURRENT_USE\Software\Microsoft\Windows\CurrentVersion\Policies\Explorer”子键，在右边的窗格中新建名为“NoRecentDocsHistory”的值项，类型为REGDOWORD，将其值设置为“l”即可。

Q5 怎样清除“查找”历史记录？

使用系统的“查找”功能时，会自动保存查找的历史记录，这在某些情况下可能会泄漏用户的隐私，因此有必要清除它。

在注册表编辑器中展开“HKEY_CURRENT_USER\Software\Microsoft\Windows\CurrentVersion\Explorer\DocFindSpecMRU”子键，右侧窗口的各个值项就对应了“查找”的历史记录，将其全部删除即可。

CHAPTER 06 备份与还原操作系统及数据

关于本章

操作系统使用久了难免出现问题，而用户数据也可能会因为病毒等原因遭到损失，因此，平时就要做好系统数据和用户数据的备份工作，以便在出现问题时，能快速还原。本章将讲解各类系统数据和用户数据的备份/还原方法，以及使用系统自带功能和第三方软件进行数据的备份/还原操作。

知识要点

- 备份与还原各类系统数据
- 掌握Windows系统的“备份与还原”功能
- 使用还原点备份和恢复操作系统
- 使用Ghost备份和还原操作系统
- 使用QQ电脑管家备份和还原数据

效果展示

First 新手入门——必学基础

备份/还原操作系统信息的方法有两种：一种是有针对性地备份/还原各类信息，如注册表、驱动程序等；一种是使用Windows自带的备份/还原功能来集中进行操作。下面就分别讲解这两种方法。

主题 1 备份与还原各类系统数据

操作系统里有很多重要的系统信息，如注册表、驱动程序以及各类设置等，如果把这些信息进行备份，就可以在出现问题时进行还原，减少损失。

光盘同步文件

教学文件：光盘\视频教学\第6章\新手入门：主题1 备份与还原各类系统数据.MP4

1. 备份与还原注册表

注册表是Windows系统的重要组成部分，它存储着有关硬件、操作系统和应用软件的各种设置信息与参数，一旦出现问题，极有可能导致系统崩溃，因此平时要做好注册表的备份工作，以备不时之需。

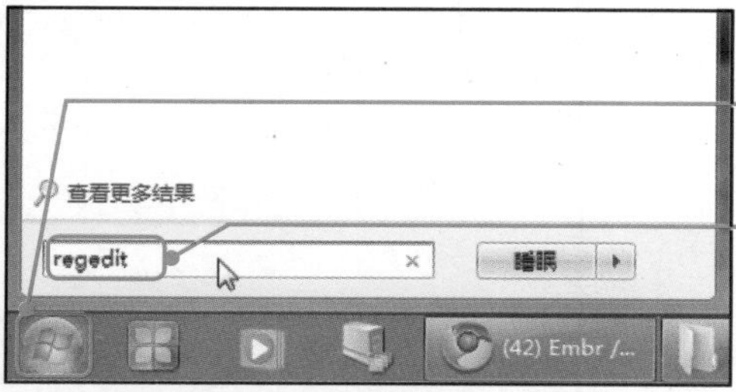

1. 在桌面单击“开始”按钮。
2. 输入“regedit”并按下【Enter】键，弹出注册表编辑器。

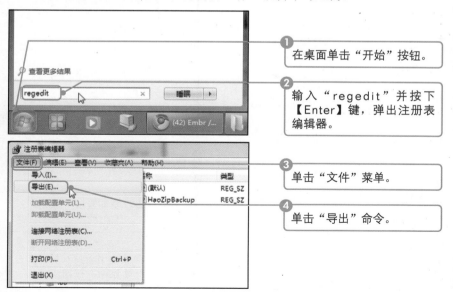

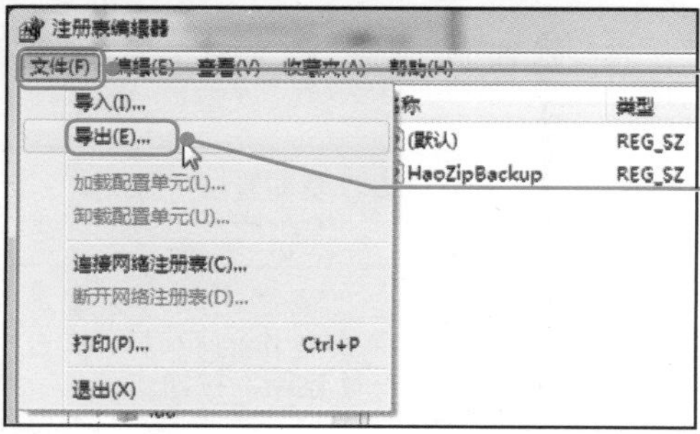

3. 单击“文件”菜单。
4. 单击“导出”命令。

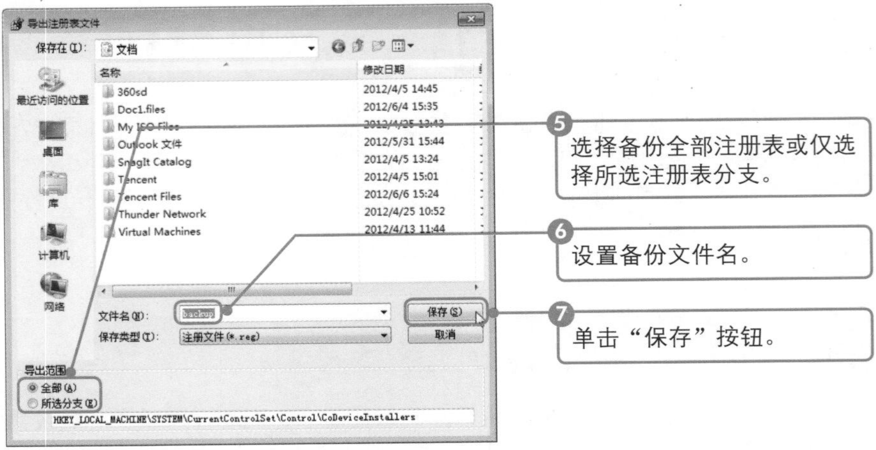

恢复的操作与之类似，只需单击“文件”菜单，再单击“导入”命令，选择备份文件并单击“打开”按钮即可。

2．使用驱动精灵备份与还原驱动程序

驱动精灵是驱动之家网站专属的驱动程序管理软件，备份和还原驱动程序是它的基本功能之一。备份驱动程序的操作步骤如下。

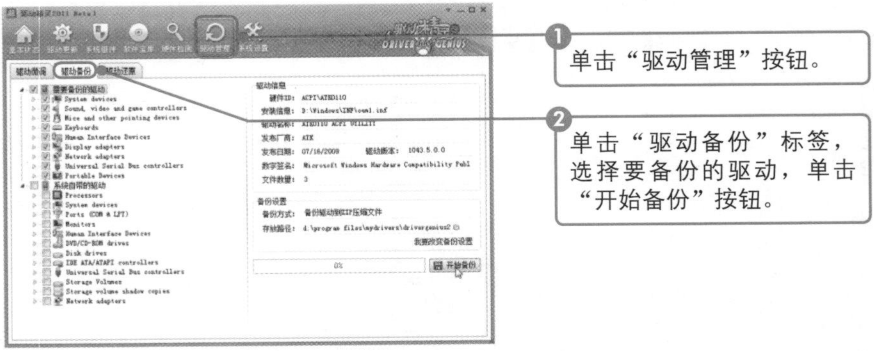

1 单击“驱动管理”按钮。
2 单击“驱动备份”标签，选择要备份的驱动，单击“开始备份”按钮。

还原驱动程序的操作也很简单，其步骤如下。

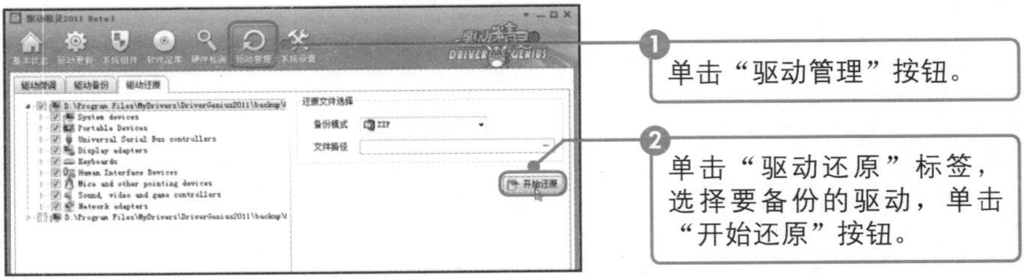

1 单击“驱动管理”按钮。
2 单击“驱动还原”标签，选择要备份的驱动，单击“开始还原”按钮。

3. 输入法自定义词组的备份与还原

常用的输入法（如紫光、微软、五笔等）都有自定义词组的功能，可以记忆用户自定义的常用词句，非常方便。

备份输入法词组文件，可在重新安装操作系统后，快速恢复输入法自定义词组。

方法是进入到系统分区的“Documents and Settings\username\Application Data\Microsoft”文件夹，将名为“IME”的文件复制到备份文件夹中即可。还原时，将“IME”文件复制回原处就可以了。

> **专家提示**
>
> “username”是当前账户名，如管理员账户为“Administrator”。用户在操作时应按照具体情况进行改变。

4. 磁盘分区表的备份与还原

如果事先备份了分区表，在分区表遇到病毒侵袭或者操作失误时，就可以对其进行恢复。

分区软件DiskMan不仅提供了诸如建立、激活、删除、隐藏分区之类的基本硬盘分区功能，还具有分区表备份和恢复、分区参数修改、硬盘主引导记录修复、重建分区表等强大的分区维护功能。这里就以它为例来进行讲解。

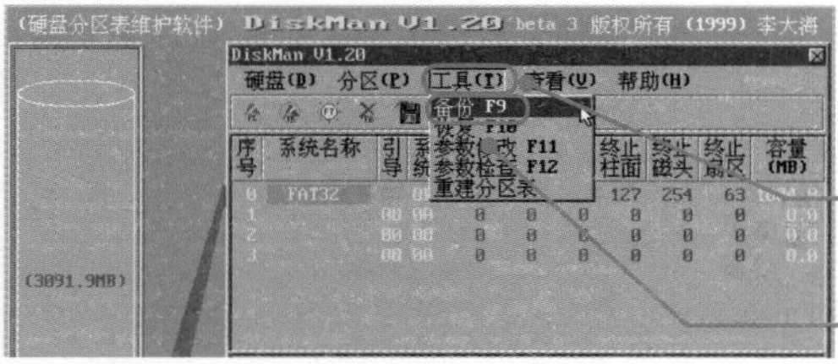

1. 使用带有DiskMan的光盘启动电脑，在菜单中选择“DiskMan”。
2. 单击“工具”菜单。
3. 单击“备份”命令。

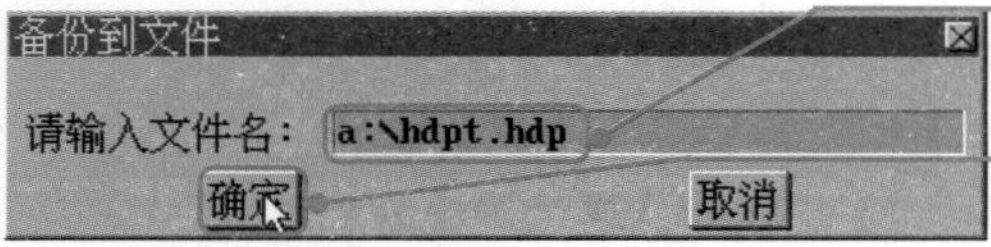

4. 输入备份路径与文件名。
5. 单击“确定”命令。

恢复分区表的方法也很简单，读者可参考上面的步骤自行尝试，这里就不再讲解了。

5. 备份与还原IE收藏夹

IE收藏夹收藏了用户经常访问的网页，如果丢失，重新收集起来会非常麻烦。下面讲解如何备份IE的收藏夹，还原的操作也与之相近，具体方法如下。

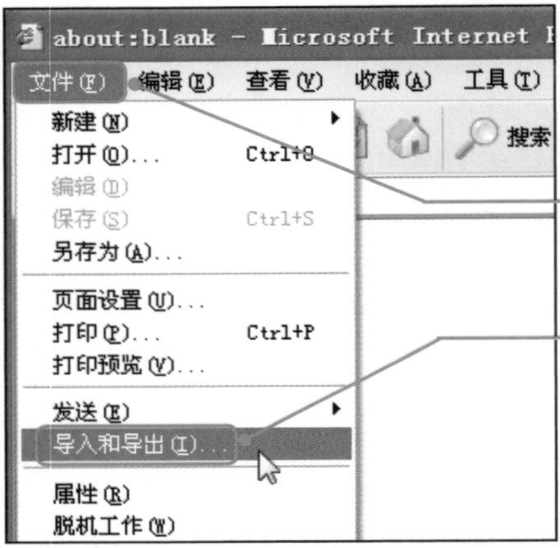

①打开IE浏览器，单击“文件”菜单。

②单击“导入和导出”命令。

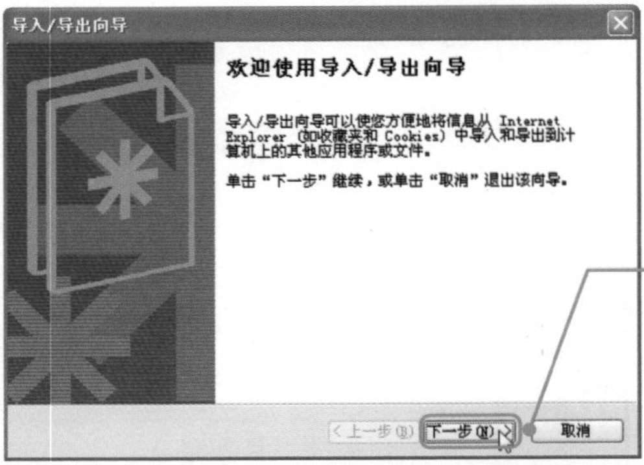

③在导入/导出向导界面单击“下一步”按钮。

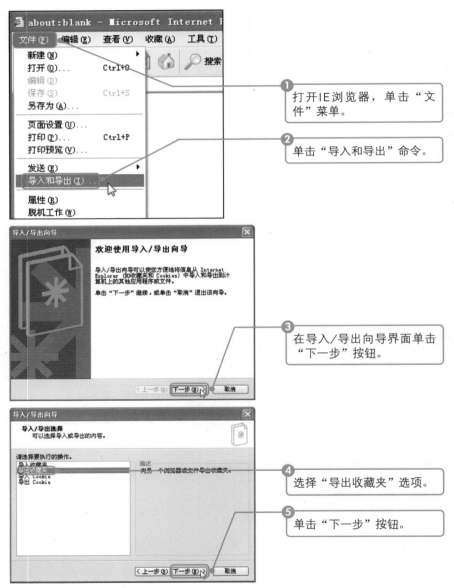

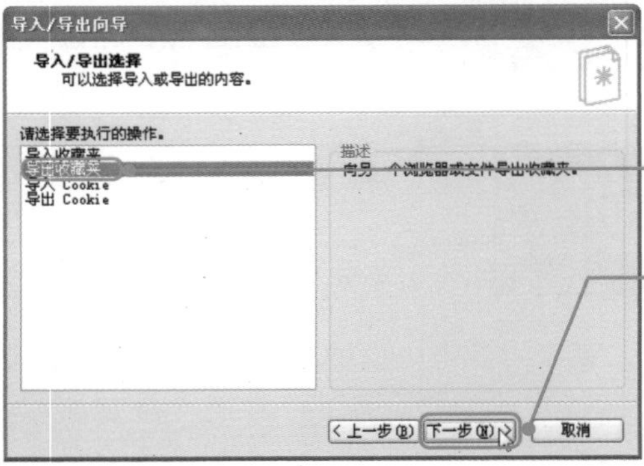

④选择“导出收藏夹”选项。

⑤单击“下一步”按钮。

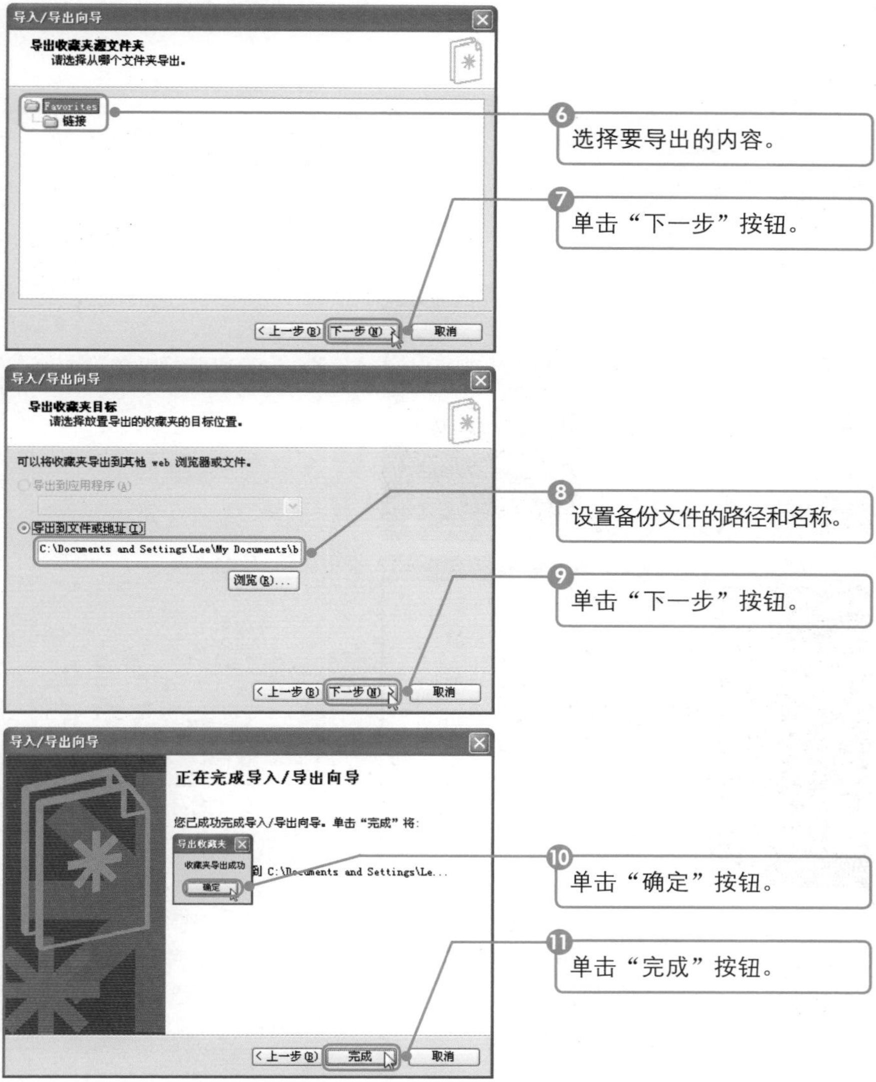

6. 学用Windows系统的“备份与还原”功能

Windows系统自带有备份工具，可以对任何文件进行备份，在需要恢复时可以恢复到原处，也可以恢复到另外指定的文件夹中。由于Windows XP与Windows 7的备份工具使用上差别较大，因此这里分别进行介绍。

（1）使用Windows XP的备份工具

使用Windows XP备份工具备份数据的操作步骤如下。

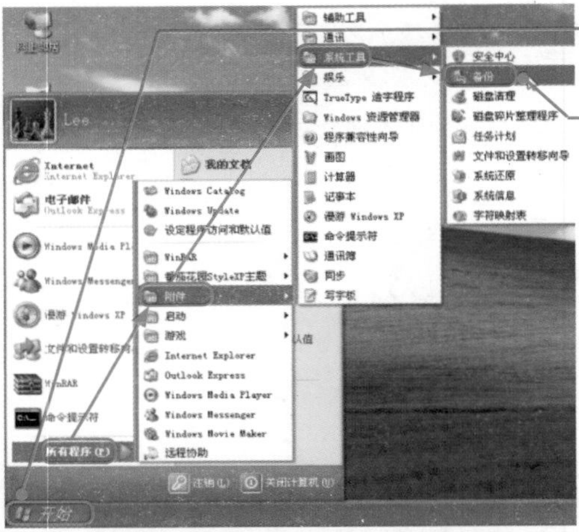

❶ 在桌面单击“开始”按钮。

❷ 打开“所有程序”、“附件”、“系统工具”子菜单并单击“备份”命令。

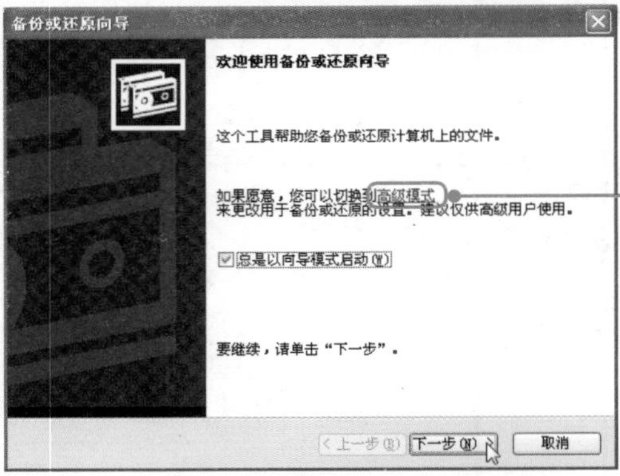

❸ 在欢迎界面单击“高级模式”文字链接。

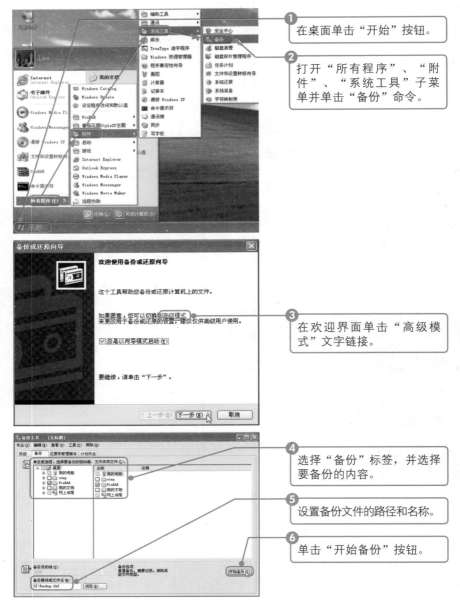

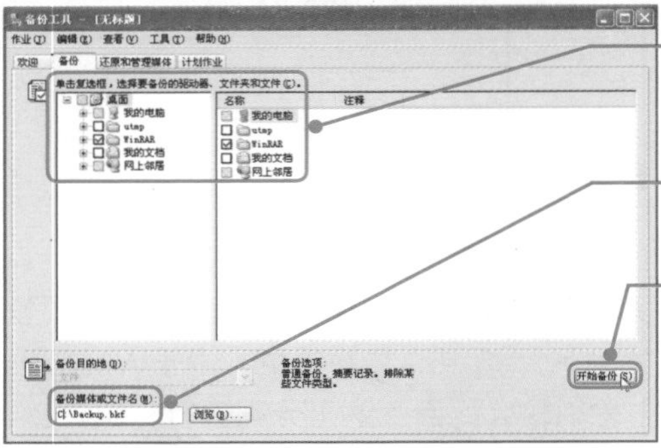

❹ 选择“备份”标签，并选择要备份的内容。

❺ 设置备份文件的路径和名称。

❻ 单击“开始备份”按钮。

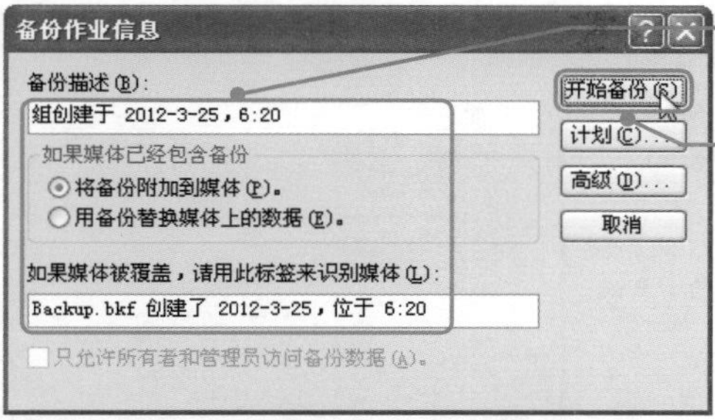

7 设置备份参数。

8 单击“开始备份”按钮。

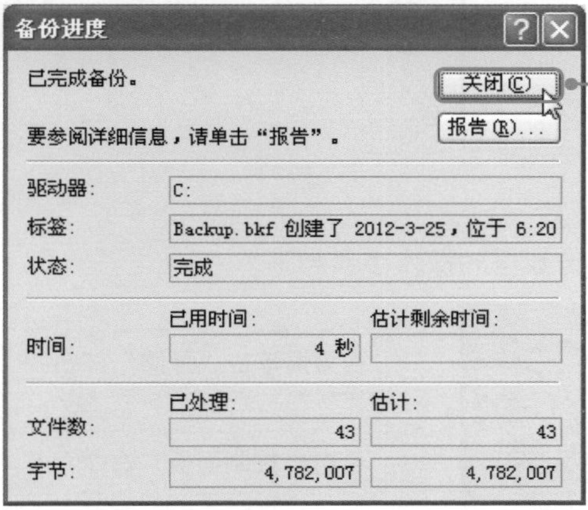

9 完成备份后单击“关闭”按钮。

有了备份文件之后，一旦系统中的数据出现问题，即可从备份中还原，操作方法也很简单。

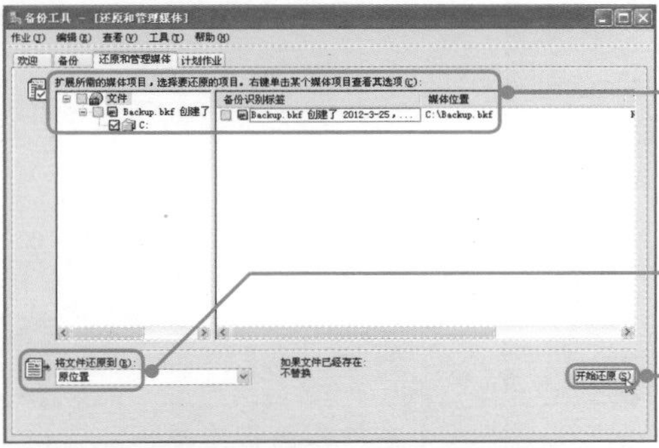

1 选择“还原和管理媒体”标签，并选择要还原的数据内容。

2 设置还原位置。

3 单击“开始还原”按钮。

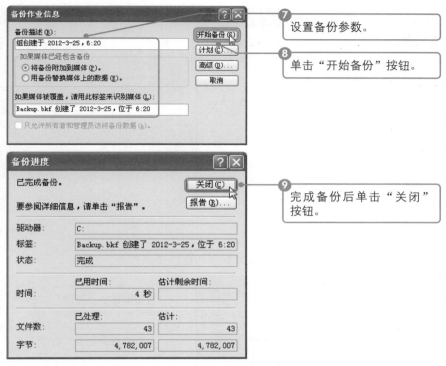

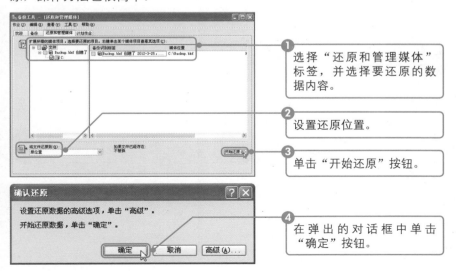

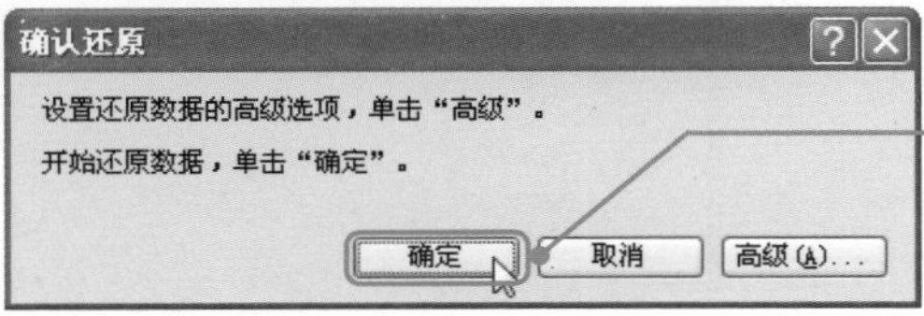

4 在弹出的对话框中单击“确定”按钮。

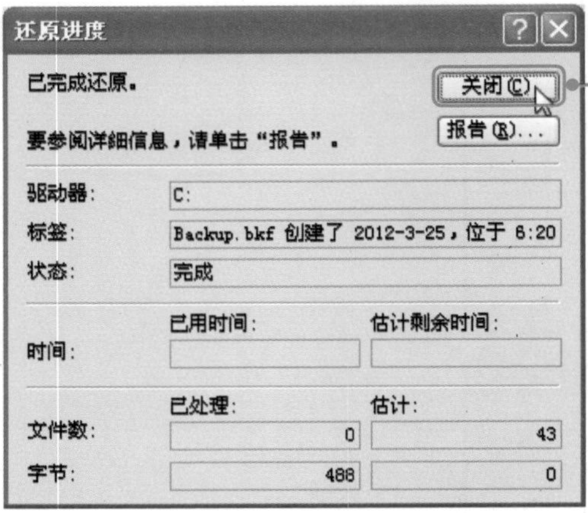

5 还原完成后，单击“关闭”按钮。

（2）使用Windows 7的备份工具

使用Windows XP备份工具备份数据的操作步骤如下。

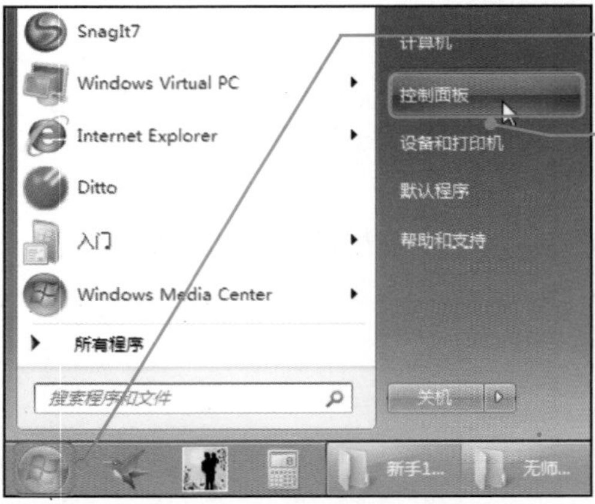

1 在桌面单击“开始”按钮。

2 单击“控制面板”命令。

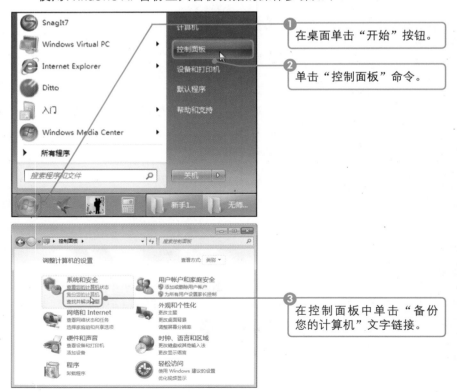

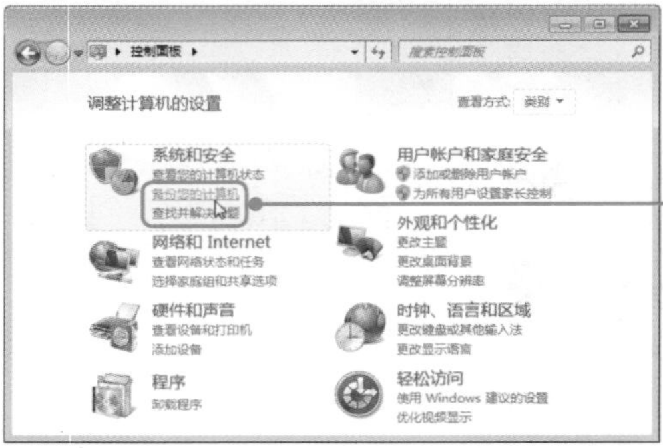

3 在控制面板中单击“备份您的计算机”文字链接。

专家提示

如果在“系统和安全”一栏没有“备份您的计算机”文字链接，那么可以先单击“系统和安全”选项，进入到下一个菜单里，在“备份和还原”一栏中可以看到“备份您的计算机”的文字链接。

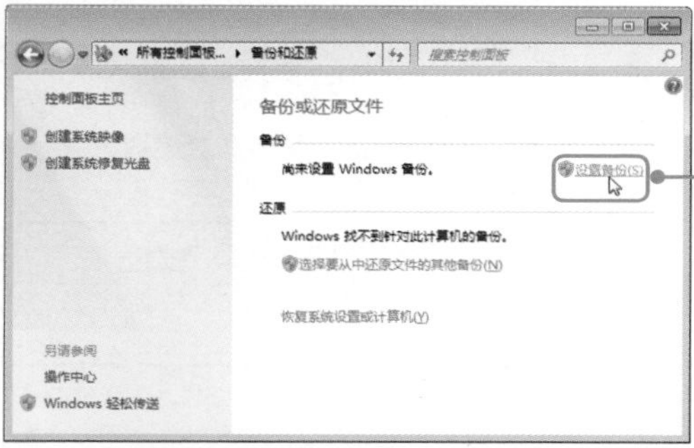

4 单击“设置备份”文字链接。

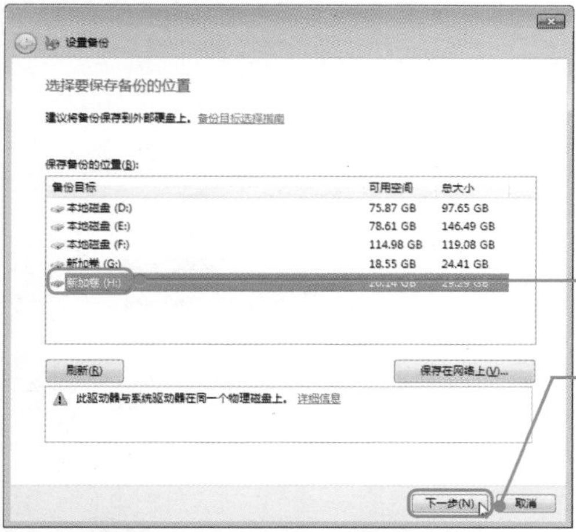

5 选择保存备份文件的位置。

6 单击“下一步”按钮。

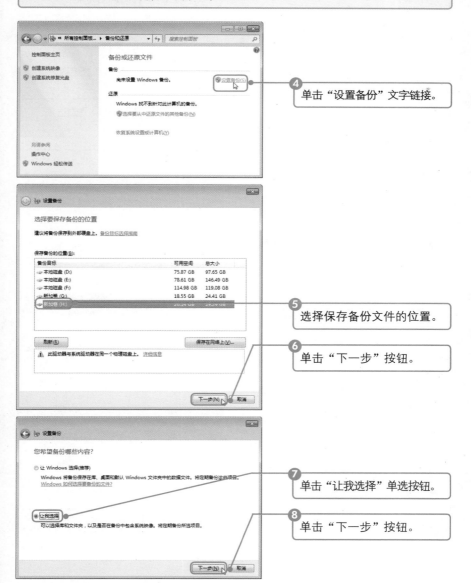

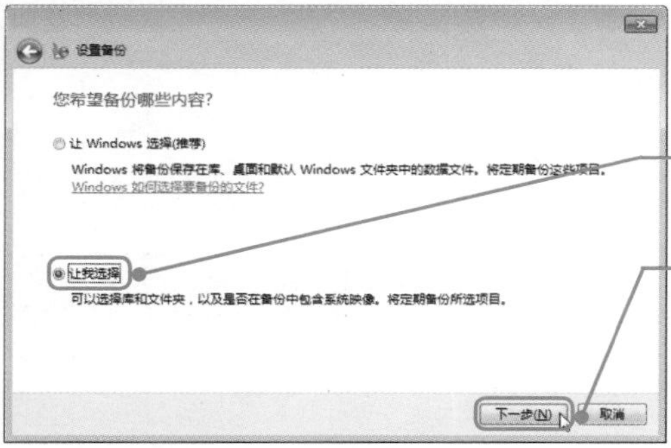

7 单击“让我选择”单选按钮。

8 单击“下一步”按钮。

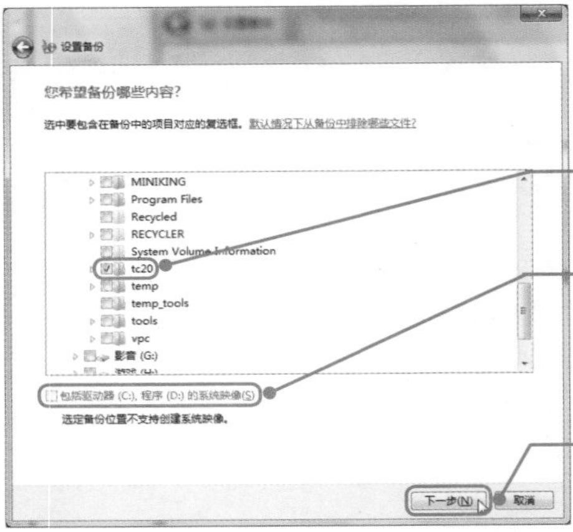

9 勾选要备份的内容。

10 取消对“包括驱动器（C:），程序（D:）的系统映像（S）”复选框的选择。

11 单击“下一步”按钮。

专家提示

备份时间可能会很长，备份时也会影响电脑速度，建议在不使用电脑时做备份工作。

12 单击“保存设置并运行备份”按钮。

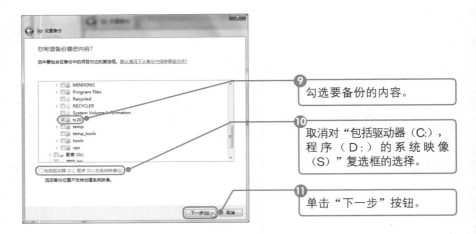

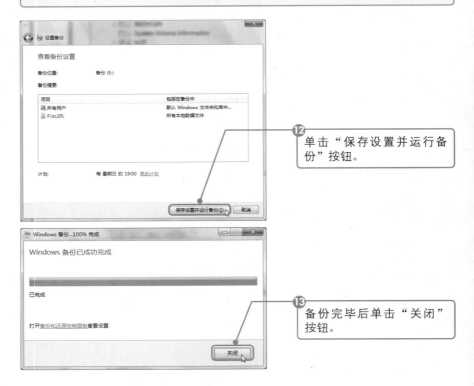

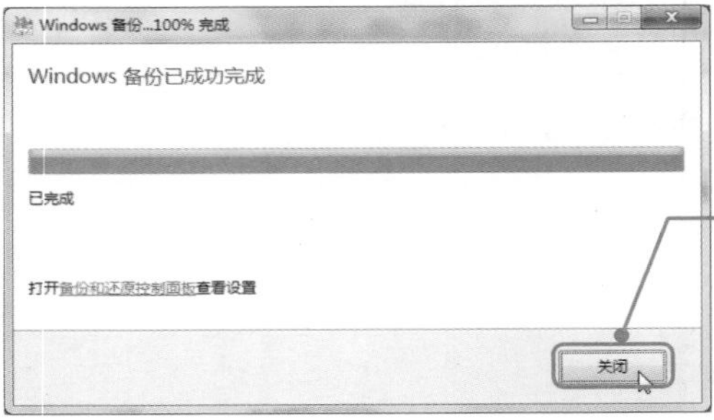

13 备份完毕后单击“关闭”按钮。

有了备份文件，在相应数据出现问题的时候就可以用它们来还原了。还原文件的操作方法如下。

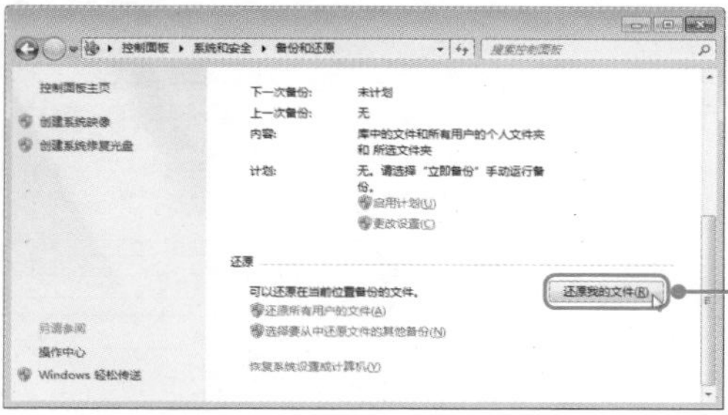

❶ 打开控制面板，依次单击“系统和安全”、“备份和还原”选项。

❷ 单击“还原我的文件”按钮。

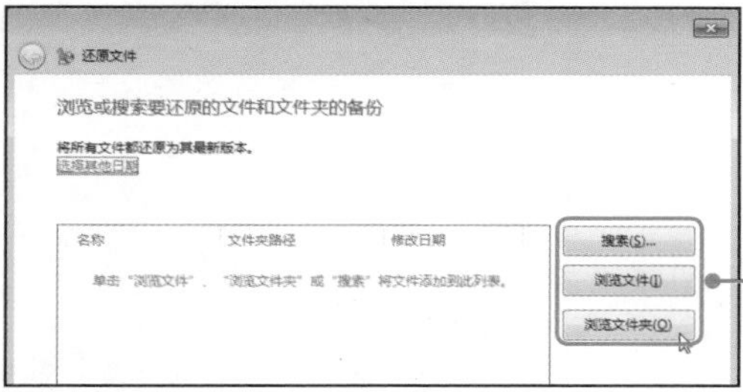

❸ 选择查找备份数据的方式。

教您一招：三种方式的区别

如果不清楚要恢复的数据在备份文件的什么地方，可以使用“搜索”的方式；如果只需要恢复某个（些）文件，可以使用“浏览文件”的方式，如果要恢复某个文件夹的内容，可以使用“浏览文件夹”的方式。

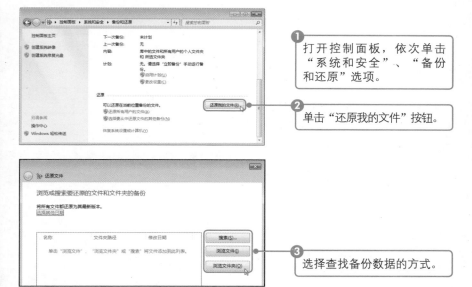

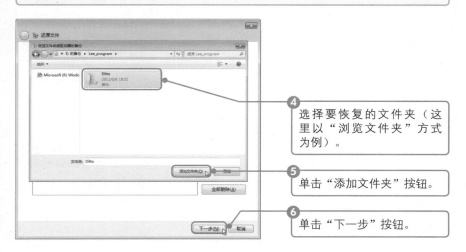

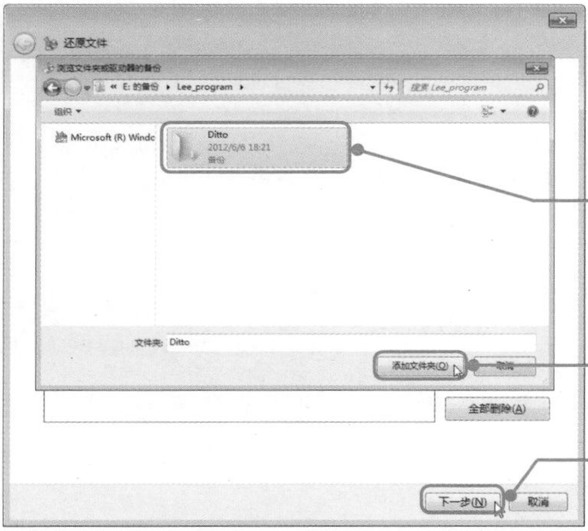

❹ 选择要恢复的文件夹（这里以“浏览文件夹”方式为例）。

❺ 单击“添加文件夹”按钮。

❻ 单击“下一步”按钮。

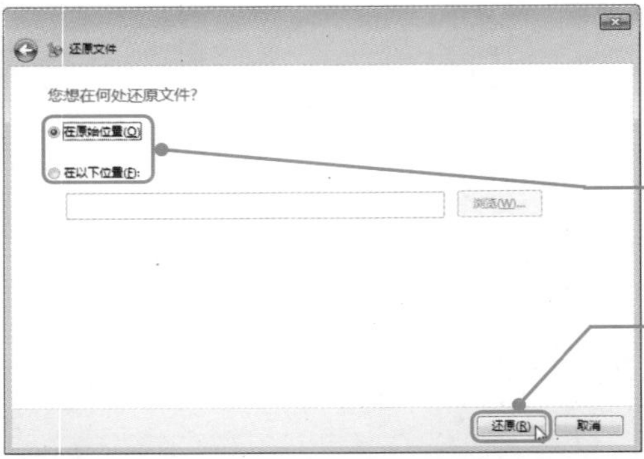

7 选择还原到何处（默认是还原到原始位置）。

8 单击“还原”按钮。

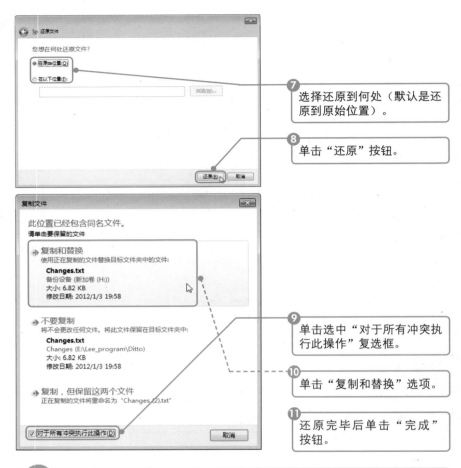

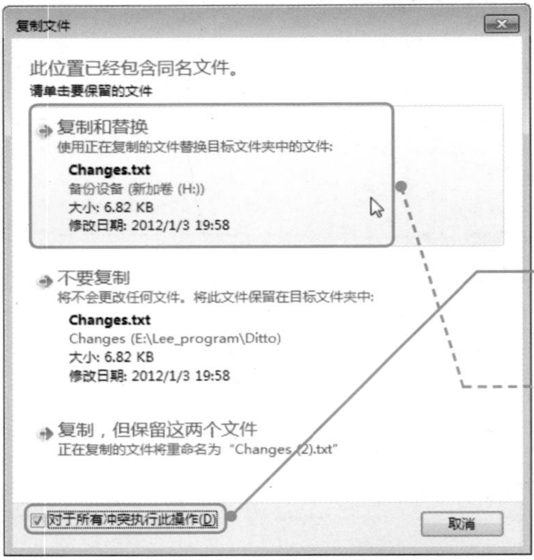

9 单击选中“对于所有冲突执行此操作”复选框。

10 单击“复制和替换”选项。

11 还原完毕后单击“完成”按钮。

专家提示

如果还原的位置上已经存在了同名的文件，则会出现步骤9、10的对话框，询问用户如何处理同名文件的冲突，如没有同名文件则不会出现该对话框。

主题 2 使用还原点备份和恢复系统功能

Windows系统不仅带有备份/恢复指定数据的功能，还带有还原整个系统的功能，当系统出现问题后，可将系统恢复到以前某个正常状态，从而让问题消失。

1. 创建还原点

在使用系统还原时，需要先创建一个系统还原点才可以使用。Windows XP与Windows 7的操作相差很小，下面就以Windows XP为例来介绍手动创建还原点的方法。

❶ 在桌面单击“开始”按钮。

❷ 依次打开“所有程序”、“附件”、“系统工具”子菜单，单击“系统还原”命令。

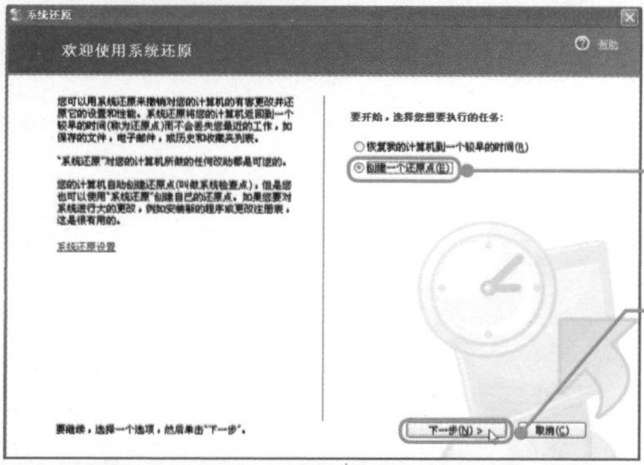

❸ 单击“创建一个还原点”单选按钮。

❹ 单击“下一步”按钮。

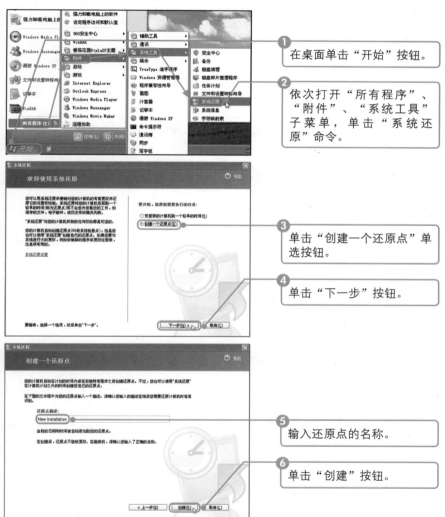

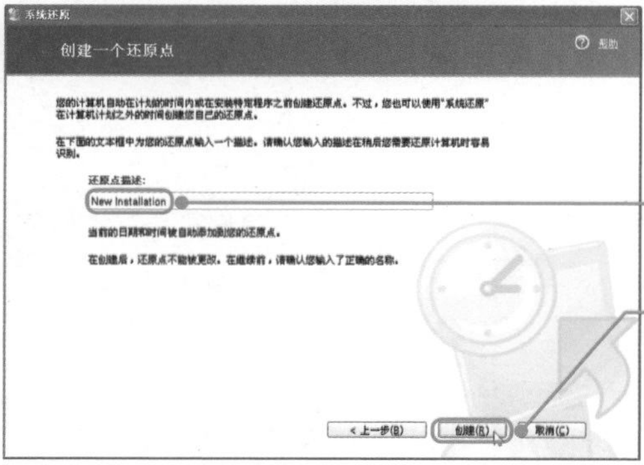

❺ 输入还原点的名称。

❻ 单击“创建”按钮。

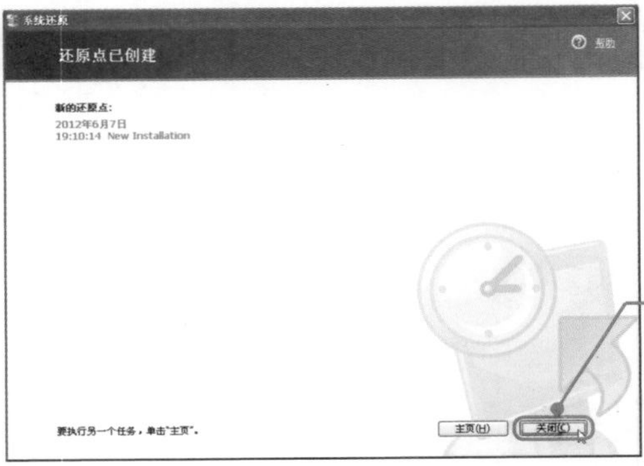

❼ 创建完毕后单击“关闭”按钮。

2. 使用还原点恢复操作系统

系统还原点创建好之后，当电脑出现问题时，就可以使用已创建的还原点进行还原操作。

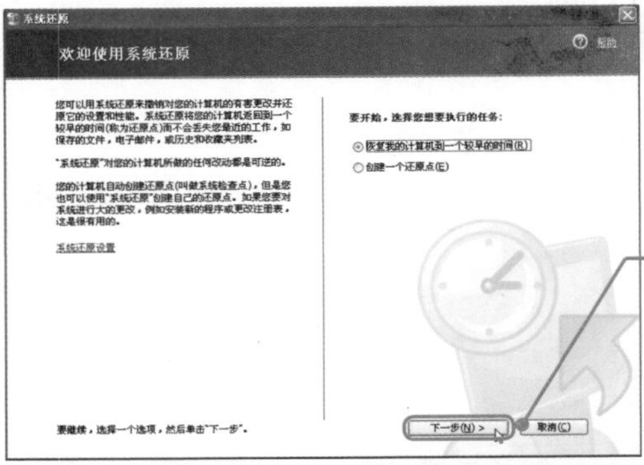

❶ 按照前面讲解的方法打开“系统还原”程序，单击“下一步”按钮。

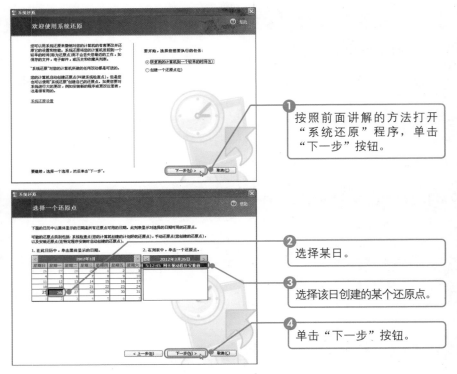

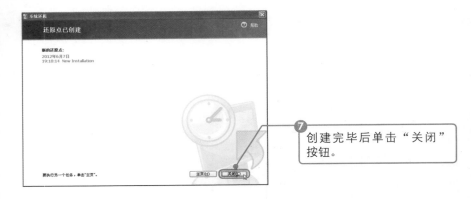

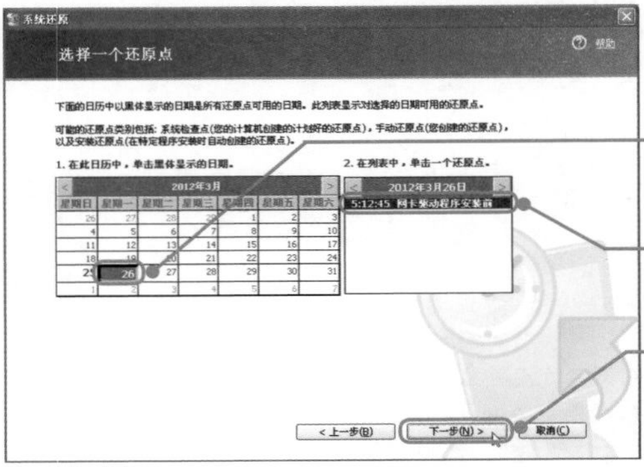

❷ 选择某日。

❸ 选择该日创建的某个还原点。

❹ 单击“下一步”按钮。

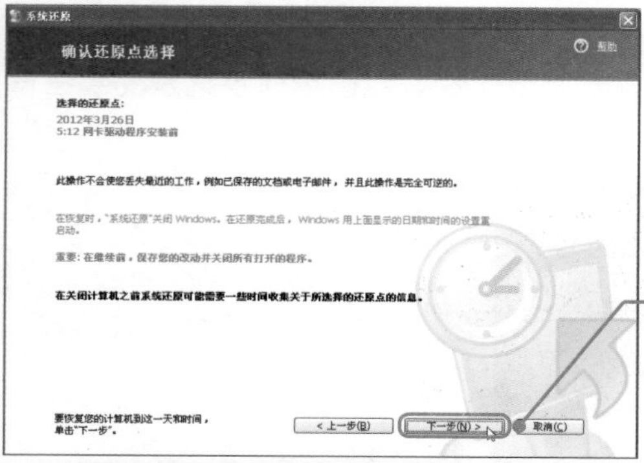
系统还原
确认还原点选择
帮助
选择的还原点:
2012年3月26日
5:12 网卡驱动程序安装前
此操作不会使您丢失最近的工作，例如已保存的文档或电子邮件，并且此操作是完全可逆的。
重要：在继续前，保存您的改动并关闭所有打开的程序。
在关闭计算机之前系统还原可能需要一些时间收集关于所选择的还原点的信息。
要恢复您的计算机到这一天和时间，单击"下一步"。
< 上一步(B)
下一步(N) >
取消(C)

5 单击“下一步”按钮。

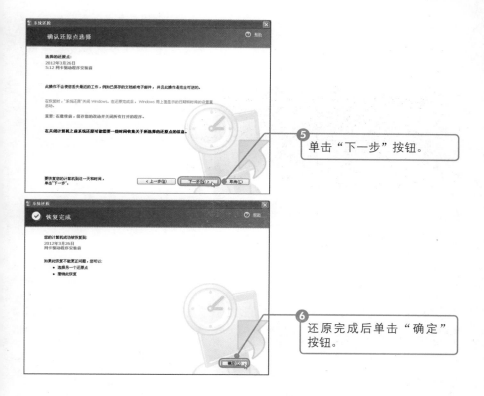

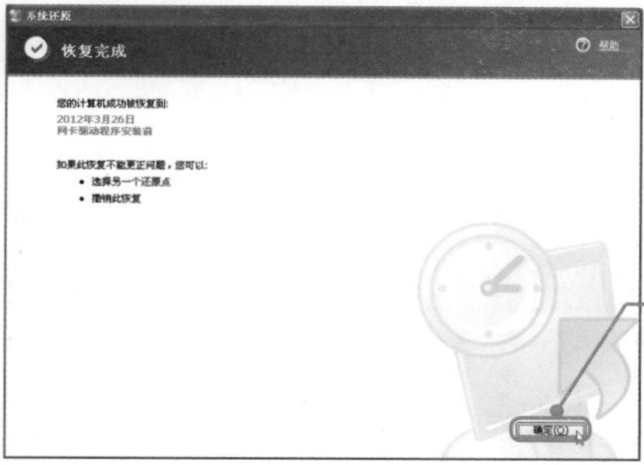
系统还原
恢复完成
帮助
您的计算机成功被恢复到:
2012年3月26日
网卡驱动程序安装前
如果此恢复不能更正问题，您可以:
• 选择另一个还原点
• 撤销此恢复
确定(O)

6 还原完成后单击“确定”按钮。

Next 新手提高——技能拓展

通过对前面入门部分知识的学习，相信初学者已经学会并掌握了备份与还原操作的相关基础知识。下面介绍一些帮助初学者提高技能的知识。

主题 1 使用Ghost备份和还原操作系统

Ghost是一款专业的系统备份/还原软件，它最常用的功能是把一个分区或整个硬盘完整无缺地复制成为一个“镜像”文件，在需要的时候，可以把镜像文件原封不动地还原到指定的分区或硬盘上。

1. 备份操作系统

Ghost可以备份分区也可以备份整个硬盘，由于操作系统是安装在一个分区中，所以这里以备份分区为例进行讲解。

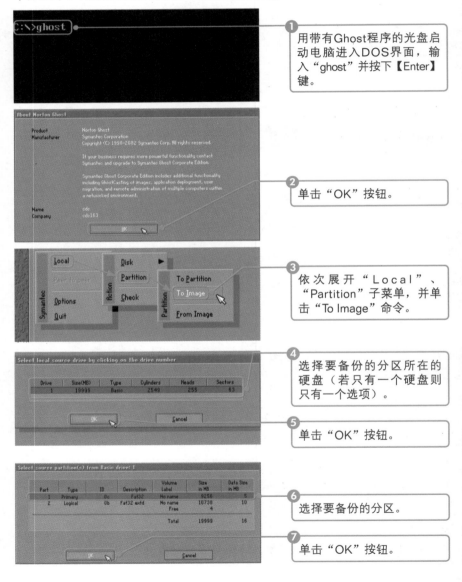

❶ 用带有Ghost程序的光盘启动电脑进入DOS界面，输入“ghost”并按下【Enter】键。

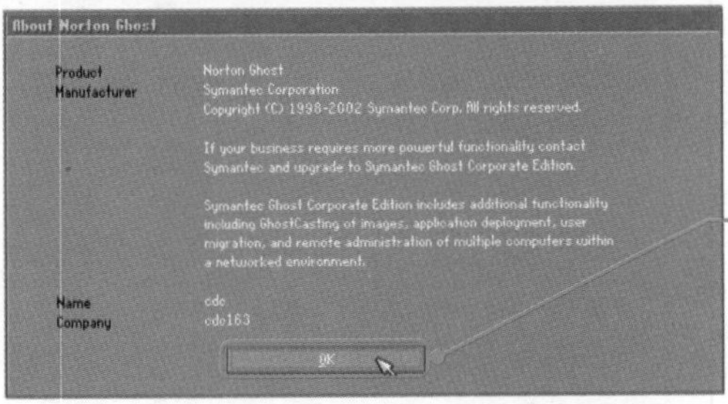

❷ 单击“OK”按钮。

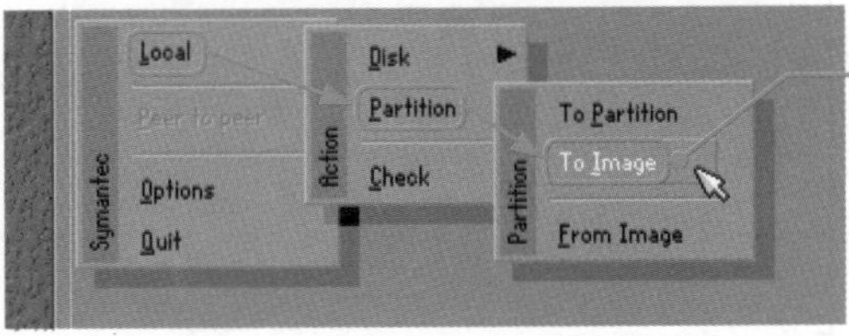

❸ 依次展开“Local”、“Partition”子菜单，并单击“To Image”命令。

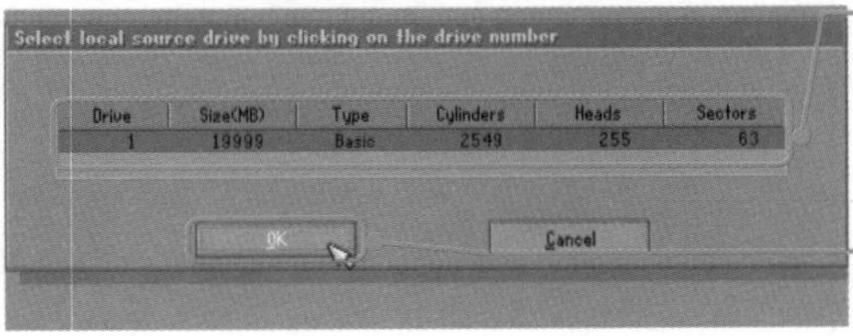

❹ 选择要备份的分区所在的硬盘（若只有一个硬盘则只有一个选项）。

❺ 单击“OK”按钮。

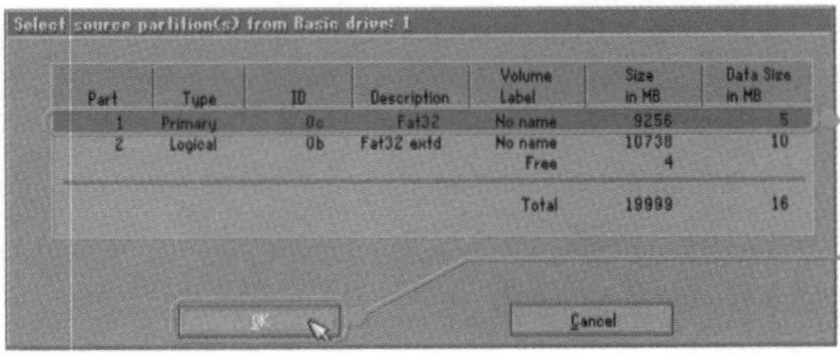

❻ 选择要备份的分区。

❼ 单击“OK”按钮。

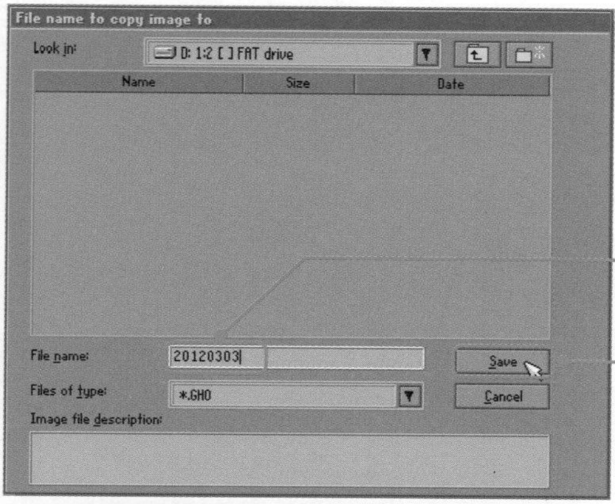

8 输入备份文件的路径和名称。

9 单击“Save”按钮。

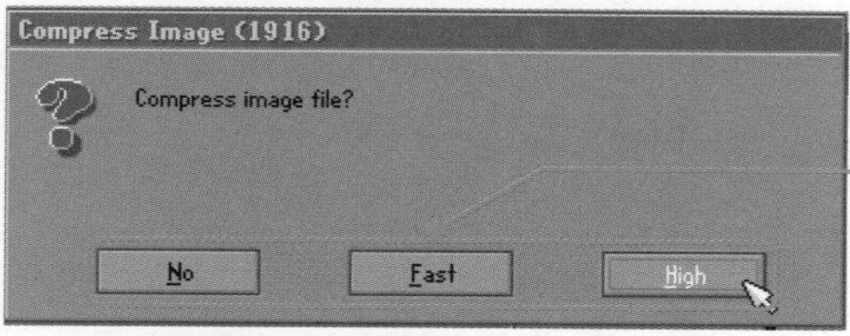

10 选择压缩选项。

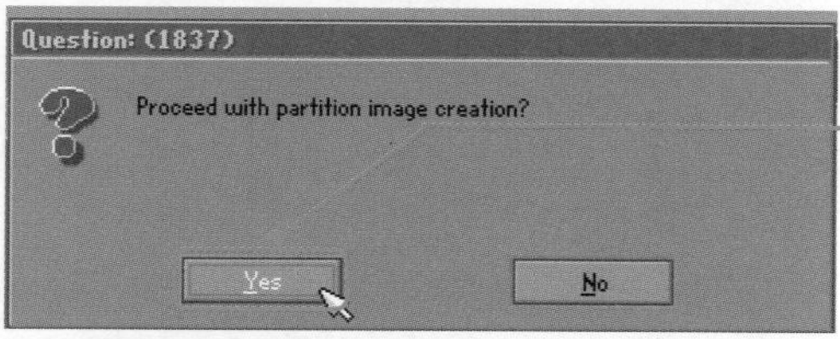

11 单击“Yes”按钮确认操作。

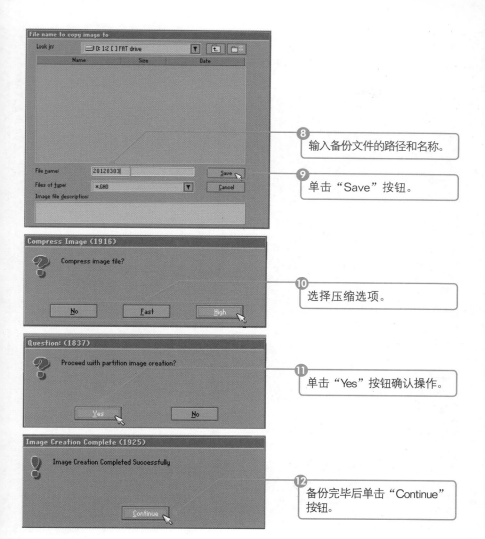

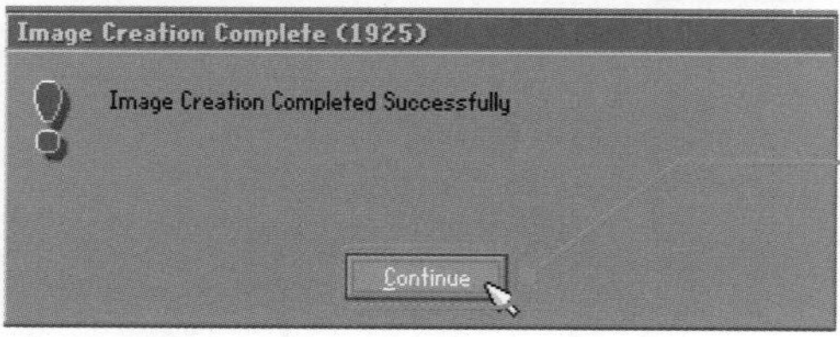

12 备份完毕后单击“Continue”按钮。

教您一招：几个关键命令的含义

在第3步的菜单中，“Local”的含义是指本地电脑；“Disk”是指整块硬盘；“Partition”是指分区；“To Partition”是指将源分区直接复制到目的分区；“To Image”是指将源分区复制为一个镜像文件；“From Image”是指从镜像文件中还原数据到指定分区，这将会在下面讲到。在第10步中，有三个压缩选项，“No”表示不压缩，如果选此项，则制作镜像文件的速度最快，但镜像文件体积也最大；“High”表示高度压缩，速度最慢，但文件体积最小；“Fast”表示快速压缩，速度和体积都处于“No”和“High”之间。

2. 还原操作系统

当操作系统出现故障且无法启动时，即可进入DOS系统启动Ghost程序来恢复。

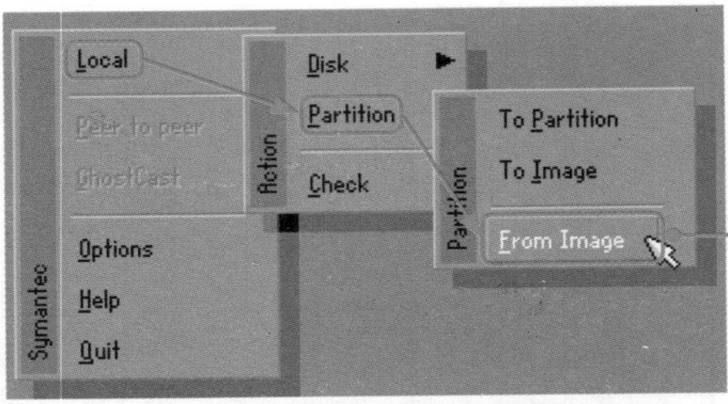

❶ 依次展开“Local”、“Partition”子菜单，并单击“From Image”命令。

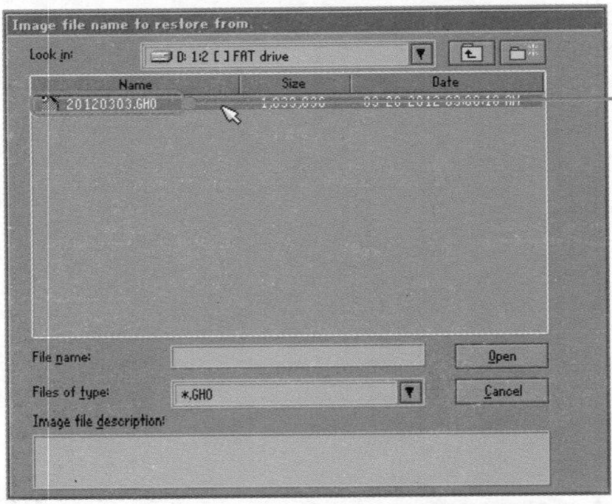

❷ 选择备份文件（无需再单击“Open”按钮即可进入下一步）。

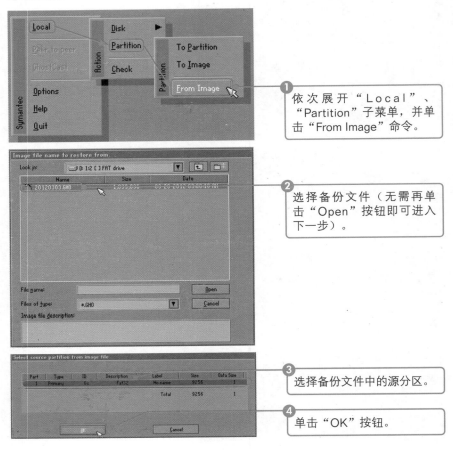

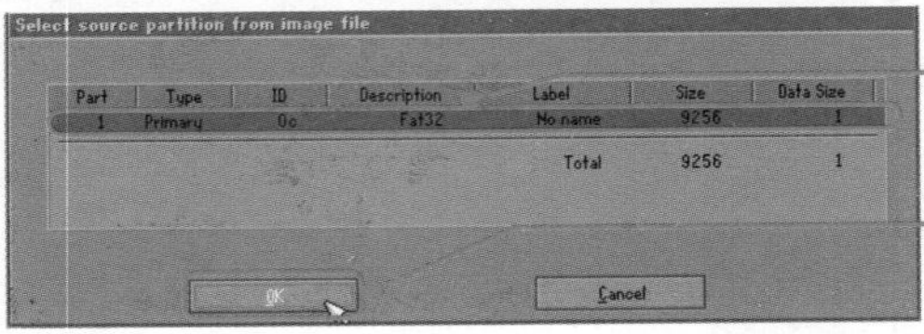

❸ 选择备份文件中的源分区。

❹ 单击“OK”按钮。

专家提示

上面选择备份文件中的源分区是什么意思呢？其实，备份文件有两种，一种是针对整个硬盘做的备份，一种是针对某个分区做的备份，前者包含有几个分区的信息，Ghost允许用户选择某一个分区的信息单独进行恢复，因此才有选择备份文件中的源分区这一步；对于后者来说，只包含一个分区的信息，因此也就只有一个选项可以选择。

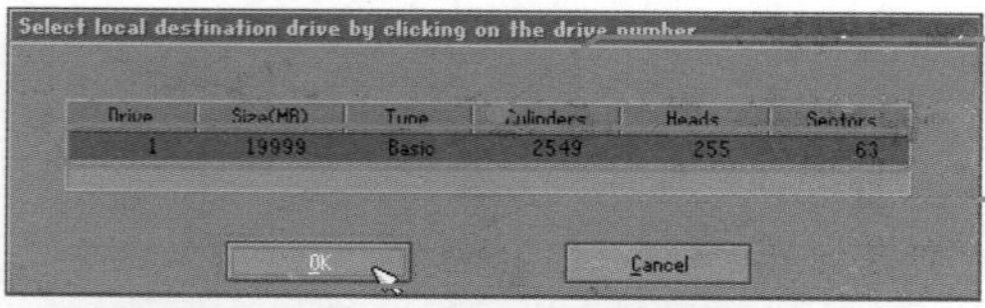

5 选择目标硬盘。

6 单击“OK”按钮。

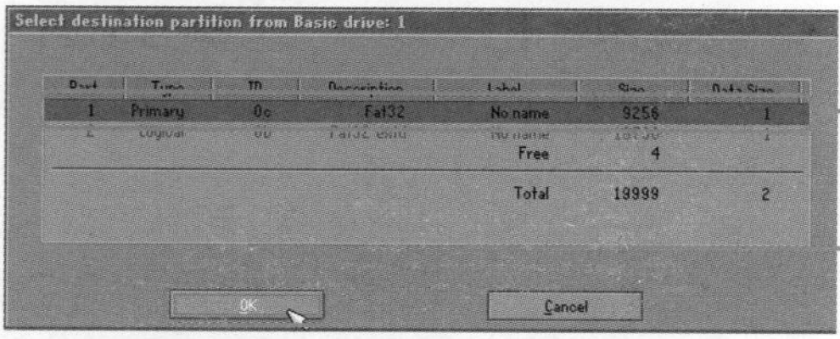

7 选择目标分区。

8 单击“OK”按钮。

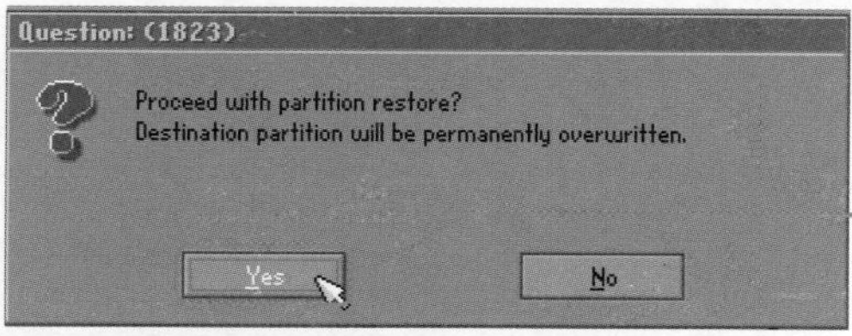

9 单击“Yes”按钮确认操作。

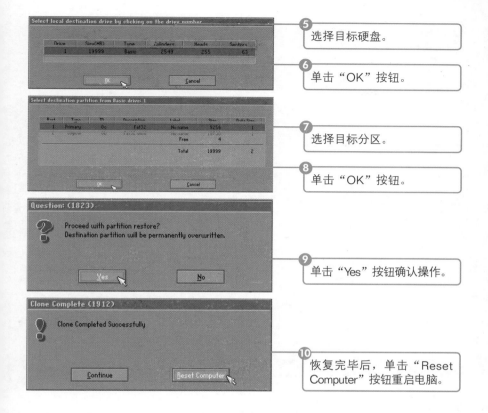

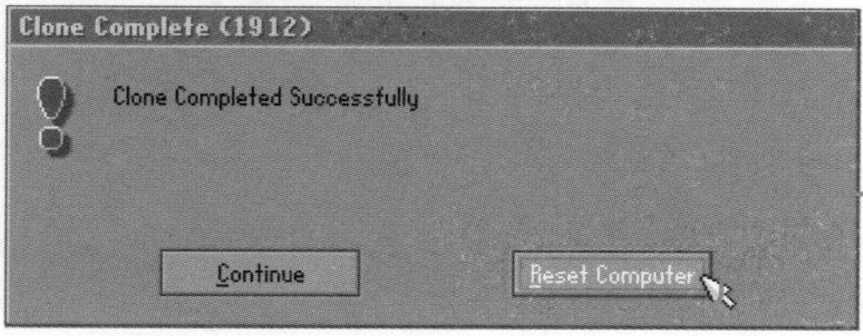

10 恢复完毕后，单击“Reset Computer”按钮重启电脑。

主题 2 使用QQ电脑管家备份和还原数据

QQ电脑管家是一款综合管理软件，它集成了系统安全、系统优化、查杀木马、修复漏洞、软件管理等多种功能，其中也包含了备份和还原数据的功能。

光盘同步文件

教学文件：光盘\视频教学\第6章\新手提高：主题2 使用QQ电脑管家备份和还原数据.MP4

1. 备份操作系统

QQ电脑管家可以备份用户数据，各种软件和驱动，使用起来很方便。

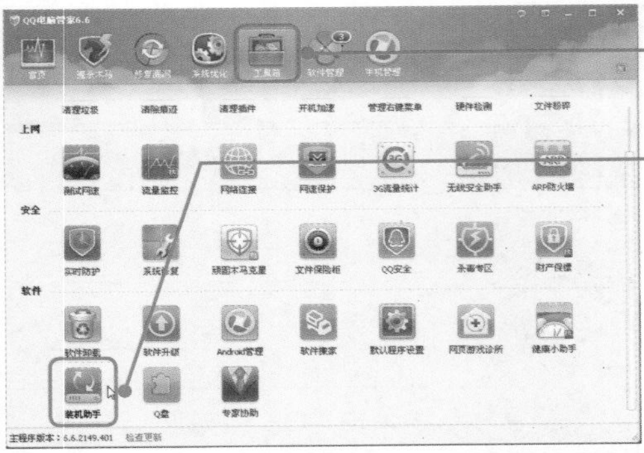

1. 单击“工具箱”按钮。
2. 单击“装机助手”按钮。

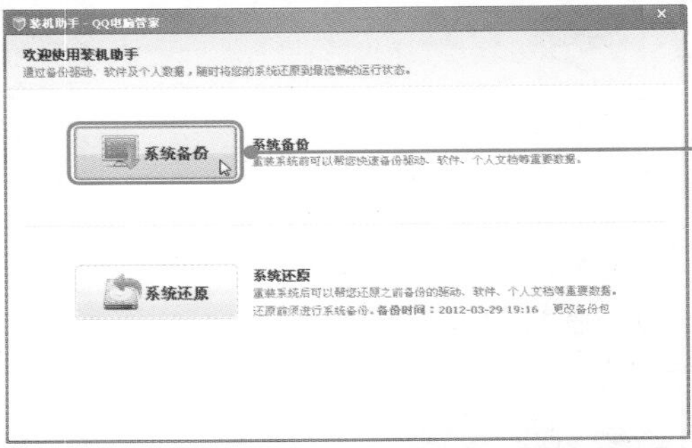

3. 单击“系统备份”按钮。
4. 在欢迎界面单击“下一步”按钮。

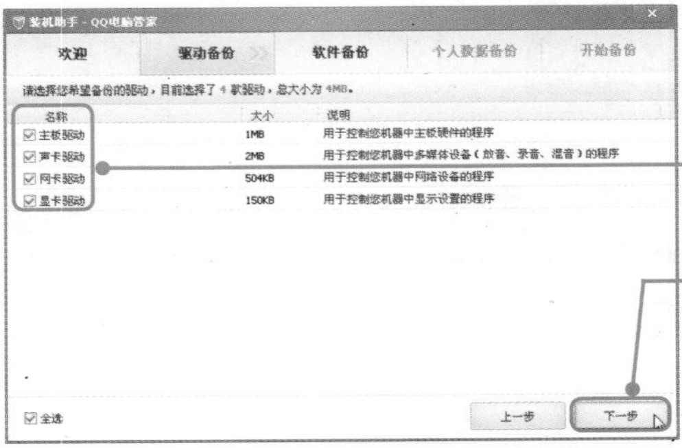

5. 选择要备份的驱动程序。
6. 单击“下一步”按钮。

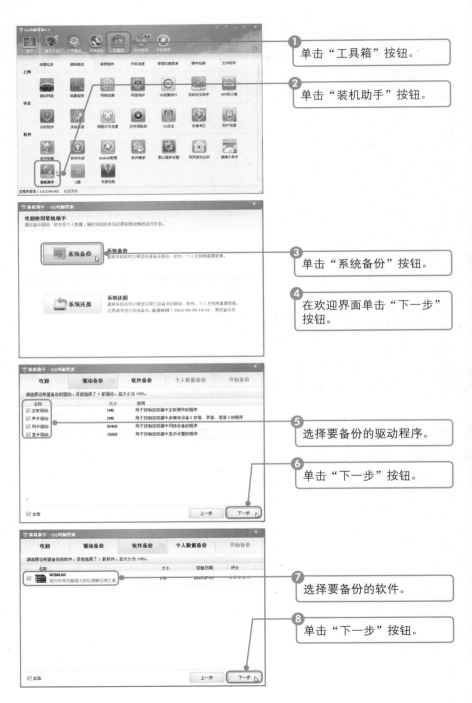

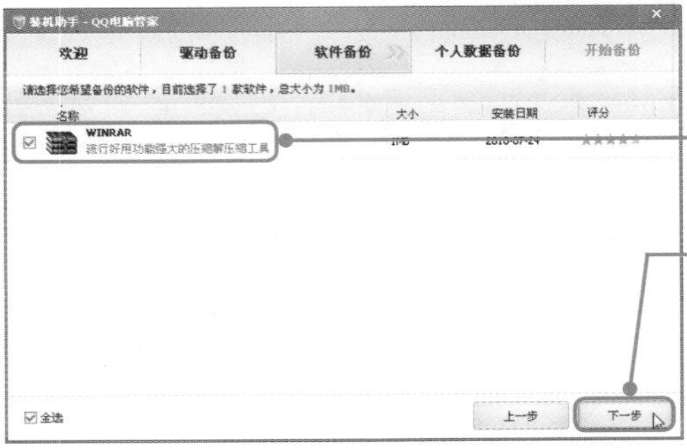

7. 选择要备份的软件。
8. 单击“下一步”按钮。

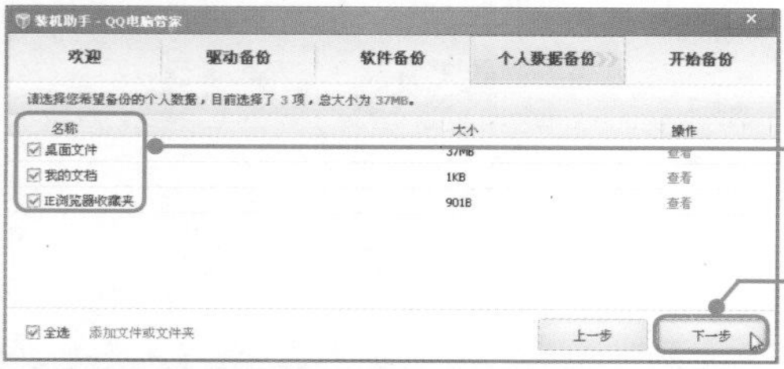

❾ 选择要备份的个人数据。

❿ 单击“下一步”按钮。

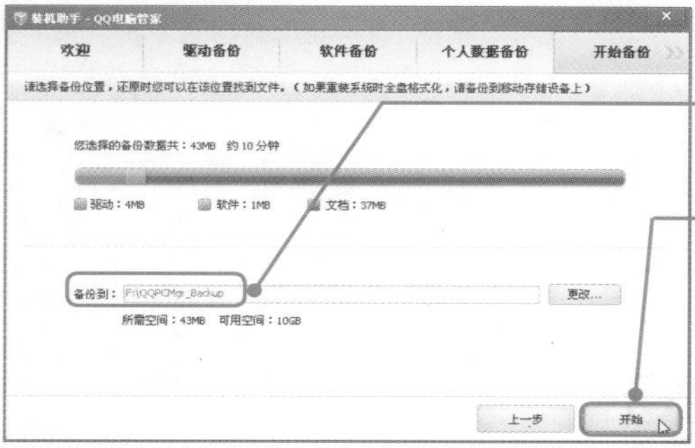

⓫ 设置备份文件的保存路径。

⓬ 单击“开始”按钮。

⓭ 备份完成后单击“关闭”按钮。

2. 还原操作系统

如果用户在重装系统后，需要还原原来的系统设置，也可通过QQ电脑管家进行系统还原。

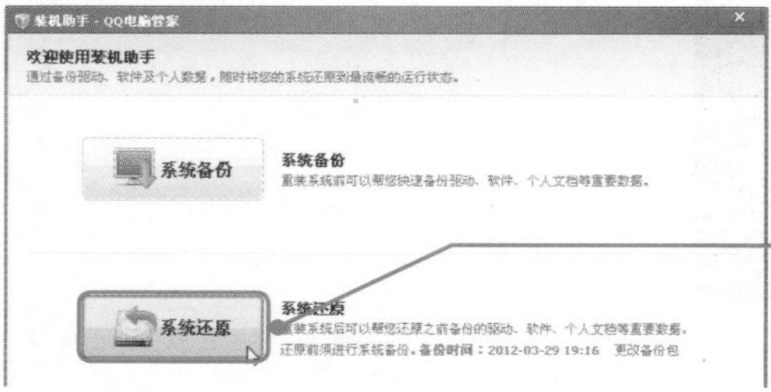

❶ 在QQ电脑管家主界面单击“工具箱”按钮，再单击“装机助手”按钮。

❷ 单击“系统还原”按钮。

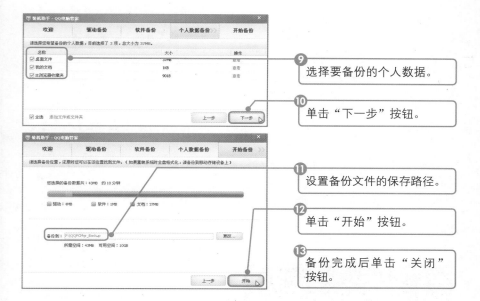

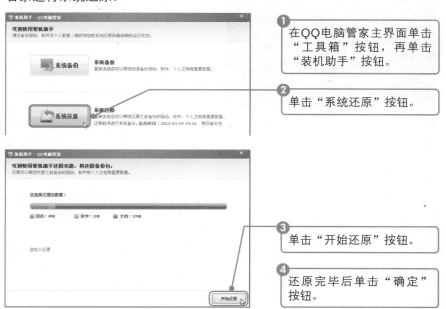

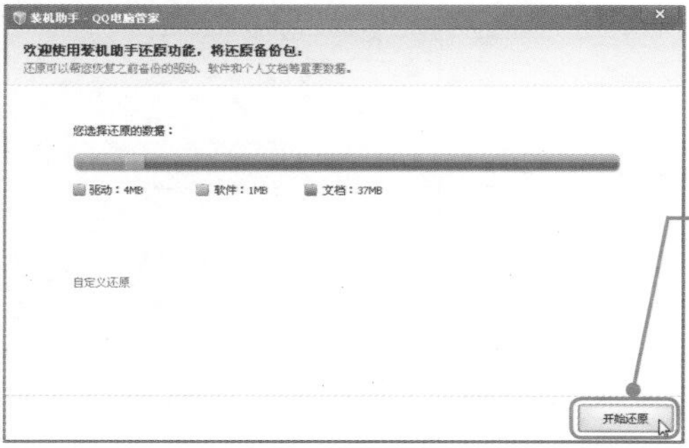

❸ 单击“开始还原”按钮。

❹ 还原完毕后单击“确定”按钮。

Last 新手问答——排忧解难

下面，针对初学者学习本章内容时容易出现的问题或错误，进行解答，帮助初学者顺利过关。

Q1 如何恢复丢失的文件簇？

如果在进行操作时突然断电，就会丢失文件簇，丢失的文件簇不找回来的话，会减少硬盘的容量，丢失过多的文件簇还会引起系统效率下降。因此在突然断电后，要扫描硬盘，看是否有丢失的文件簇。

光盘同步文件

教学文件：光盘\视频教学\第6章\新手问答：Q1 如何恢复丢失的文件簇.mp4

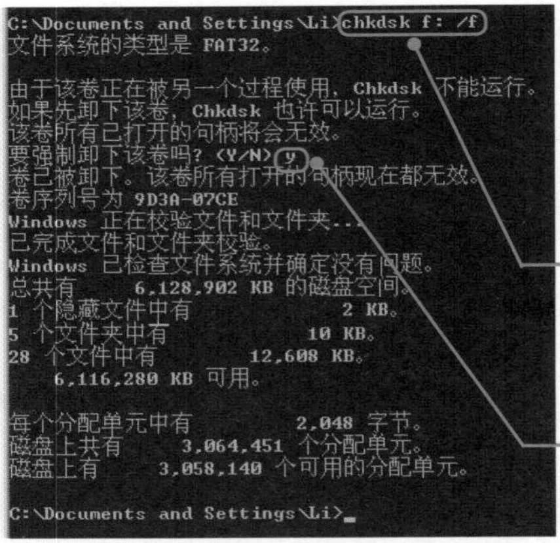
C:\Documents and Settings\Li>chkdsk f: /f
文件系统的类型是 FAT32。
由于该卷正在被另一个过程使用，Chkdsk 不能运行。
如果先卸下该卷，Chkdsk 也许可以运行。
该卷所有已打开的句柄将会无效。
要强制卸下该卷吗？(Y/N) y
卷已被卸下。该卷所有打开的句柄现在都无效。
卷序列号为 9D3A-07CE
Windows 正在校验文件和文件夹...
已完成文件和文件夹校验。
Windows 已检查文件系统并确定没有问题。
总共有 6,128,902 KB 的磁盘空间。
1 个隐藏文件中有 2 KB。
5 个文件夹中有 10 KB。
28 个文件中有 12,608 KB。
6,116,280 KB 可用。
每个分配单元中有 2,048 字节。
磁盘上共有 3,064,451 个分配单元。
磁盘上有 3,058,140 个可用的分配单元。
C:\Documents and Settings\Li>

1 在桌面单击“开始”按钮，单击“运行”命令，在弹出的对话框中输入“cmd”并单击“确定”按钮，呼出命令行窗口。

2 输入“chkdsk f: /f”并按下【Enter】键（“f:”为要检查的分区）。

3 输入“y”并按下【Enter】键。

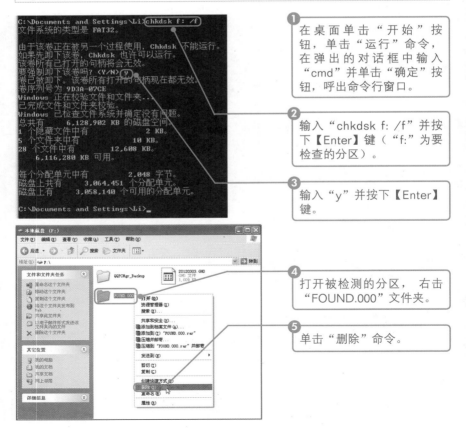

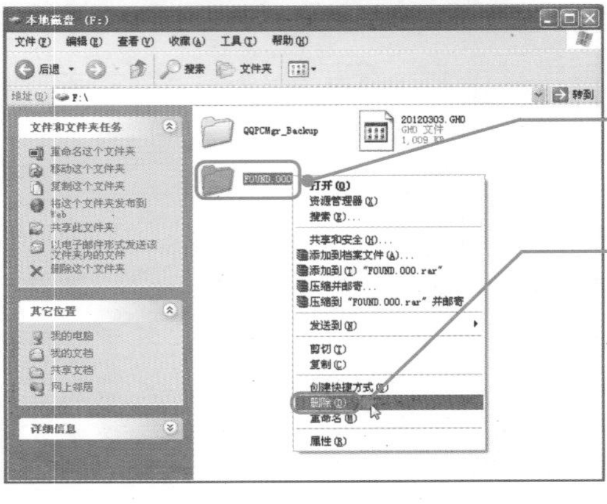
本地磁盘 (F:)
QQPCMgr_Backup
20120303.GHO
FOUND.000
打开(O)
资源管理器(X)
搜索(E)...
共享和安全(H)...
发送到(N)
剪切(T)
复制(C)
创建快捷方式(S)
删除(D)
重命名(M)
属性(R)

4 打开被检测的分区，右击“FOUND.000”文件夹。

5 单击“删除”命令。

专家提示

如果发现有簇丢失，CHKDSK会把它们转换为文件，放在名为“FOUND.000”的文件夹下，名字类似“FOUND.000”的文件夹可能会有多个，为“FOUND.001”、“FOUND.002”……，以此类推。只需将“FOUND”系列的文件夹删除，即可回收丢失的文件簇。如没有丢失的簇，则不会有任何“FOUND.000”之类的文件夹出现。

Q2 如何还原丢失的NTLDR文件？

启动电脑时，出现了“NTLDR is missing”的提示，无法进入操作系统，这是因为Windows XP的启动文件NTLDR受到了破坏，或者已经被删除了。要修复可按照下面的操作进行。

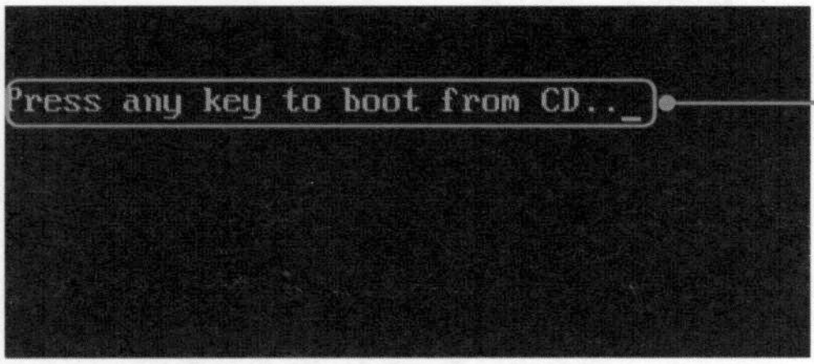
Press any key to boot from CD.._

❶ 使用Windows XP的安装光盘启动电脑，并按下任意键。

◎ 要现在安装 Windows XP，请按 ENTER 键。
◎ 要用“恢复控制台”修复 Windows XP 安装，请按 R。
◎ 要退出安装程序，不安装 Windows XP，请按 F3。

❷ 按下【R】键启动恢复控制台。

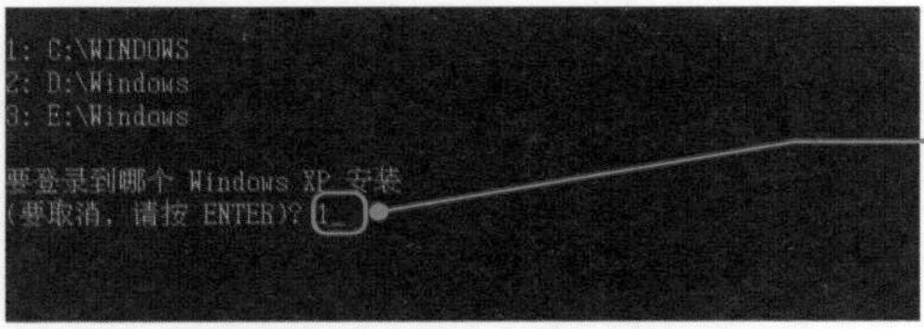
1: C:\WINDOWS
2: D:\Windows
3: E:\Windows
要登录到哪个 Windows XP 安装
(要取消，请按 ENTER)? 1_

❸ 选择Windows所在目录。

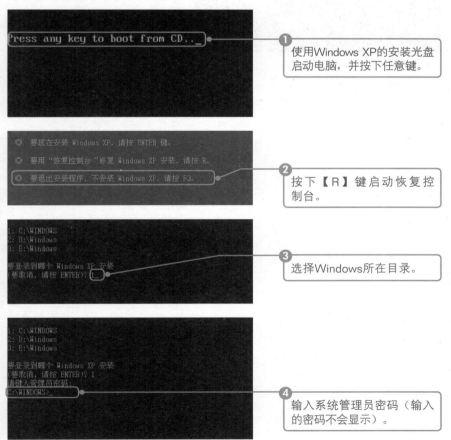

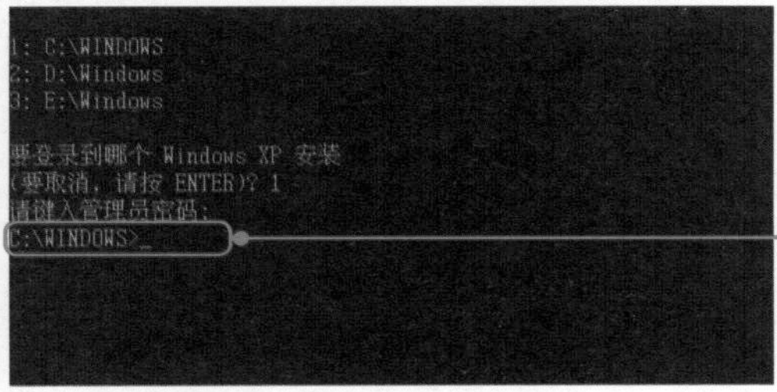
1: C:\WINDOWS
2: D:\Windows
3: E:\Windows
要登录到哪个 Windows XP 安装
(要取消，请按 ENTER)? 1
请键入管理员密码：
C:\WINDOWS>_

❹ 输入系统管理员密码（输入的密码不会显示）。

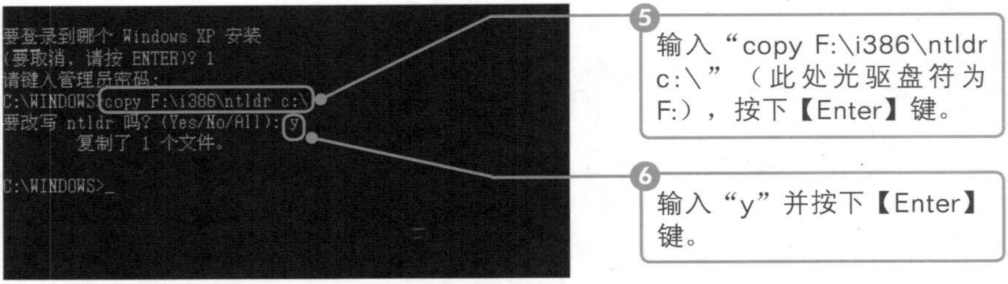
要登录到哪个 Windows XP 安装
(要取消，请按 ENTER)? 1
请键入管理员密码:
C:\WINDOWS>copy F:\i386\ntldr c:\
要改写 ntldr 吗? (Yes/No/All): y
复制了 1 个文件。
C:\WINDOWS>_
5
输入“copy F:\i386\ntldr c:\”（此处光驱盘符为F:），按下【Enter】键。
6
输入“y”并按下【Enter】键。

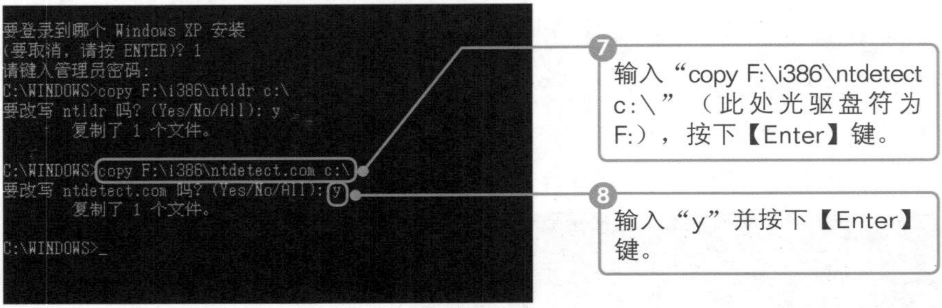
要登录到哪个 Windows XP 安装
(要取消，请按 ENTER)? 1
请键入管理员密码:
C:\WINDOWS>copy F:\i386\ntldr c:\
要改写 ntldr 吗? (Yes/No/All): y
复制了 1 个文件。
C:\WINDOWS>copy F:\i386\ntdetect.com c:\
要改写 ntdetect.com 吗? (Yes/No/All): y
复制了 1 个文件。
C:\WINDOWS>_
7
输入“copy F:\i386\ntdetect c:\”（此处光驱盘符为F:），按下【Enter】键。
8
输入“y”并按下【Enter】键。

Q3 没有光驱、U盘和系统安装光盘镜像文件的情况下，如何重装系统？

如果一台电脑需要重装系统时，发现既没有光驱，无法使用Windows安装光盘重装系统，也没有U盘和镜像文件，无法制作U盘启动系统来重装，该怎么办呢？这要分两种情况来对待。

一种情况是，系统还未完全崩溃，而且还可以上网，此时可以下载“金山卫士”来重装系统。金山卫士可以直接“提纯”现有Windows系统，然后将不需要的文件和设置清除掉，使系统恢复到最初安装的状态，其效果跟重装系统一样。其使用方法很简单，在主界面单击“重装系统”按钮，再单击“开始重装”按钮，之后根据提示即可在没有系统安装光盘的情况下重装系统。

另一种情况是，系统虽未崩溃，但无法上网，或者系统已经崩溃，此时就只有借来光驱进行重装，或者将硬盘拆下来拿到别的电脑上进行重装了，还有一些更复杂的方法但一般情况下很难实现，比如使用Ghost进行远程重装等，这里就不介绍了。

Q4 使用Ghost备份系统时把私人信息也备份进去了，如何删除？

使用Ghost备份文件时，把很多私人信息也备份进去了。如何删除呢？方法很简单，下载名为“Ghost Explorer”的软件，该软件不仅可打开Ghost镜像文件进行查看，还可以直接添加或删除里面的文件，直接删除掉包含私人信息的文件即可。

Q5 如何制作用于维护操作系统的启动U盘？

制作能启动电脑并附带维护工具的U盘，可以下载“USB启动维护盘制作工具”软件，然后准备一个容量256MB以上的U盘或移动硬盘（接口类型必须为USB2.0或以上，USB1.1速度极慢，制作很难成功），插入电脑，被正确识别后，即可运行“USB启动维护盘制作工具”软件，根据提示来制作启动U盘了。

制作好以后，可以使用该U盘启动电脑，并进入Windows PE系统。Windows PE是一个极度精简的Windows XP版本，体积很小，附带了不少维护软件，最适合用于维护操作系统。

CHAPTER 07

保护与拯救硬盘数据

关于本章

硬盘是存储电脑数据的重要设备。使用硬盘时，需要按照正确的方法去操作，否则可能会导致数据受损或丢失，如果万一发生了数据问题，使用专门的恢复软件还可以把数据拯救回来，恢复操作做得越及时，恢复的可能性就越大。

知识要点

- 正确保存硬盘数据的方法
- 常见硬盘故障及产生原因
- 常用硬盘故障检测与维修方法
- 使用FinalDate恢复硬盘数据的方法
- 使用EasyRecovery恢复硬盘数据的方法

效果展示

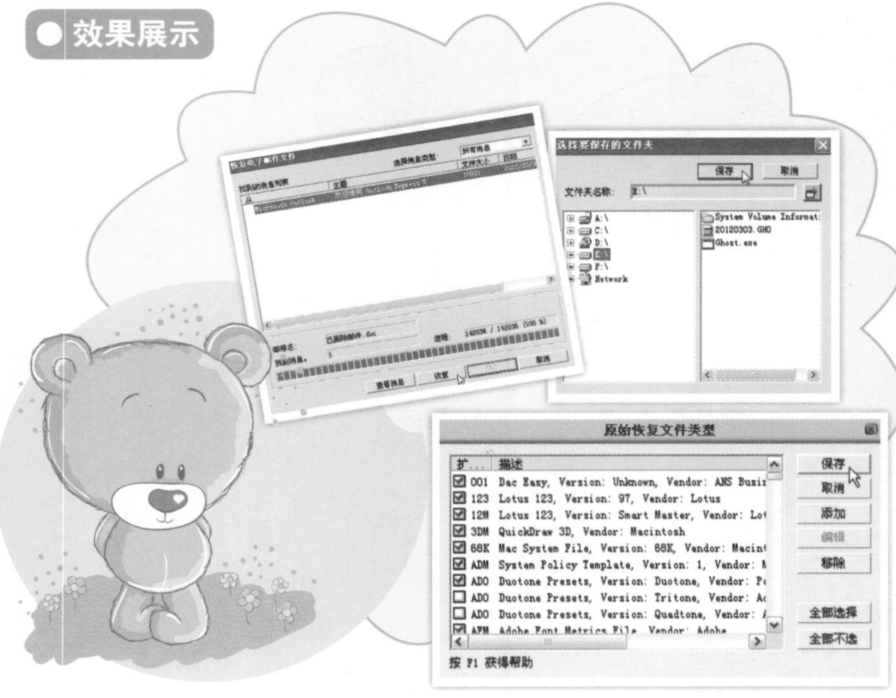

First 新手入门——必学基础

硬盘是保存操作系统、软件和用户数据的重要设备，一旦受损就可能会丢失数据，因此在掌握如何拯救数据之前，有必要先了解关于硬盘保存数据的一些常识。

主题 1 了解硬盘数据的正确保存方法

硬盘中的数据很脆弱，很多原因都可能造成它们损坏甚至丢失，有外来的原因，如病毒破坏或黑客入侵等，也有内在原因，如操作不当、硬盘损坏等。与其丢失之后再来挽救数据，不如先了解一下数据的生存环境，以良好的预防来降低丢失数据的可能性。

1. 补救不如预防

事后挽救总是不如事前预防，这是因为与其在蒙受损失之后才来修修补补，还不如一开始就做好预防工作，毕竟不是每次数据丢失后都能够成功将其找回来的。

一台电脑，只要注意多方面维护，极少会出现问题，可以使用数年以上也无需重装。

维护操作很简单，其实就是平时定期整理磁盘碎片，删除垃圾文件和注册表信息，软件从不安装到系统分区，使用Chrome等较为安全的网页浏览器（IE安全性实在是糟糕，一不小心就被装上各种插件）等。总之，多花一分工夫在维护上，就少一分丢失数据的危险。

2. 正确使用移动存储设备以避免损坏数据

U盘、移动硬盘以及数码相机等移动存储设备都需要经常连接电脑上使用。但用户往往会发现有数据丢失或损坏的情况，就以为是设备损坏了，其实并不尽然。

虽然现在的USB接口的移动存储设备都号称可以热插拔，但实际上很多时候热插拔会导致数据丢失或损坏，这是为什么呢？

Windows操作系统管理移动存储设备的时候使用了一种叫做“后写高速缓存”的功能，这种功能的机制是先将要写入的数据存放到高速缓存中，然后再写入到移动设备里，这样就可以尽早把硬盘解放出来。因此当操作系统显示数据已经写入完毕的时候，有可能只是硬盘数据写完到缓存了，但缓存里的数据尚未完全写入到移动设备，如果此时把移动设备拔出来，就会造成数据丢失。

用户也可把该功能关闭，就不会有这样的弊病。但关闭以后，移动设备的写入效率会明显下降，应进行权衡后再作决定。

3. 硬盘损坏的主要原因

硬盘是一个机械电子设备，靠电机转动定位数据，靠磁盘存储数据，靠电子设备来操控电机与读写数据。这样的一个动态设备，虽然在密封金属壳里，但其可靠性仍然远低于其他纯电子设备，如内存、CPU等。

对于硬盘来说，有很多因素会造成硬盘的损坏。

- 不正确地开、关主机电源，如经常强行关机。
- 经常受到震动，特别是强烈的震动。
- 频繁地对硬盘进行压缩。
- 硬盘散热不好，使工作时温度太高。
- 使用环境不好，灰尘太多，烟雾大，环境温度太低或太高。
- 拆装硬盘的方法不当，使其受到异常震动或静电击穿电子零件。
- 离高磁物体如电风扇、大功率音箱（无磁音箱除外）等太近。
- 受病毒破坏，如硬盘逻辑锁、CIH病毒会破坏硬盘的主引导记录和分区表等。某些木马会对电脑进行删除或格式化等操作。
- 对硬盘进行超频使用。
- 硬盘出现坏道时未及时进行处理。

4. 硬盘将要出现问题的先兆

目前，操作系统、应用软件、应用数据文件，都存放在硬盘上，是电脑上唯一的机械运行类重要部件，一旦发生老化、磨损、机械变形等故障，第一反应就是读写数据困难，即速度变慢。有的彻底停工前还伴有吱吱、咔咔等异响。

遇到下列情况，请迅速备份数据后查明情况。

（1）电脑启动系统慢、运行慢，或者多次才能启动

正常使用中的一台电脑，在配置没有增减的情况下，系统运行突然变慢，在排除病毒和软件冲突后，首先该怀疑的就是硬盘稳定性。如果最近系统启动也慢、或多次才能启动起来，建议立即备份所有重要数据，然后彻底请专业人员检查硬盘。

（2）移动硬盘或分区存取数据慢、停顿、经常提示读写错误

移动硬盘包括硬盘MP4、IPOD等设备和主机内硬盘原理特性是一样的，除了少见临界供电不足状态外，在发现读写速度慢、停顿或提示读写错误，大多都是硬盘接近严重故障、老化的表现。特别是一些移动硬盘摔碰过侥幸在使用的。一旦发现上述情况，应立即备份或转移数据。

（3）开机经常自检本机硬盘，偶尔有蓝屏现象

有时电脑每次启动都要自检硬盘，即使每次都让它检完不跳过，还是会突然蓝屏。其实这都是硬盘磁头老化，寻道定位不准，读写能力下降造成的。虽然这种状况有时可以持续一两个月，但应及早备份和转移数据。

（4）工作异响

工作异响分为工作运行时异响和异响一会儿后正常工作，这两种情况都距离只异响不工作不远了。

工作运行中有异响，有的是因为磁头老化、过多频繁定位磁道的振动声音，也有的是因为磁盘电机轴承松动磨损产生的噪音。

异响后正常的原因一是轴承老化，润滑不足，转动摩擦一会儿后轴承温度升高，润滑度提高后表现正常。另一种情况则是磁头老化或变形、磁盘存储介质不稳定，在温度变化或多次读写引导区后才能正常初始化硬盘，进而正常工作。遇到这些情况，应立刻备份转移数据。

（5）设备时好时坏

时好时坏主要是硬盘电路板的原因，这些硬盘没有异响，有的能正常转动，有的不转动也没有反应。早期的硬盘电路板焊接松动，由于成本原因防氧化处理不足，这些都会导致硬盘时好时坏。如果运气好还能碰到正常工作的状态，赶紧备份数据，然后找专业人士检测硬盘，或者干脆换新硬盘。

主题 2 硬盘常见故障及原因

如果对硬盘常见的故障现象和原因了然于胸的话，就能够及时判断出是否需要提前转移数据，避免受到损失。

1．硬盘常见故障

硬盘故障的表现形式很多，常见的有以下方式。

- 在读取某一文件或运行某一程序时，硬盘反复读盘且出错，或者要经过很长时间才能成功，同时硬盘会发出异响。
- FORMAT硬盘时，到某一进度停止不前，最后报错，无法完成。
- 对硬盘执行FDISK时，到某一进度会反复进进退退。
- 硬盘不启动，黑屏。
- 正常使用计算机时，频繁无故出现蓝屏。
- 硬盘不启动，无提示信息。
- 硬盘不启动，显示Primary master hard disk fail信息。
- 硬盘不启动，显示DISK BOOT FAILURE INSERT SYSTEM DISK AND PRESSENTER信息。
- 硬盘不启动，显示Error Loading Operating System信息。
- 硬盘不启动，显示Not Found any active partition in HDD信息。
- 硬盘不启动，显示Invalid partition table信息。
- 开机自检过程中，屏幕提示Missing operating system、Non OS、Non system disk or disk error，replace disk and press a key to reboot等类似信息。
- 开机自检过程中，屏幕提示Hard disk not present或类似信息。
- 开机自检过程中，屏幕提示Hard disk drive failure或类似信息。

2. 硬盘故障原因

造成硬盘故障的原因较多，主要有以下几个方面。

- 硬盘的连接或设置错误：硬盘的数据线或电源线和硬盘接口接触不良，造成硬盘无法工作。在同一根数据线上连接两个硬盘，而硬盘的跳线没有正确设置，造成BIOS无法正确识别硬盘。
- 硬盘的引导区损坏：由于感染了引导型病毒，硬盘的引导区被修改，导致电脑无法正常读取硬盘，此故障通常提示Invalid partition table信息。
- 硬盘被逻辑锁锁住：由于遭受“黑客”攻击，电脑的硬盘被逻辑锁锁住，导致硬盘无法正常使用。
- 硬盘坏道：硬盘由于经常非法关机或使用不当而造成坏道，导致电脑系统文件损坏或丢失，电脑无法启动或死机。
- 分区表丢失：由于病毒破坏造成硬盘分区表损坏或丢失，将导致系统无法启动。
- 硬件部件损坏：包括主轴电机、磁头、音圈电机、接口电路等损坏，将导致硬盘无法正常工作。

主题 3 硬盘故障常用检测与维修的方法

硬盘产生故障的原因会有很多种，所以维修方法也是不一而足。下面就来了解一下维修硬盘故障的常用方法。

1. 观察法

观察法就是通过眼看、耳听、手摸、鼻闻等方式检查硬盘比较明显的故障。通常观察的内容包括：

- 硬盘的硬件环境，包括硬盘接口和电路板的清洁度，有无缺针/断针等现象，主从跳线设置是否正确，电路板上元器件的颜色、形状、气味等。
- 在加电过程中注意观察元器件的温度、是否有异味、是否冒烟等。
- 在加电过程中注意听硬盘的工作声音是否正常（有无异响）等。

2. 清洁法

当硬盘上沾染了各种灰尘或油腻时，容易出现短路、断路等现象而造成故障，此时可以使用清洁法来解决问题，清洁的对象一般是硬盘的接口、PCB电路板和盘体的触点等。

3. 杀毒软件修复法

杀毒软件修复法是使用杀毒软件修复硬盘故障的方法。病毒和黑客程序往往是导致硬盘故障的重要因素，使用杀毒软件可以恢复硬盘数据和删除病毒、木马程序来解决硬盘故障。

4. 程序诊断法

针对由硬盘引起的系统运行不稳定等故障，用专用的软件来对硬盘进行测试，如Scandisk、NDD等。经过这些软件的反复测试，就可以比较轻松地找到一些由于硬盘坏道引起的故障。

5. CMOS检测法

将硬盘接到计算机中，然后开机进入CMOS程序，通过检查计算机CMOS是否能检测到硬盘，来排除硬盘的部分故障，如CMOS检测不到硬盘，则可能是硬盘的接口故障、电路板故障等。

6. 分区法

分区法主要是通过分区修复硬盘被感染病毒，无法引导的故障，或隐藏硬盘的坏道，减少坏道的“传染”。分区常用的软件主要有FDISK、

Partition Magic等软件。

7. 低级格式化法

低级格式化法是通过低级格式化硬盘来修复磁盘坏道的维修方法，常用的低级格式化软件有DM等，有的主板BIOS里也带有低级格式化功能，可以方便地调用。不过低级格式化对硬盘有损害，不易使用过多。

8. 替换法

如以上方法都无法解决，则有可能不是硬盘的原因导致故障，此时可以替换同型号硬盘进行测试，若故障依旧，则说明硬盘有可能是好的；如故障消失，则证明硬盘确有故障，此时更换硬盘即可。

Next 新手提高——技能拓展

通过对前面入门部分知识的学习，相信初学者已经学会并掌握了恢复数据的相关基础知识。下面介绍一些帮助初学者提高技能的知识。

主题 1 使用FinalData恢复硬盘数据

FinalData是一款多功能的数据拯救软件，利用它可以实现数据修复操作，很受大众喜爱。下面介绍比较常用的两个功能。

光盘同步文件
教学文件：光盘\视频教学\第7章\新手提高：主题1 使用FinalData恢复硬盘数据.MP4

1. 恢复已删除的文件

恢复已删除的文件是数据恢复软件的一个基本功能，在FinalData中，可以很方便快捷地检测出已删除的文件并将之恢复。

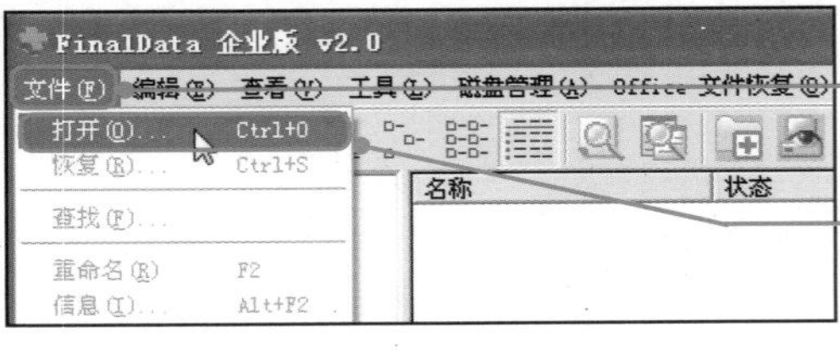

1 单击“文件”菜单。

2 单击“打开”命令。

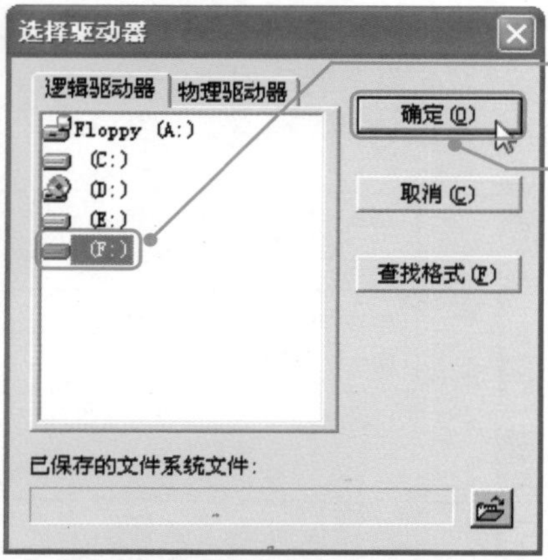

3 选择分区。

4 单击“确定”按钮。

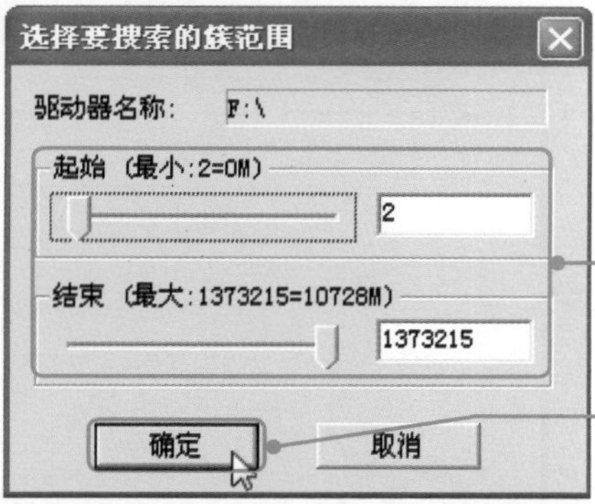

5 选择扫描范围（默认是全部扫描，可不改动）。

6 单击“确定”按钮。

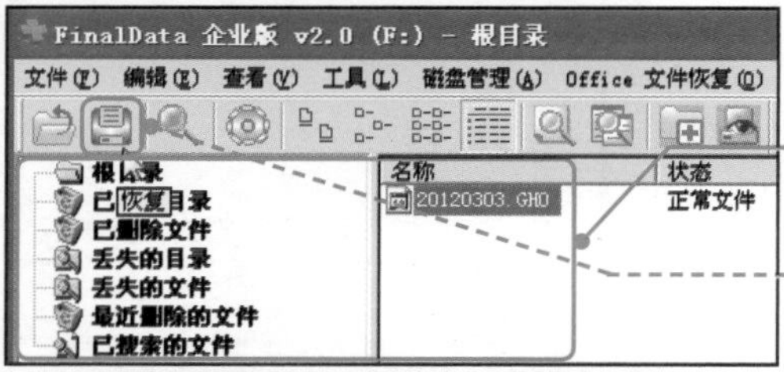

7 选择要恢复的文件。

8 单击“恢复”按钮。

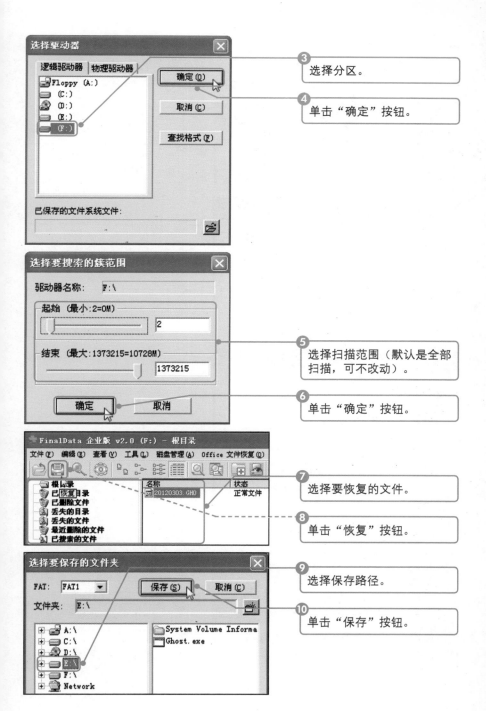

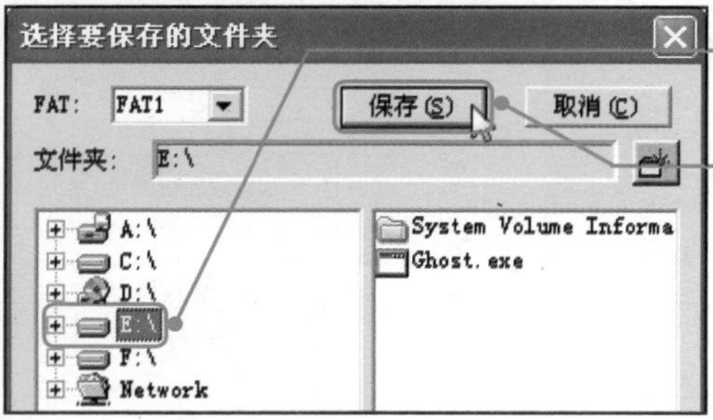

9 选择保存路径。

10 单击“保存”按钮。

2. 恢复已删除的电子邮件

FinalData可以扫描指定位置是否有已经删除了的Outlook、Outlook Express以及苹果操作系统的电子邮件程序，如有可进行恢复。

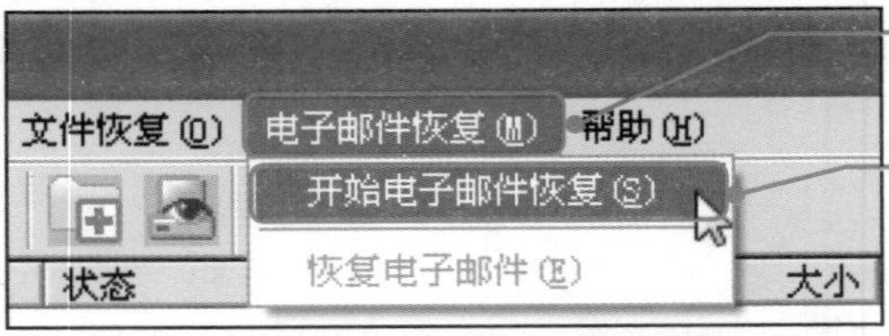

1 单击“电子邮件恢复”菜单。

2 单击“开始电子邮件恢复”命令。

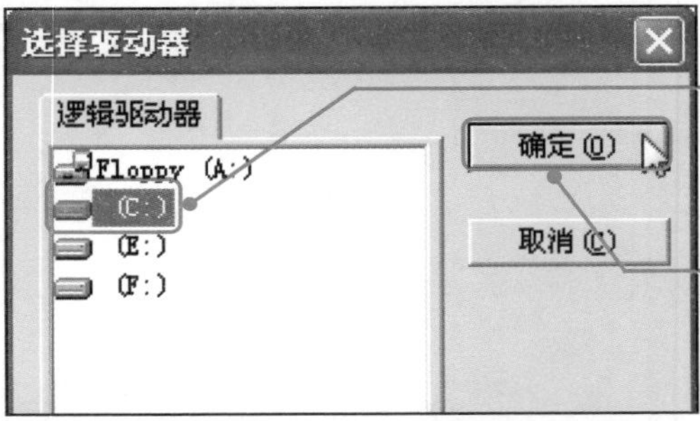

3 选择保存电子邮件的分区（一般为电子邮件程序所在分区）。

4 单击“确定”按钮。

5 选择扫描范围（默认是全部扫描，可不改动）。

6 单击“确定”按钮。

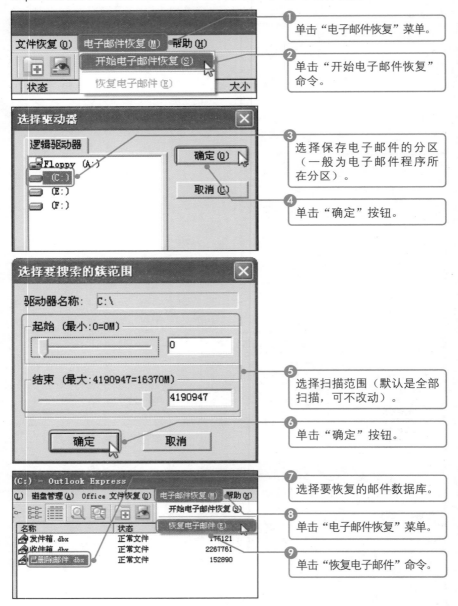

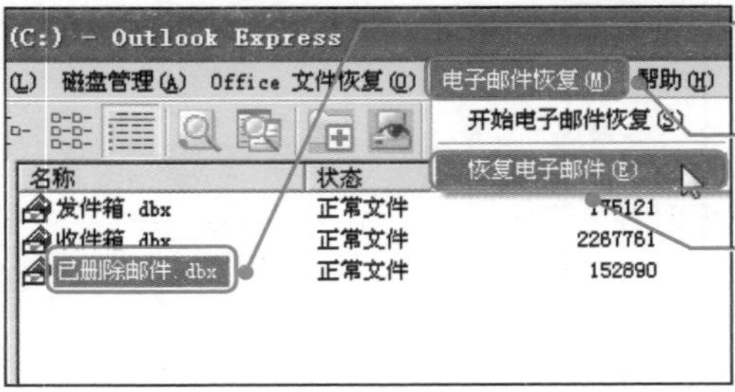

7 选择要恢复的邮件数据库。

8 单击“电子邮件恢复”菜单。

9 单击“恢复电子邮件”命令。

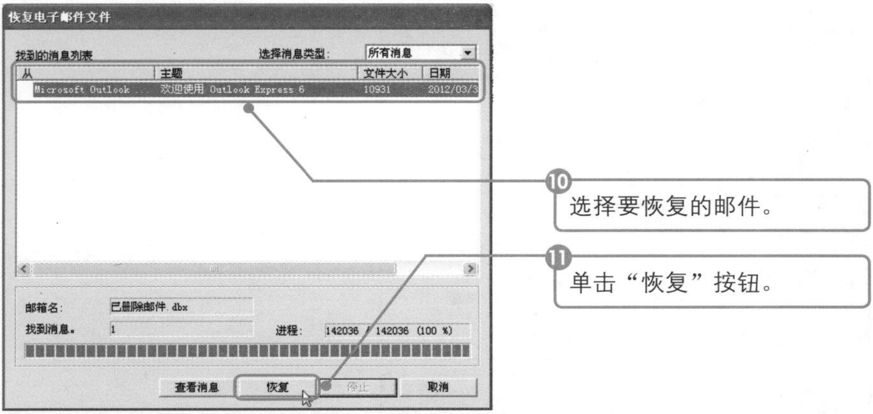

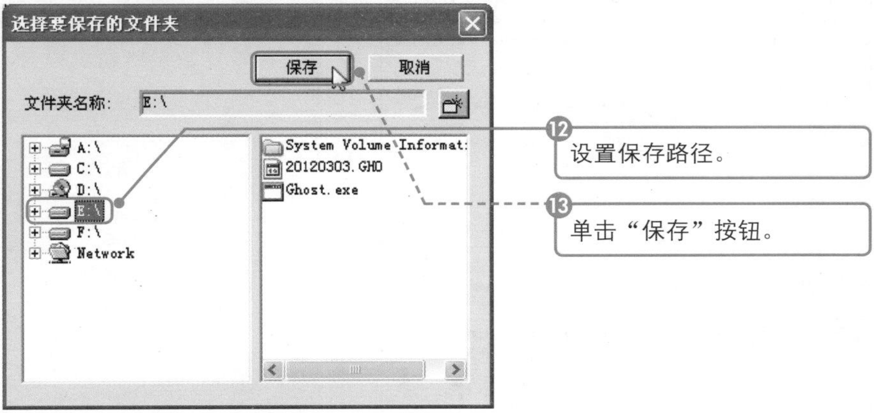

主题 2 使用EasyRecovery恢复硬盘数据

EasyRecovery是著名的数据恢复产品，包括磁盘诊断、数据恢复、文件修复、E-mail 修复等磁盘诊断和修复方案。下面讲解一下EasyRecovery独有的两个功能。

光盘同步文件

教学文件：光盘\视频教学\第7章\新手提高：主题2 使用EasyRecovery恢复硬盘数据.MP4

1. 恢复被格式化分区中的文件

分区格式化以后，所有的数据都会被清空。如果上面有重要的数据忘记转移出来，可以用EasyRecovery来恢复。

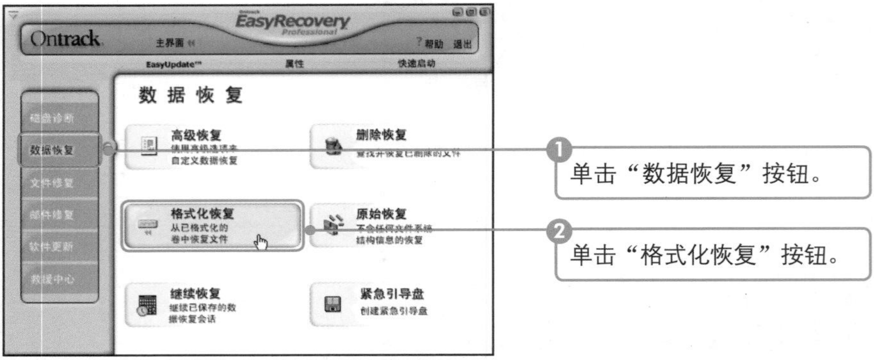

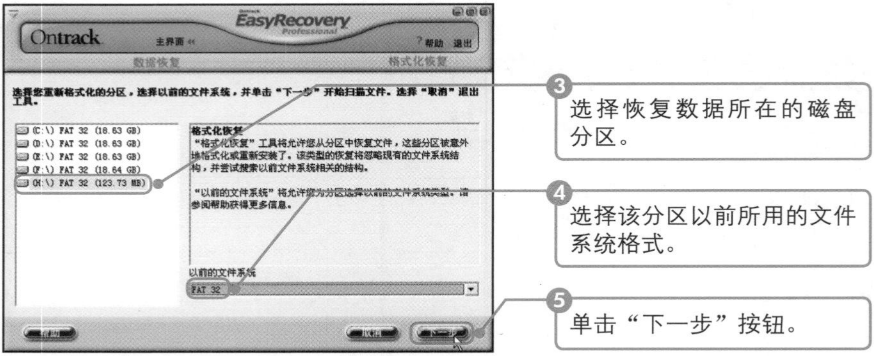
3 选择恢复数据所在的磁盘分区。
4 选择该分区以前所用的文件系统格式。
5 单击“下一步”按钮。

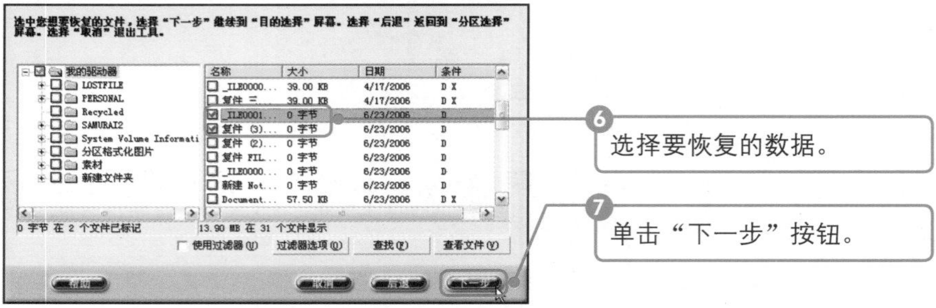
6 选择要恢复的数据。
7 单击“下一步”按钮。

教您一招：文件的状况标识

在每一个已删除文件的后面都有一个“状况”标识，用字母来表示，它们的含义是不同的，G表示文件状况良好、完整无缺；D表示文件已经删除；B表示文件数据已损坏；S表示文件大小不符。标识为G、D、X则表明该文件被恢复的可能性比较大，如果标识为B、A、N、S，则表明文件恢复成功的可能性会比较小。

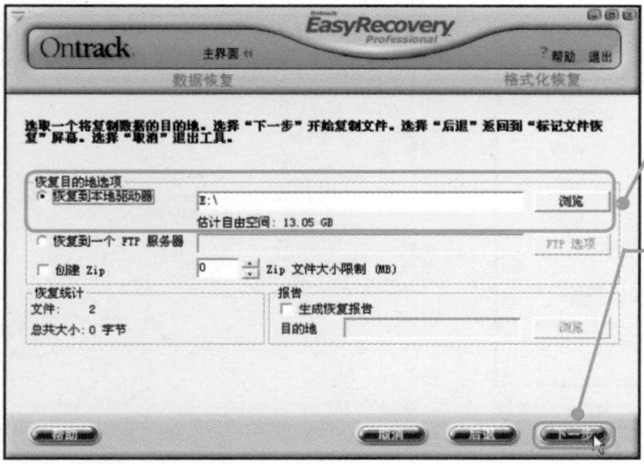

8 设置恢复后数据的存放位置。

9 单击“下一步”按钮。

10 恢复完毕后，单击“完成”按钮。

2. 恢复损坏分区中的文件

若分区和文件目录结构受损，可使用“原始恢复”功能从损坏分区中抢救出重要文件。

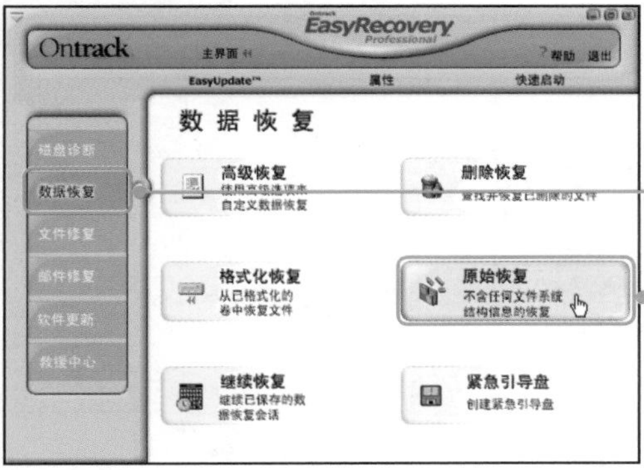

1 单击“数据恢复”按钮。

2 单击“原始恢复”按钮。

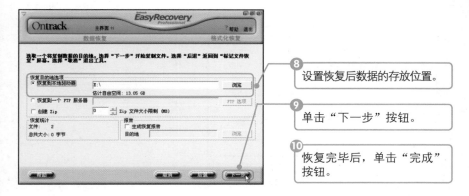

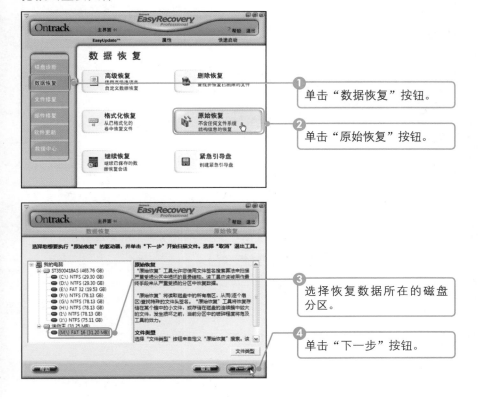

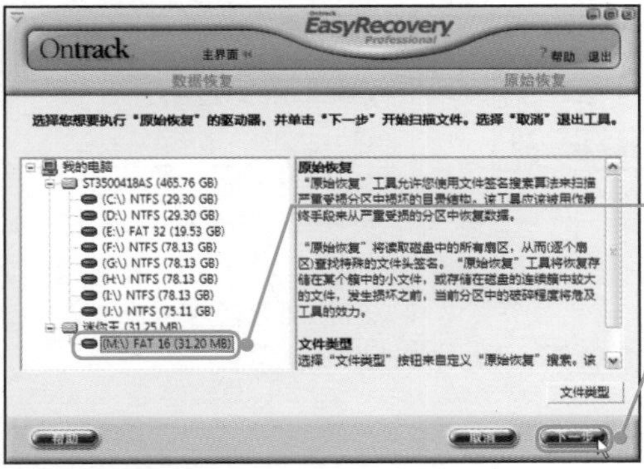

3 选择恢复数据所在的磁盘分区。

4 单击“下一步”按钮。

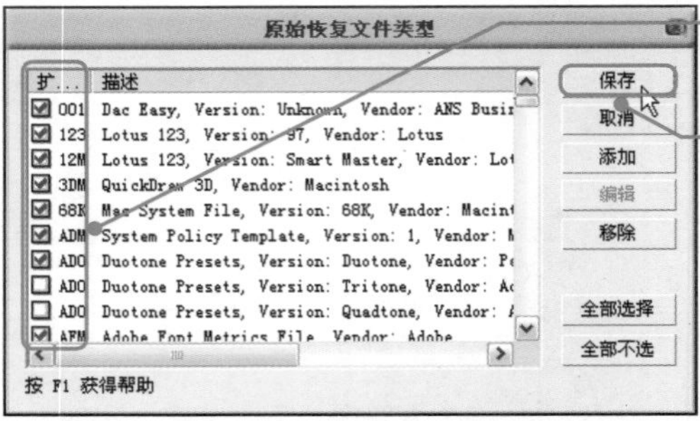

5 勾选要恢复的文件的类型。

6 单击“保存”按钮。

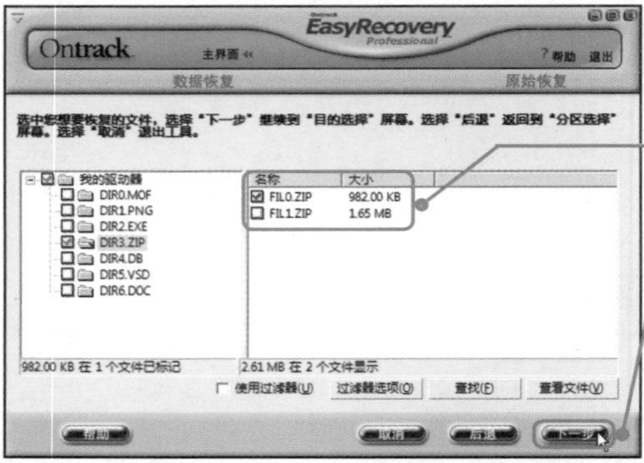

7 勾选要恢复的文件。

8 单击“下一步”按钮。

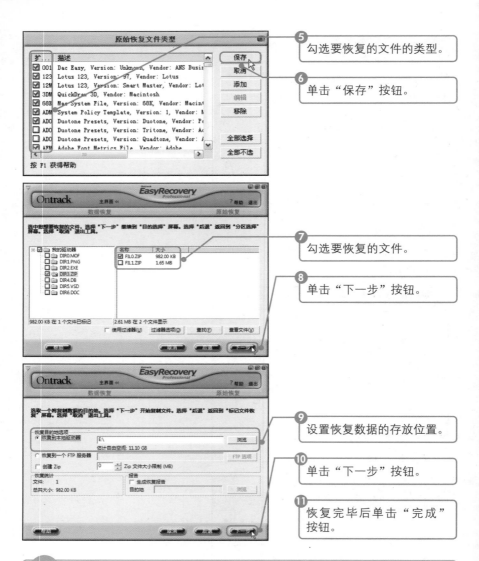

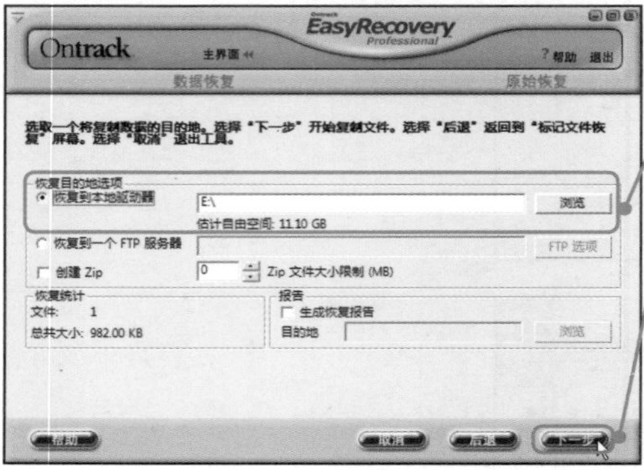

9 设置恢复数据的存放位置。

10 单击“下一步”按钮。

11 恢复完毕后单击“完成”按钮。

专家提示

在步骤7中，可以看到搜索出来的文件并不是按照原来的位置存放，而是按照后缀名分类放在文件夹中。文件夹以“DIR＋数字＋后缀名”的方式排列，如“DIR0.MOF”。

Last 新手问答——排忧解难

下面，针对初学者学习本章内容时容易出现的问题或错误，进行相关的解答，帮助初学者顺利过关。

Q1 防静电袋可以隔绝静电吗？

有的用户以为防静电袋可以隔绝静电，也就能绝缘，于是常常将电脑配件放在主板等配件上，其实这是不科学的，因为防静电袋的防静电功能，并不是通过绝缘来实现的，而是通过导电来实现的，由于防静电袋能够导电，可以把静电导走，以此来保护袋里的配件。因此把防静电袋放在主板上以及硬盘的电路板上，反而有可能导致短路，引起硬件故障。

Q2 为什么恢复的图片文件残缺不全？

有时候发现用恢复软件恢复出来的图片，只能正确显示一部分。这是因为在Windows中，删除文件并非真正将之抹去，而是仅仅将其占用的空间标示为“待分配”。如果这些空间没有被分配出去，那么使用恢复软件还可以将文件完整地恢复，如果这些空间已经被分配出去一部分，那么恢复时就只能将没有分配出去的部分还原，这样的情况表现在图片上，就是一副残缺不全的画面。如果是其他对完整性要求极高的文件，比如可执行文件等，此时可能完全无法执行了。

Q3 光盘里的文件出现损坏，如何恢复？

有些时候因为光盘有坏道、划痕，导致光盘损坏区域无法正常复制，而Windows复制文件是要验证的，必须是100%完整相同的才能通过校验，否则会校验错误，复制终止。

对于这种情况，可以尝试用专门的光盘读取软件，如Badcopy或AnyReader，来尝试将文件读取出来，但也不能保证100%成功。

Q4 怎样用Recover My Photos恢复相片？

在数码相机的存储卡里，存放着很多珍贵的相片。有时候因为各种原因，如操作失误、设备读写时掉电等情况会造成相片丢失或损坏，此时就需要使用修复软件将相片找回来。

Recover My Photos是著名的相片修复软件，它的搜索和修复功能非常强大，对于已删除但还完好的文件，固然可以轻松恢复，对于已删除并被损坏了的文件，也可以将其部分恢复。

光盘同步文件

教学文件：光盘\视频教学\第7章\新手问答：Q4 怎样用Recover My Photos恢复相片.MP4

❶ 单击“开始搜索”按钮。

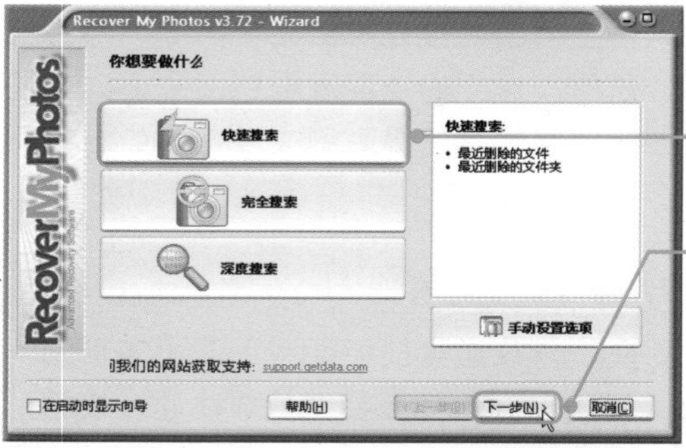

❷ 单击“快速搜索”按钮。

❸ 单击“下一步”按钮。

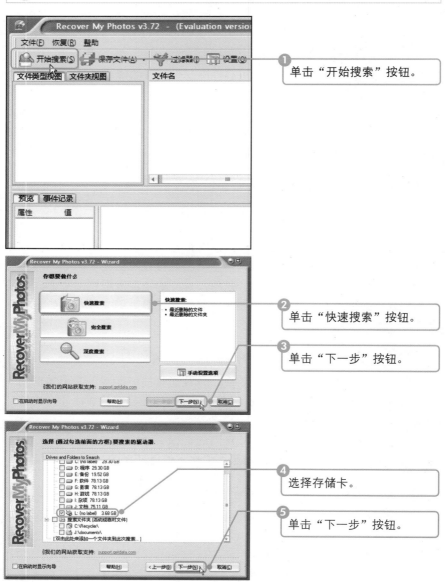

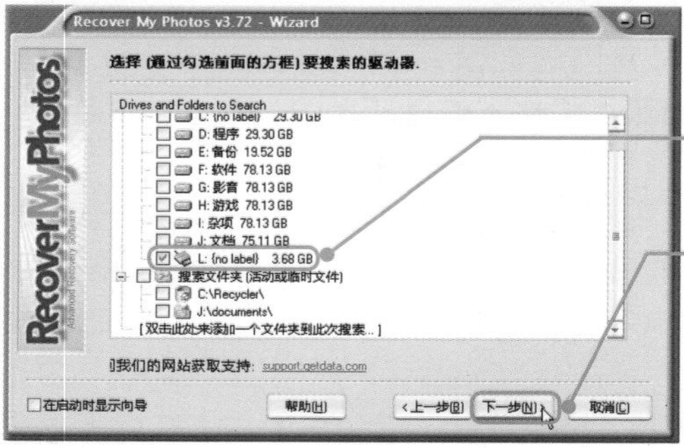

❹ 选择存储卡。

❺ 单击“下一步”按钮。

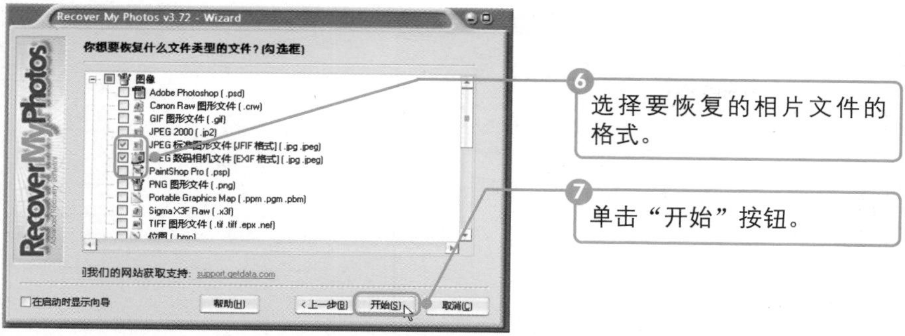

6 选择要恢复的相片文件的格式。
7 单击“开始”按钮。

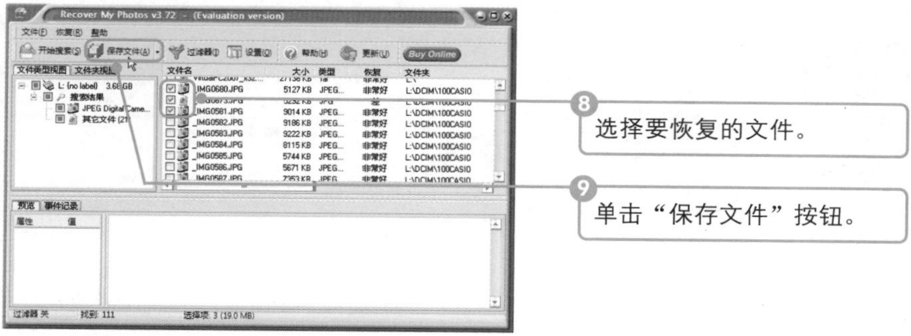

8 选择要恢复的文件。
9 单击“保存文件”按钮。

Q5 怎样用rmfixit恢复RM/RMVB视频文件？

RM/RMVB格式是网络视频里应用非常广泛的格式，很多电影、电视剧都采用RMVB格式进行发布。不过有时下载后会发现视频无法播放，或者可以播放但不能拖动进度条，很不方便。

rmfixit软件可以修复出现问题的RM/RMVB文件，当然，对于损毁太严重的文件，它也是无能为力的。

光盘同步文件

教学文件：光盘\视频教学\第5章\新手问答：Q5 怎样用rmfixit恢复RM、RMVB视频文件.MP4

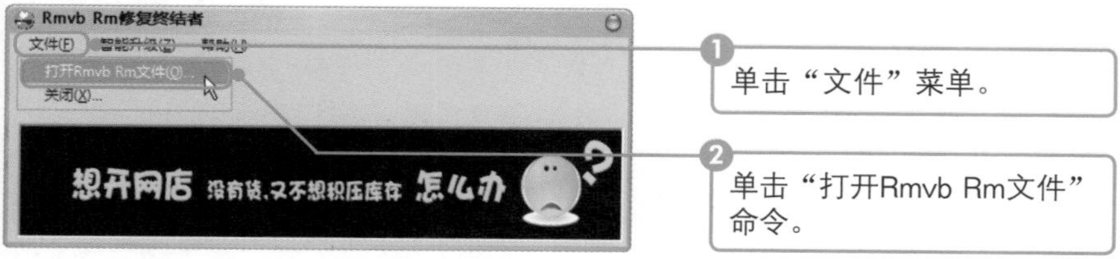

1 单击“文件”菜单。
2 单击“打开Rmvb Rm文件”命令。

打开
查找范围(I): eMule_down
耶鲁大学开放课程：聆听音乐.Open.Yale.course：Listening.to.Music.08.Chi_Eng.6
耶鲁大学开放课程：聆听音乐.Open.Yale.course：Listening.to.Music.09.Chi_Eng.6
耶鲁大学开放课程：聆听音乐.Open.Yale.course：Listening.to.Music.10.Chi_Eng.6
耶鲁大学开放课程：聆听音乐.Open.Yale.course：Listening.to.Music.11.Chi_Eng.6
耶鲁大学开放课程：聆听音乐.Open.Yale.course：Listening.to.Music.12.Chi_Eng.6
我最近的文档
桌面
我的文档
我的电脑
网上邻居
文件名(N): 耶鲁大学开放课程：聆听音乐.Open.Yale.cc
文件类型(T): All Files(*.*)
打开(O)
取消
③ 选择要修复的文件。
④ 单击“打开”菜单。
Rmvb Rm修复终结者
文件(F) 智能升级(Z) 帮助(H)
G:\eMule_down\耶鲁大学开放课程：聆听音乐.Open.Yale.course：Listening.to.Music.12.Chi_En
正在修复,请稍候.........
rmfixit
影片已修复完成.
www.WhyNoBuy.com
⑤ 修复完毕后单击“确定”按钮。

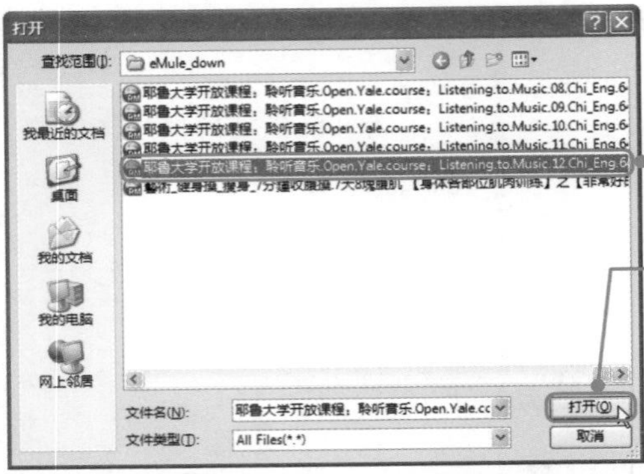

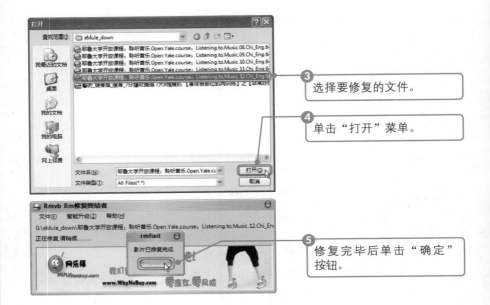

CHAPTER 08

快速排除电脑软件故障

● 关于本章

电脑软件分为两大类：系统软件和应用软件。二者在使用中都有可能出现问题。应用软件出问题时，轻则无法发挥正常功能，重则造成死机等现象；而系统软件出现问题时，表现为运行效率下降、频繁蓝屏或死机等，为正常使用带来很多麻烦，本章就专门介绍解决各种软件故障的方法。

● 知识要点

- 常用应用软件问题的解决方法
- 常见死机故障排除方法
- 常见蓝屏故障排除方法
- Windows 7常见故障排除方法

● 效果展示

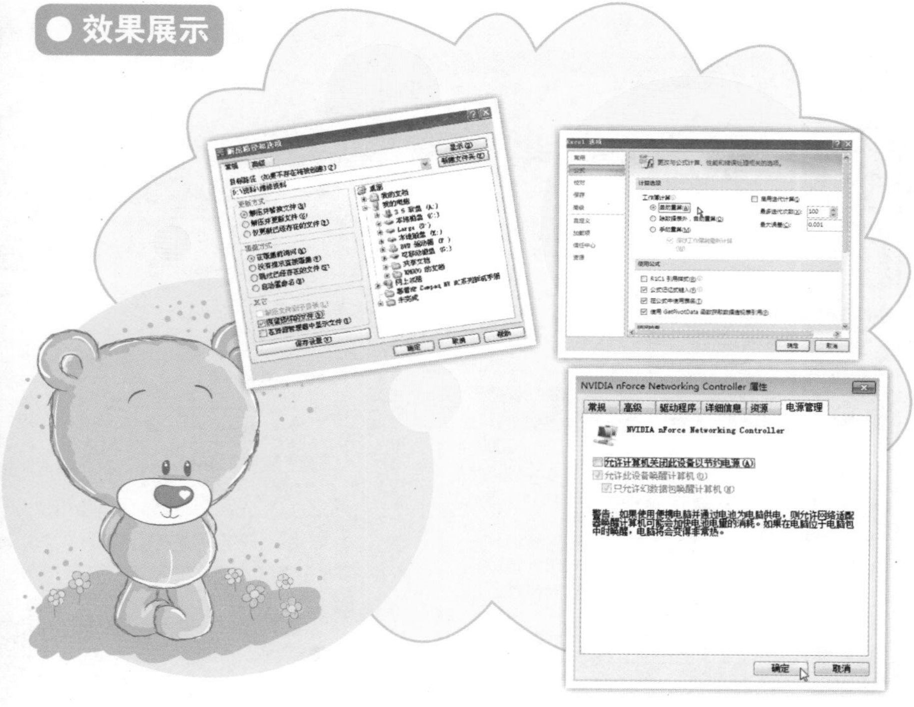

First 新手入门——必学基础

电脑的功能实际上是靠各种应用软件来实现的，应用软件在使用中总是会出现一些问题，因此，有必要掌握排除常用软件故障的方法。

主题 1 压缩软件常见故障排除

压缩软件WinRAR可能是使用最频繁的软件之一，因此这里用它作为例子进行讲解。

光盘同步文件

教学文件：光盘\视频教学\第8章\新手入门：主题1 压缩软件常见故障排除.MP4

1. 修复损坏的压缩文件

WinRAR可以修复损坏的压缩文件，当然，对于损坏太过严重的压缩文件，修复有可能不成功。

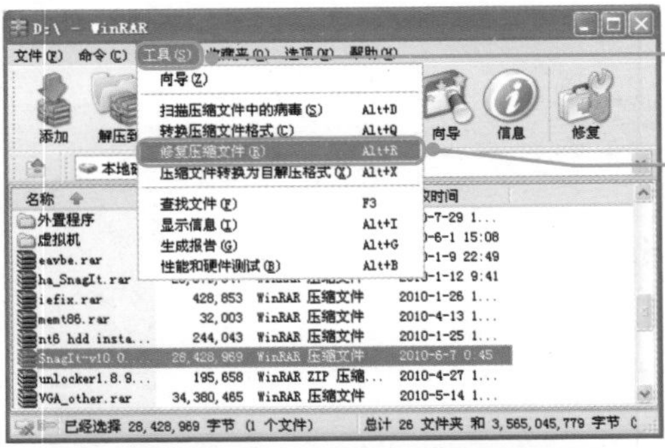

① 单击“工具”菜单。

② 单击“修复压缩文件”命令。

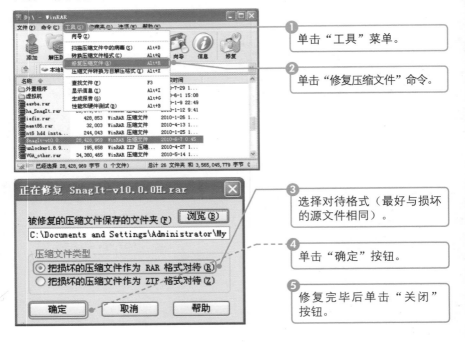

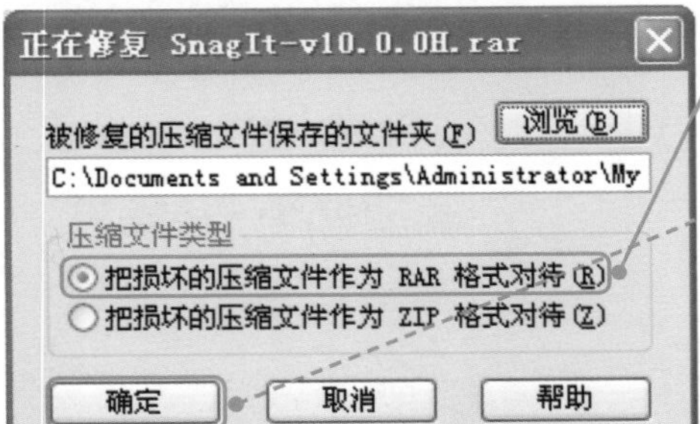

③ 选择对待格式（最好与损坏的源文件相同）。

④ 单击“确定”按钮。

⑤ 修复完毕后单击“关闭”按钮。

2. 无法正常解压WinRAR文件

解压压缩文件时，软件弹出“unknown method，No files to extract”的错误提示，有时双击打开加密WinRAR文件时还会出现file header broken的提示。

此类故障可能是因为使用了旧版本的WinRAR软件来解压较高版本的WinRAR文件制成的压缩包造成的，用户只需及时更新自己使用的WinRAR版本即可。

3. 解压时出现CRC 错误信息

解压文件时，弹出提示对话框，信息为“CRC失败于加密文件（口令错误?）”。

这种情况的原因有两种：一种是压缩文件设置了密码，当输入错误的密码时，就会出现上述提示；另一种是压缩文件没有密码，但出现了CRC（循环冗余校验码）错误时，才会有上述提示。

如果不知道密码，则只能使用穷举法进行破解，一般破解希望都不大，特别是密码在8位以上时，破解时间相当长。因此这里重点讨论的是第二种情况，即当出现循环冗余校验码错误时的解决方法。

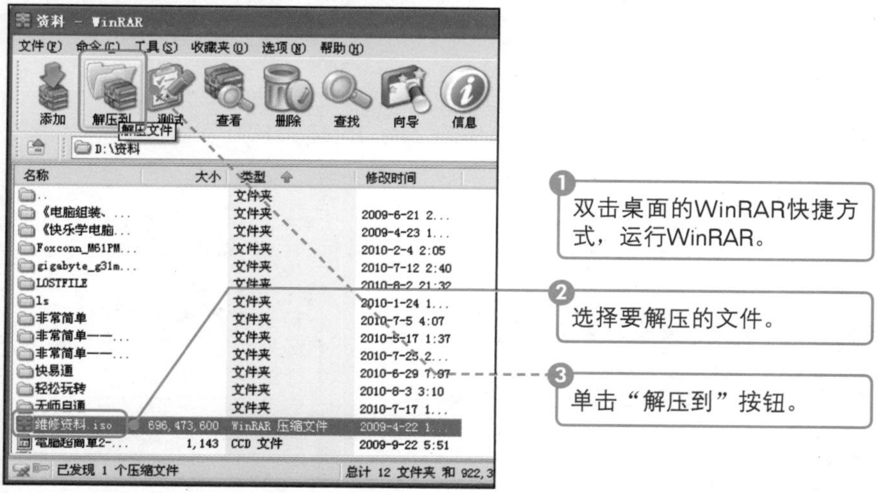

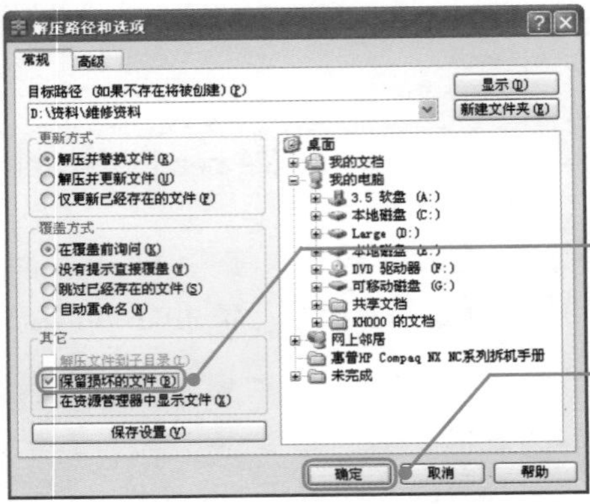

4 单击“保留损坏的文件”复选框。

5 单击“确定”按钮。

主题 2 解决办公软件使用中的问题

微软的Office是最常用的办公软件，Office在使用中也会出现不少问题和故障，快速解决这些故障可以提高工作效率。

光盘同步文件

教学文件：光盘\视频教学\第8章\新手入门：主题2 解决办公软件使用中的问题.MP4

1. Office 2010在安装过程中出错

在电脑上安装Office 2010，能够弹出安装向导，但在输入序列号之后报错，出现“Microsoft Office Professional Plus 2010在安装过程中出错”的提示，安装被迫中断。

造成Office 2010无法安装的原因可能是Windows Install服务没有启用或是Windows Install服务文件已损坏或丢失引起的，其解决方法如下。

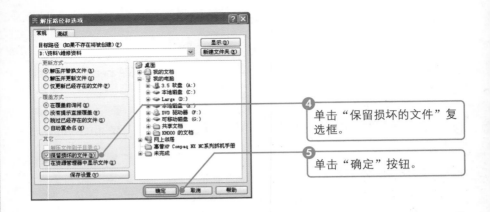

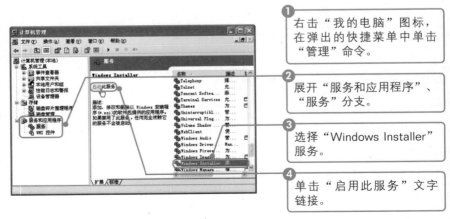

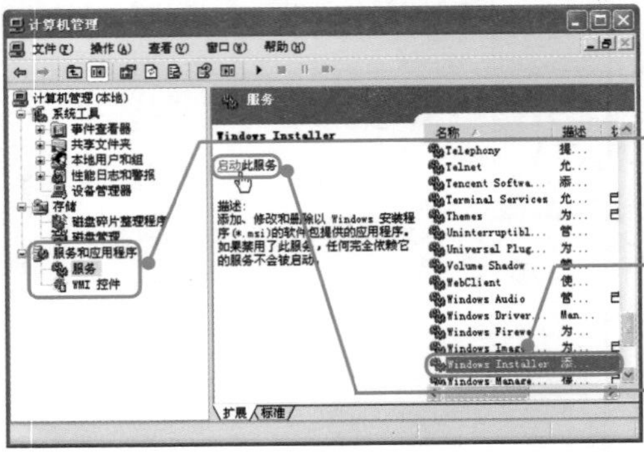

1 右击“我的电脑”图标，在弹出的快捷菜单中单击“管理”命令。

2 展开“服务和应用程序”、“服务”分支。

3 选择“Windows Installer”服务。

4 单击“启用此服务”文字链接。

2. 快速删除Word文档内多余的空行

从网上复制回来的文章，粘贴到Word文档中后往往会出现很多的空行，逐行删除太费力，其实使用简单的“替换”功能就可以消除多余空行。

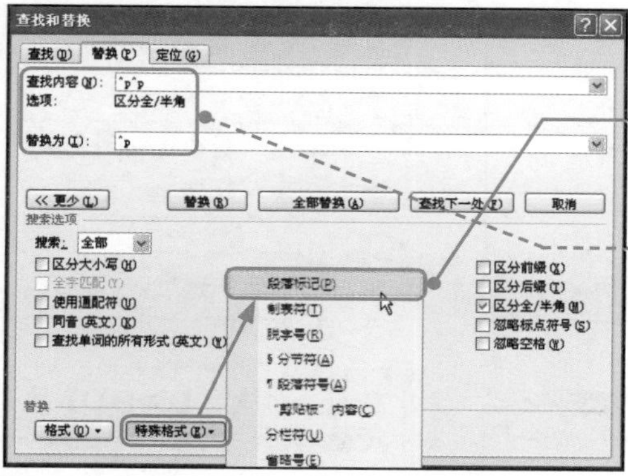

❶ 在Word主界面按下【Ctrl+H】快捷键，弹出“替换”对话框。

❷ 单击“特殊格式”按钮，选择“段落”标记命令。

❸ 将“查找内容”设置为两个“^p^p”（段落），将“替换为”设置为一个“^p”（段落）。

❹ 反复单击“全部替换”按钮，直到提示“已完成0处替换”为止。

3. 恢复受损的Word 2010文档

对于受损的Word文档，可以使用以下两种方法进行修复或挽救。第一种方法适用于损坏不太严重的文档，可以将文档修复，文档中的某些格式可能会丢失。

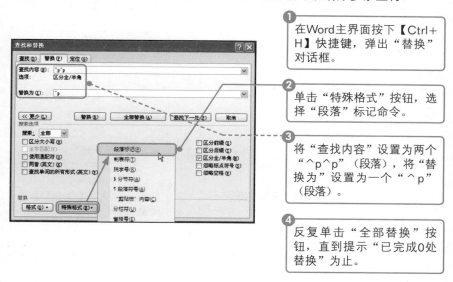

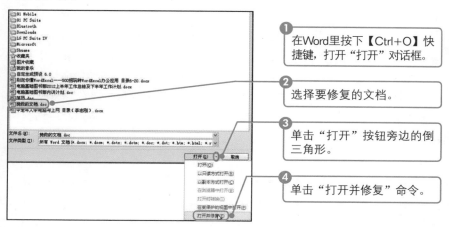

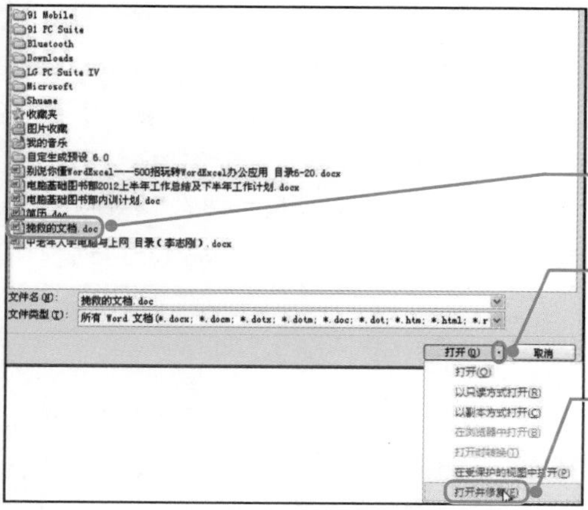

❶ 在Word里按下【Ctrl+O】快捷键，打开“打开”对话框。

❷ 选择要修复的文档。

❸ 单击“打开”按钮旁边的倒三角形。

❹ 单击“打开并修复”命令。

对于损坏比较严重的文档，则要使用第二种方法进行挽救，将其中的文本信息保存下来，但文本格式、图片等信息都会丢失。

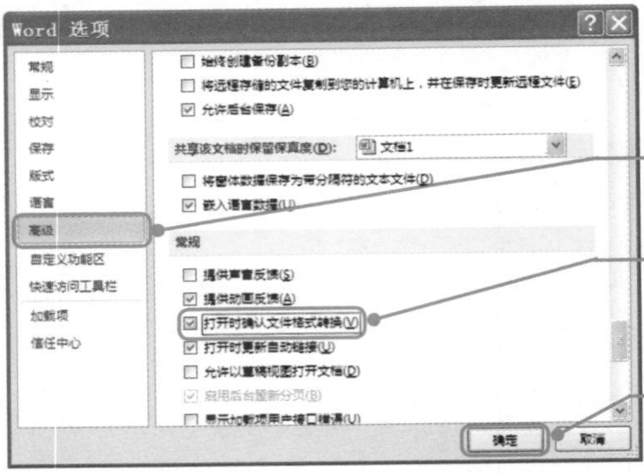

1 在Word主界面选择“文件”菜单，单击“选项”命令。

2 单击“高级”选项。

3 单击选中“打开时确认文件格式转换”复选框。

4 单击“确定”选项。

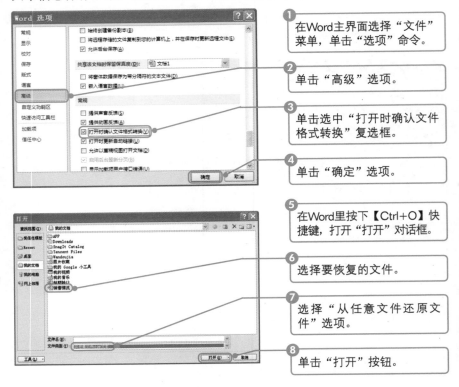

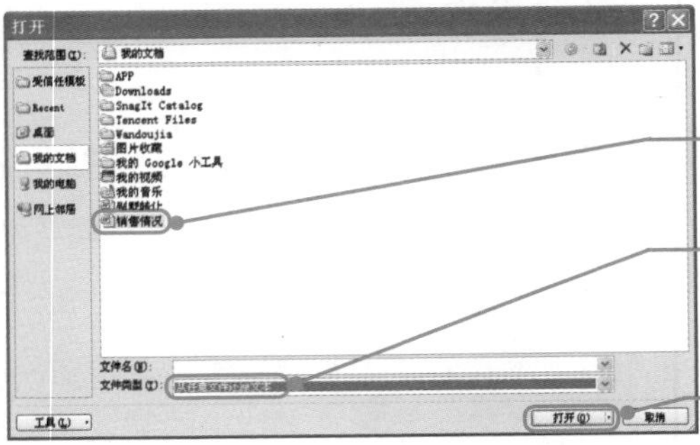

5 在Word里按下【Ctrl+O】快捷键，打开“打开”对话框。

6 选择要恢复的文件。

7 选择“从任意文件还原文件”选项。

8 单击“打开”按钮。

4. Excel四舍五入后计算不准确

做统计表时常常会将数据四舍五入后进行汇总计算，但在Excel里这样做时发现四舍五入后的值不准确，比如10.51+21，Excel计算出的值却是31，这实际上是因为数字精度设置不当引起的，解决方法很简单。

进入“Excel选项”设置对话框的“高级”选项，单击“将精度设为所显示的精度”复选框，再单击“确定”按钮即可。设置后Excel会自动根据输入的数据选择精度。

5. Excel无法导入文本数据

导入一些文本数据到正在编辑的工作表中时，发现直接复制粘贴文本内容到工作表不成功。此时可先将文本数据保存为单独的文本文件，然后使用“导入数据”命令来实现。具体操作步骤如下。

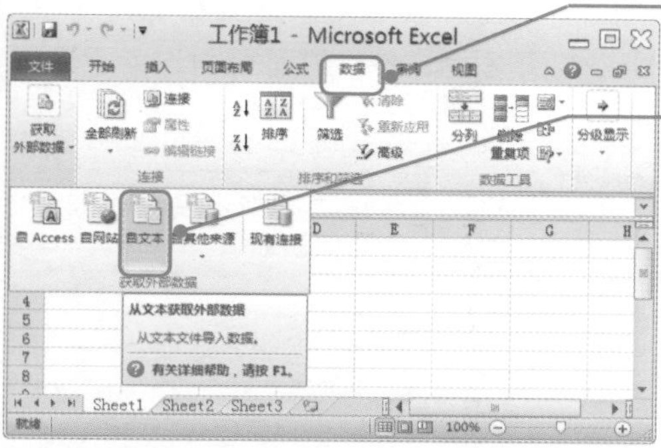

❶ 选择“数据”标签。

❷ 单击“获取外部数据”组的“自文本”命令。

❸ 在弹出的对话框中选择要导入的文本文件，单击“导入”按钮，之后单击两次“下一步”按钮，再单击一次“完成”按钮。

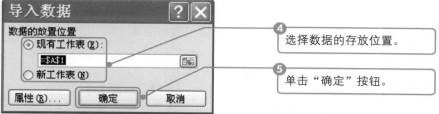

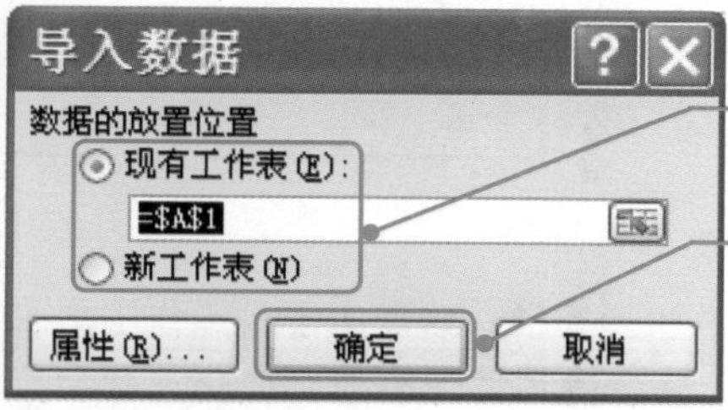

❹ 选择数据的存放位置。

❺ 单击“确定”按钮。

6. 在Excel中出现“＃DIV/0！”错误信息

在Excel中使用公式计算数据时，有时出现“＃DIV/0！”错误信息，意为“除零”错误。其原因是，若输入的公式中的除数为0，或在公式中除数使用了空白单元格（当运算对象是空白单元格，Excel将此空值解释为零值），或包含零值单元格的单元格引用，就会出现错误信息“#DIV/0！”。

知道了原因，问题就好解决了，只要修改单元格引用，或者在用作除数的单元格中输入不为零的值即可解决。

7. 在Excel中出现“＃VALUE！”错误信息

在Excel中使用公式计算数据时，有时出现“＃VALUE！”错误，意为“值”错误。

此情况可能有以下几个方面的原因：参数使用不正确；运算符使用不正确；执行“自动更正”命令时不能更正错误；当在需要输入数字或逻辑值时输入了文本，由于Excel不能将文本转换为正确的数据类型，也会出现该提示。根据具体情况，分别检查公式中的参数、运算符、数据类型等是否存在错误，将其改为正确的格式即可消除错误。

8. Excel启动慢且自动打开多个文件

Excel启动时特别慢，而且会自动打开多个文件。这是因为设置不当引起的，解决方法如下。

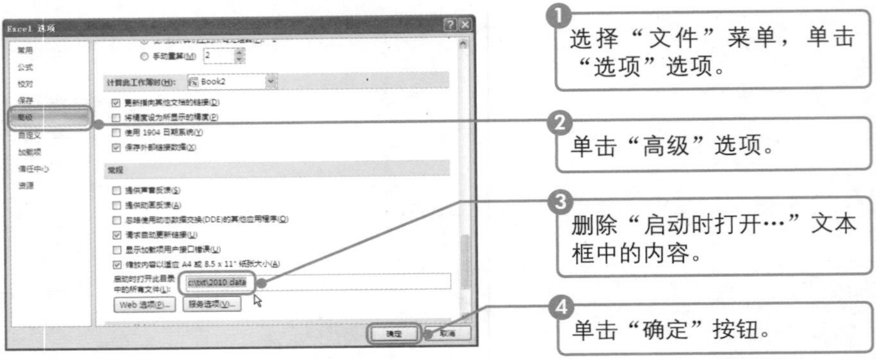
Excel 选项
常用
公式
校对
保存
高级
自定义
加载项
信任中心
资源
1 选择“文件”菜单，单击“选项”选项。
2 单击“高级”选项。
3 删除“启动时打开…”文本框中的内容。
4 单击“确定”按钮。

9. 在Excel中不能进行求和运算

在Excel中统计数据时，不能进行求和运算了，这是由于在操作中更改了字段的数值后，求和字段的所有单元格中的数值没有随之变化，就会造成不能正常运算。

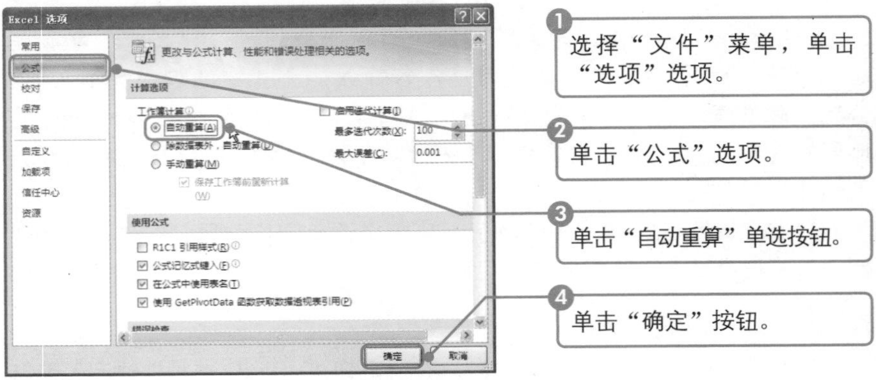
Excel 选项
常用
公式
校对
保存
高级
自定义
加载项
信任中心
资源
更改与公式计算、性能和错误处理相关的选项。
计算选项
自动重算(A)
手动重算(M)
使用公式
1 选择“文件”菜单，单击“选项”选项。
2 单击“公式”选项。
3 单击“自动重算”单选按钮。
4 单击“确定”按钮。

10. PowerPoint 2010无法输入中文

从Office 2003升级到Office 2010之后，发现在PowerPoint 2010中无法输入汉字，但数字、英文输入都正常。

排除输入法的原因后，应该就是关闭了输入法设置里的“高级文字服务”项，只要将其重新开启即可，操作方法如下。

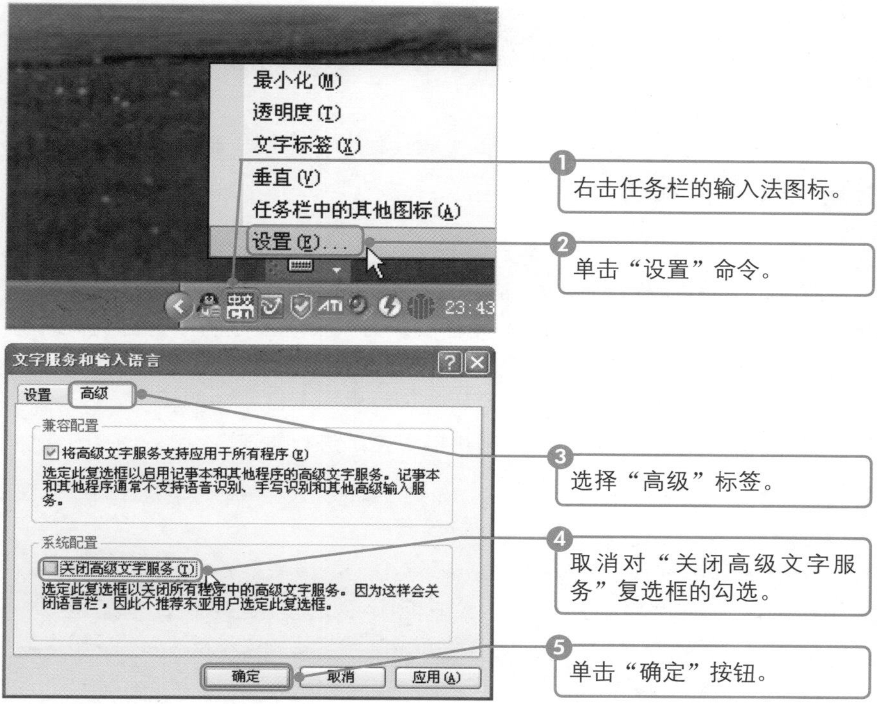
最小化(M)
透明度(T)
文字标签(X)
垂直(V)
任务栏中的其他图标(A)
设置(E)...
23:43
1 右击任务栏的输入法图标。
2 单击“设置”命令。
文字服务和输入语言
设置
高级
兼容配置
将高级文字服务支持应用于所有程序(E)
选定此复选框以启用记事本和其他程序的高级文字服务。记事本和其他程序通常不支持语音识别、手写识别和其他高级输入服务。
系统配置
关闭高级文字服务(T)
选定此复选框以关闭所有程序中的高级文字服务。因为这样会关闭语言栏，因此不推荐东亚用户选定此复选框。
确定
取消
应用(A)
3 选择“高级”标签。
4 取消对“关闭高级文字服务”复选框的勾选。
5 单击“确定”按钮。

主题 3 下载软件常见故障排除

网上有很多资源供人们下载，如音乐、电影、电视剧和小说等，使用专门的下载软件来下载和管理这些资源要比单纯使用浏览器来下载要方便快捷得多。迅雷就是一款比较流行的下载软件，下面就专门讲解使用迅雷时的一些常见问题的解决方法。

1. 未下载完的文件不能断点续传

用户在使用迅雷下载文件时，经常会遇到暂停任务或退出迅雷后，第二次继续下载又从头开始下载的情况。

造成上述情况的原因有以下两种：

- 用户使用的是一个不支持断点续传的下载地址，这样就要求用户必须一次性下载完成，途中不能中断，如果用户中断下载任务后，当继续开始下载时，就会看到如下提示信息“不支持设置文件传输起点，退出……”。

- 用户在下载过程中发生了死机或非法关机的情况，从而导致用户下载数据丢失，这种问题主要是因为系统保存方式的缺陷造成的，如果用户遇到这种情况，就只能重新下载了。

所以在平时下载文件时，用户需要尽量使用那些支持断点续传的下载地址，同时要采用正确的关机方法。

2. 文件下载到99%时进度停止

在用迅雷下载资源时，经常会遇到下载任务进行到99%时进度停止的情况。这是由于迅雷采用的是多线程下载方式，也就是将资源分为几部分同时开始下载，速度快的部分先下载完成。而文件越大，存在连接不上或速度慢的部分的概率就越高，到最后就可能出现下载不动的情况。

如果用户遇到上述情况，可采用以下方法进行解决。

- 暂停下载后，再继续开始下载，如果一直都无法完成，可能是文件本身不完整。
- 如果下载的是一个安装程序或应用程序，需要重新更换下载地址进行下载。
- 如果下载的是媒体文件，可去掉下载文件的后缀名进行播放。如普通影视去掉后缀名.td，BT影视去掉后缀.bt.td，电驴影视去掉后缀.emule.td等，然后直接用播放软件打开即可观看。

专家提示

如果下载的种子中包含了一些介绍文档、图片、广告网页链接等附属文件，而这些文件在网上可能又没有资源，这时也会出现下载到99%无法完成的情况，所以用户在下载时最好不要选中这些文件。

3. 下载下来的资源是网页，而非要下载的资源

用户在使用迅雷下载文件时，常常会发现下载的结果是一个网页而不是需要的文件。

通常出现这种情况都是因为用户的下载地址是一个加密地址，或用户选择的下载地址不是最终的下载地址，而是一个网页。如果用户使用的下载地址是加密地址，则只有用浏览器自带的下载功能来进行下载了。

主题 4 聊天工具常见故障排除

腾讯QQ是目前国内使用最广泛的聊天工具软件，不少初学者在使用

QQ时常常会遇到各种各样的麻烦。下面通过具体的故障实例，讲解聊天软件常见故障的解决方法。

光盘同步文件
教学文件：光盘\视频教学\第8章\新手入门：主题4 聊天工具常见故障排除.MP4

1. QQ登录窗口不能记录密码

在Windows XP中，已经设置了QQ的“记住密码”功能，用户发现登录过后的QQ登录窗口不能记住密码。这是因为QQ的某些文件损坏的缘故，其修复方法如下。

进入QQ程序安装目录，依次打开X:\Program Files\Tencent\QQ\Users\（自己的QQ号码）文件夹，删除号码文件夹下的Registry.db文件、info.db文件以及Registry.db文件，然后重新登录即可。

2. 输入数字自动出现表情

在使用QQ聊天时，发现输入某些数字或汉字时，会自动变成表情。这是由于设置了表情快捷键造成的，取消快捷键即可避免出现此现象，具体操作方法如下。

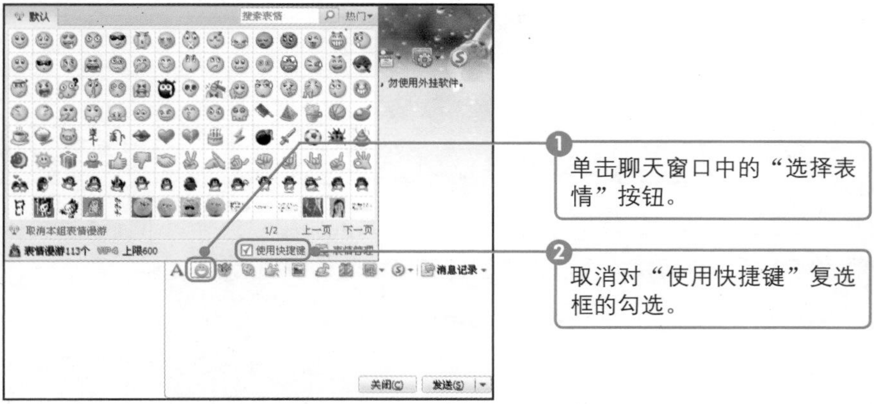

3. 登录QQ总是提示输入验证码

用户在登录QQ时，总是提示要输入验证码。如果用户是用正确的QQ和密码进行登录，出现这种情况的原因一般有以下几种。

- 首次使用QQ时，系统为避免非法盗号行为将提示用户输入验证码。
- QQ密码已被盗，并被他人用来发送广告信息或欺诈消息，被系统检测到。

- 正在使用的网络中有人在进行一些危及QQ用户安全的操作。
- 如果用户在经常使用的电脑上发现有输入验证码的情况，那么可能是QQ号的密码已经泄露或不安全，建议用户立即修改QQ密码，同时查杀木马和病毒。

如果用户因为异地登录的情况，比如出差或使用外地代理服务器等，只要进行正常登录，并持续较长一段时间在安全的网络环境中使用QQ，验证码过一段时间就会自动取消。

4. 登录QQ时出现连接超时

登录QQ总是出现连接超时。出现这样的情况，可能是QQ版本过低或网络出现故障等原因。建议更换一台电脑查看是否会出现同样的问题，如果在其他电脑上能正常使用，则卸载原QQ后重新安装即可。如果故障仍然存在，建议检查以下几个方面。

- 检查相关防火墙设置，或暂时关闭防火墙。
- 尝试用其他登录方式登录，如选择不同的登录服务器或登录模式。
- 检查所使用的代理服务器是否失效。
- 检查局域网是否实行了封锁限制，如关闭QQ通信端口等。
- 建议使用腾讯TM软件进行登录。

主题 5 媒体播放工具常见故障排除

暴风影音是目前使用最为广泛的音频与视频播放软件，下面通过具体的故障实例，讲解媒体播放工具软件常见故障的解决方法。

1. 暴风影音播放文件时，窗口不停闪动

在使用暴风影音时，发现播放窗口不停闪动，重新安装并更换安装路径后，故障仍然存在。而将同样的安装文件安装到别的电脑上，又能正常运行。

这是用户使用了较低的搜狗拼音输入法导致的，将搜狗拼音输入法升级到最高版本，问题即可解决。

2. 暴风影音无法播放除RMVB格式以外的文件

暴风影音无法播放除RMVB格式外的所有文件，另外使用Media Player也无法播放这些文件。

这可能是系统的一个模块丢失或未注册造成的，建议用户打开“运行”对话框，输入“regsvr32 quart2.dll”命令，并按【Enter】键进行注册。

如果系统提示找不到该模块，可在网上下载quart2.dll文件，并将其放入系统分区的“Windows\system32”目录下，然后再在运行对话框中重新执行“regsvr32 quart2.dll”命令即可。

Next 新手提高——技能拓展

除了应用软件的故障以外，还有一些被称为“系统故障”的现象。系统故障出现时，操作系统可能会死机、会丢失数据，有时还会彻底崩溃无法启动。学会处理系统故障，对于维护系统稳定性很有好处。

主题1 电脑死机故障排除

操作系统使用时间一长，就会越来越不稳定，应用程序也会频繁出错，继而出现死机的故障，这就需要用到下面的方法去解决。

光盘同步文件

教学文件：光盘\视频教学\第8章\新手提高：主题1 电脑死机故障排除.MP4

1. 开机过程中死机

开机过程中出现死机的原因主要有以下几点：BIOS设置不当、电脑移动时设备遭受震动、灰尘腐蚀电路及接口、内存条故障、CPU超频、硬件不兼容、硬件设备质量不好或BIOS升级失败等，其中一些问题的解决方法如下。

- 如果移动电脑后发生死机，可能是由于电脑在移动过程中遭受了很大的振动，造成电脑内部器件松动，从而导致接触不良引起死机。这时可以打开机箱把内存、显卡等配件重新插紧即可。
- 如果是在修改BIOS之后发生死机，又忘记了之前的设置不能恢复，可以选择BIOS中的“载入标准预设值”一项进行恢复。
- 如果电脑是在CPU超频之后死机，可能是因为超频导致CPU温度过热，加剧了在内存或虚拟内存中找不到所需数据的矛盾，造成死机。只要将CPU频率恢复即可。

- 若屏幕提示“无效的启动盘”，则是系统文件丢失或损坏或硬盘分区表损坏，将其修复即可。
- 如果上述方法都不能解决问题，就检查机箱内是否干净，设备连接有无松动，因为灰尘腐蚀电路及接口，会造成设备间接触不良，引起死机。所以定时打扫机箱内的灰尘也很重要。
- 如果还是死机就用替换法排除硬件兼容性问题和设备质量问题。

2. 启动操作系统时死机

启动操作系统时发生死机的原因主要有：系统文件丢失或损坏、感染病毒、初始化文件遭破坏、非正常关闭电脑或硬盘有坏道等，解决方法如下。

- 如启动时提示系统文件找不到，则可能是系统文件丢失或损坏导致死机。从其他相同操作系统的电脑上复制丢失的文件到故障电脑中即可。
- 如启动时出现蓝屏，提示系统无法找到指定文件，则为硬盘坏道导致系统文件无法读取所致。用启动盘启动电脑，运行scandisk磁盘扫描程序，检测并修复硬盘坏道即可。
- 如上述情况都没有，先用杀毒软件查杀病毒，再重新启动电脑，看是否恢复正常。
- 如果故障依旧，则使用“安全模式”启动系统，然后再重新启动，看是否死机。
- 还不奏效的话，再恢复Windows注册表。

如故障仍未排除，可检查系统文件是否正常，方法如下。

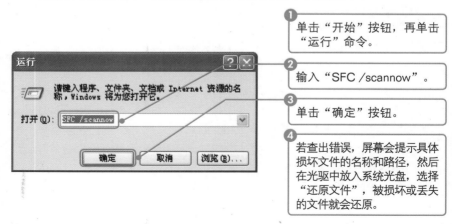

运行
请键入程序、文件夹、文档或 Internet 资源的名称，Windows 将为您打开它。
打开(O):
SFC /scannow
确定
取消
浏览(B)...

1. 单击“开始”按钮，再单击“运行”命令。
2. 输入“SFC /scannow”。
3. 单击“确定”按钮。
4. 若查出错误，屏幕会提示具体损坏文件的名称和路径，然后在光驱中放入系统光盘，选择“还原文件”，被损坏或丢失的文件就会还原。

如果以上方法都不奏效，只能重装操作系统了。

3. 运行应用程序时死机

电脑在运行某些应用程序时出现死机的原因主要有：病毒感染、动态链接库文件（DLL）丢失、硬盘剩余空间太少或碎片太多、软件升级不当、非法卸载软件或操作不当、启动程序太多、硬件资源冲突、CPU等配件散热不良以及电压不稳等，解决方法如下。

- 用杀毒软件全面查杀病毒，再重新启动电脑。
- 终止暂时不用的程序。如果升级了某个软件造成死机，将该软件卸载再重新安装即可。
- 如果因非法卸载软件或误操导致死机，尝试恢复Windows注册表来修复损坏的共享文件。
- 如果硬盘空间太少，删掉不用的文件并进行磁盘碎片整理。
- 如果电脑总是在运行一段时间后死机或运行大的游戏程序时死机，则可能是CPU等设备散热不良引起，应及时改善散热环境（如更换CPU风扇、涂抹散热硅脂等）。
- 用测试工具软件检测是否由于硬件的品质和质量不好造成的死机，如果是则卸载和更换硬件设备。

主题 2 电脑蓝屏故障排除

蓝屏的产生原因是多方面的，如硬件冲突、硬件产生问题、注册表错误、虚拟内存不足、动态链接库文件丢失、资源耗尽等问题导致驱动程序或应用程序出现严重错误都可能使系统出现蓝屏。在这种情况下，Windows中止系统运行，屏幕将变为蓝色，并有显示相应的错误信息和故障提示的现象，如下图所示。

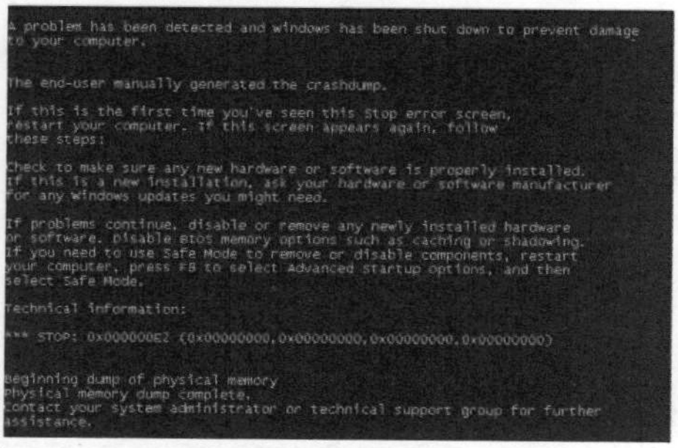
A problem has been detected and windows has been shut down to prevent damage to your computer.
The end-user manually generated the crashdump.
If this is the first time you've seen this Stop error screen, restart your computer. If this screen appears again, follow these steps:
Check to make sure any new hardware or software is properly installed. If this is a new installation, ask your hardware or software manufacturer for any windows updates you might need.
If problems continue, disable or remove any newly installed hardware or software. Disable BIOS memory options such as caching or shadowing. If you need to use Safe Mode to remove or disable components, restart your computer, press F8 to select Advanced Startup Options, and then select Safe Mode.
Technical information:
*** STOP: 0x000000E2 (0x00000000,0x00000000,0x00000000,0x00000000)
Beginning dump of physical memory
Physical memory dump complete.
Contact your system administrator or technical support group for further assistance.

教您一招：什么是蓝屏

电脑蓝屏，又叫蓝屏死机（Blue Screen of Death，缩写为BSoD），指的是微软Windows操作系统在无法从一个系统错误中恢复过来时所显示的屏幕图像。

光盘同步文件

教学文件：光盘\视频教学\第8章\新手提高：主题2 电脑蓝屏故障排除.MP4

1. 读取光盘时蓝屏

如果光驱正在读盘时，误操作导致蓝屏故障，一般是由于电脑读取数据出错引起的。因光驱读盘引起的蓝屏应该说是后果最轻的，一般情况下都可以正常退回到系统。光驱读盘蓝屏的解决方法很简单。

将光盘重新放回光驱，让光驱继续读取光盘中的数据，蓝屏即可消失。如果蓝屏故障没有消失，按【Esc】键也可消除蓝屏故障。

2. 硬件冲突导致蓝屏

硬件冲突通常会在系统调用有冲突的硬件设备时，发生错误导致蓝屏。其解决方法如下。

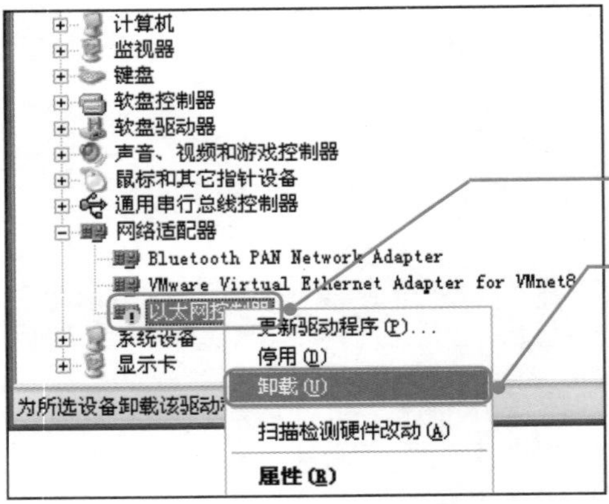

1. 打开控制面板，双击“系统”图标，在弹出的对话框中选择“硬件”标签，再单击“设备管理器”按钮。
2. 右击带有黄色感叹号的设备。
3. 单击“卸载”命令。
4. 重新启动电脑，由Windows自动进行修复，如果还不能恢复，可手工进行调整或升级相应的驱动程序。

3. 虚拟内存不足造成蓝屏

虚拟内存在设置不当时也会导致电脑蓝屏现象的发生，此时可重新设置虚拟内存的大小，具体操作步骤如下。

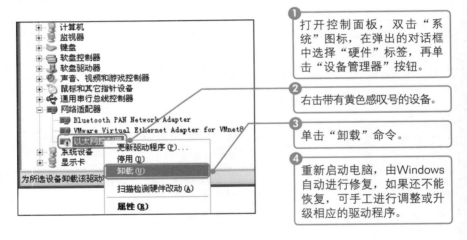

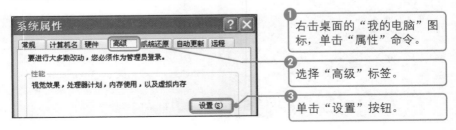

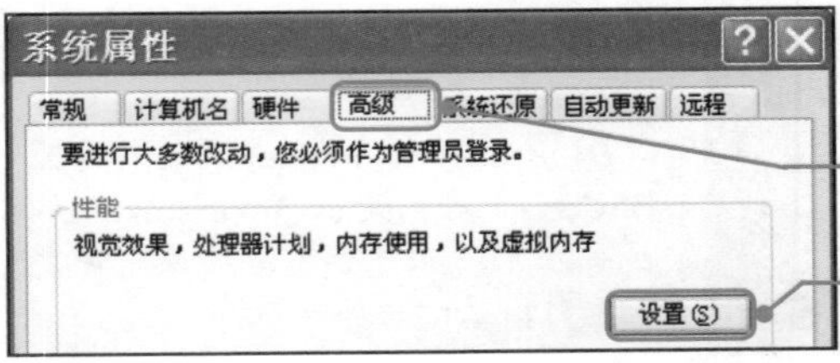

1. 右击桌面的“我的电脑”图标，单击“属性”命令。
2. 选择“高级”标签。
3. 单击“设置”按钮。

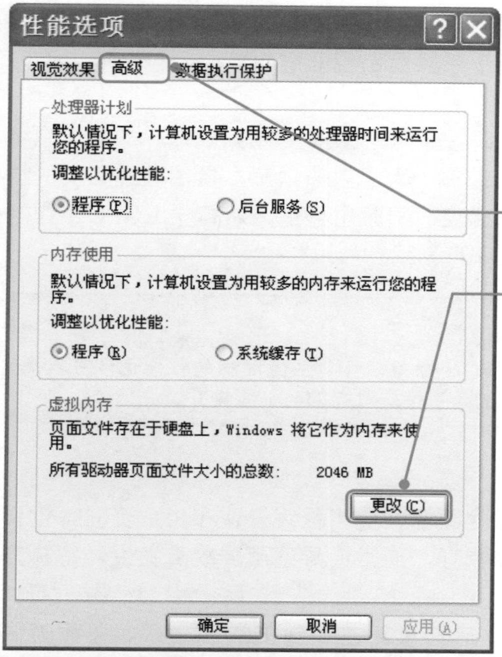
性能选项
视觉效果 高级 数据执行保护
处理器计划
默认情况下，计算机设置为用较多的处理器时间来运行您的程序。
调整以优化性能：
程序(P) 后台服务(S)
内存使用
默认情况下，计算机设置为用较多的内存来运行您的程序。
调整以优化性能：
程序(R) 系统缓存(T)
虚拟内存
页面文件存在于硬盘上，Windows 将它作为内存来使用。
所有驱动器页面文件大小的总数： 2046 MB
更改(C)
确定 取消 应用(A)

4 选择“高级”标签。

5 单击“更改”按钮。

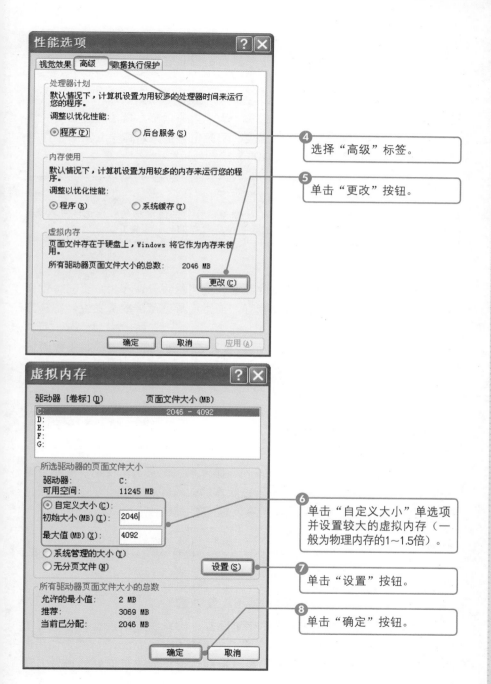

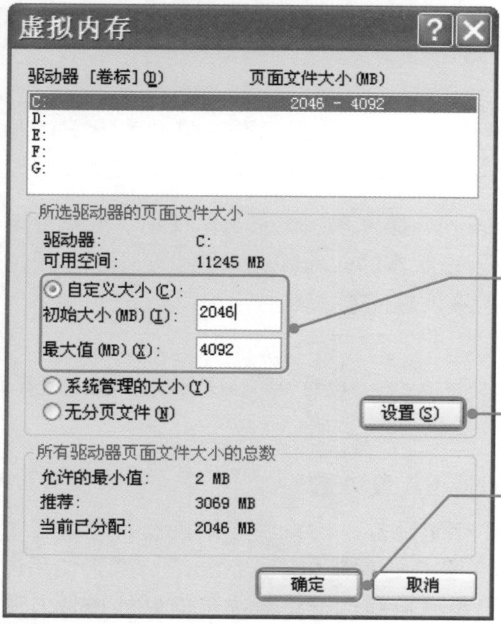
虚拟内存
驱动器 [卷标](D) 页面文件大小(MB)
C: 2046 - 4092
D:
E:
F:
G:
所选驱动器的页面文件大小
驱动器： C:
可用空间： 11245 MB
自定义大小(C)：
初始大小(MB)(I)： 2046
最大值(MB)(X)： 4092
系统管理的大小(Y)
无分页文件(N)
设置(S)
所有驱动器页面文件大小的总数
允许的最小值： 2 MB
推荐： 3069 MB
当前已分配： 2046 MB
确定 取消

6 单击“自定义大小”单选项并设置较大的虚拟内存（一般为物理内存的1~1.5倍）。

7 单击“设置”按钮。

8 单击“确定”按钮。

4. 超频后导致蓝屏

如果电脑是在CPU超频或显卡超频后出现蓝屏故障，则可采取以下方法进行修复。

将BIOS中的CPU或显卡频率设置选项，恢复到初始状态。如果还想继续超频工作，可为CPU或显卡安装一个大的散热风扇，再用硅胶之类的散热材料辅助散热，降低CPU工作温度。同时也可稍微调高一点CPU工作电压，让CPU稳定工作（一般0.5V即可）。

> **专家提示**
>
> 长期超频使用电脑，会缩短CPU的寿命，目前主流电脑的性能已经可以满足日常需要，没有必要通过超频CPU的手段获取有限的性能提升。

5. 注册表故障导致蓝屏

注册表保存着Windows的硬件配置、应用程序设置和用户资料等重要数据，如果注册表出现错误或被损坏，通常会导致蓝屏故障发生，解决方法如下。

先用安全模式启动电脑，之后再重新启动到正常模式。如果故障依旧，用故障前的注册表备份文件恢复注册表即可解决蓝屏故障。如果没有备份注册表，就只能重新安装操作系统了。

主题 3 Windows 7操作系统常见故障排除

Windows 7是最新一代的Windows操作系统，它虽然使用了成熟稳定的核心，出现故障的概率相较于以往版本的Windows系统少了不少，但用户在实际操作中也难免会遇到一些突发性问题。

> **光盘同步文件**
>
> 教学文件：光盘\视频教学\第8章\新手提高：主题3 Windows 7操作系统常见故障排除.MP4

1. 在Windows 7中，插入移动设备不能自动播放

当插入一个全新的USB移动存储设备，当系统提示该设备可以正常使用后，却没有出现“自动播放”窗口。这是由于Windows 7对未使用过的USB设备的默认操作是识别，而非自动运行。解决该问题的操作方法如下。

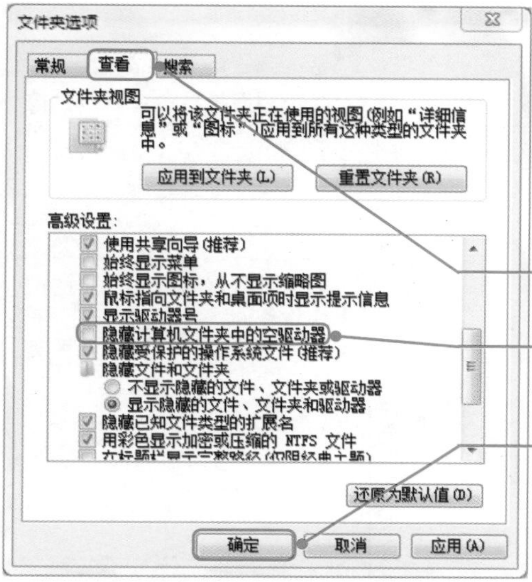

❶ 在桌面右击“开始”按钮，在弹出的快捷菜单中单击“打开Windows资源管理器”命令。打开资源管理器窗口后，单击“组织”下拉菜单，再单击“文件夹和搜索选项”命令。

❷ 选择“查看”标签。

❸ 取消对“隐藏计算机文件夹中空的驱动器”复选框的勾选。

❹ 单击“确定”按钮。

2. 在Windows 7操作系统下光驱读盘吃力

在Windows 7中，光驱无法识别和打开很多光盘，在读用户自己刻录光盘时尤其严重。该问题是由于启用了Windows中的“为自动播放硬件事件提供通知”功能所致，使光驱只能加载自动运行程序或自动播放媒体文件，无法浏览打开光盘目录，禁用此功能即可解决问题。

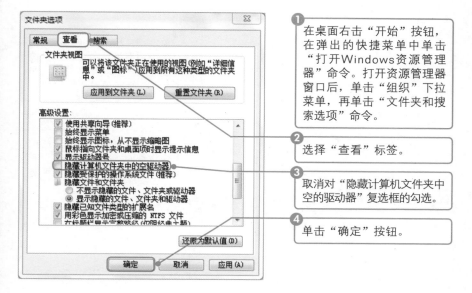

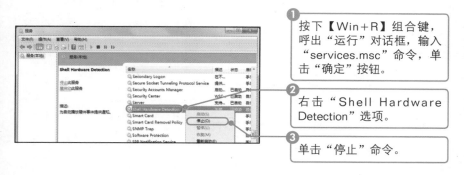

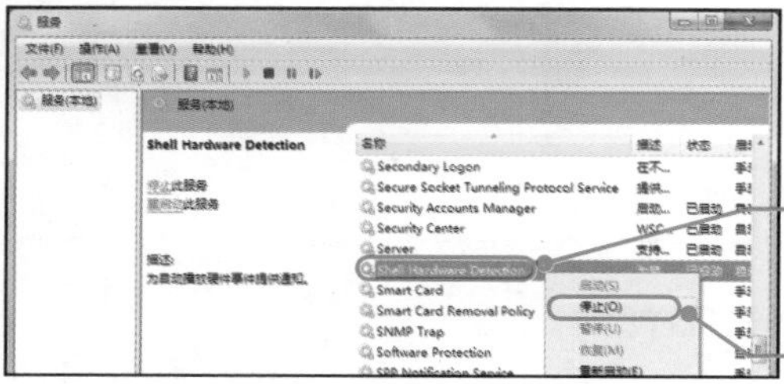

❶ 按下【Win+R】组合键，呼出“运行”对话框，输入“services.msc”命令，单击“确定”按钮。

❷ 右击“Shell Hardware Detection”选项。

❸ 单击“停止”命令。

3. 在Windows 7下无缘无故断网

在Windows 7操作系统下挂QQ时会自动断开，用迅雷下载也会有这种问题。这是因为挂QQ或用迅雷下载时，用户长时间不操作电脑，电脑会自动进入休眠模式以节省能源，默认情况下，网卡也会断电。可通过设置使其一直保持供电状态，方法如下。

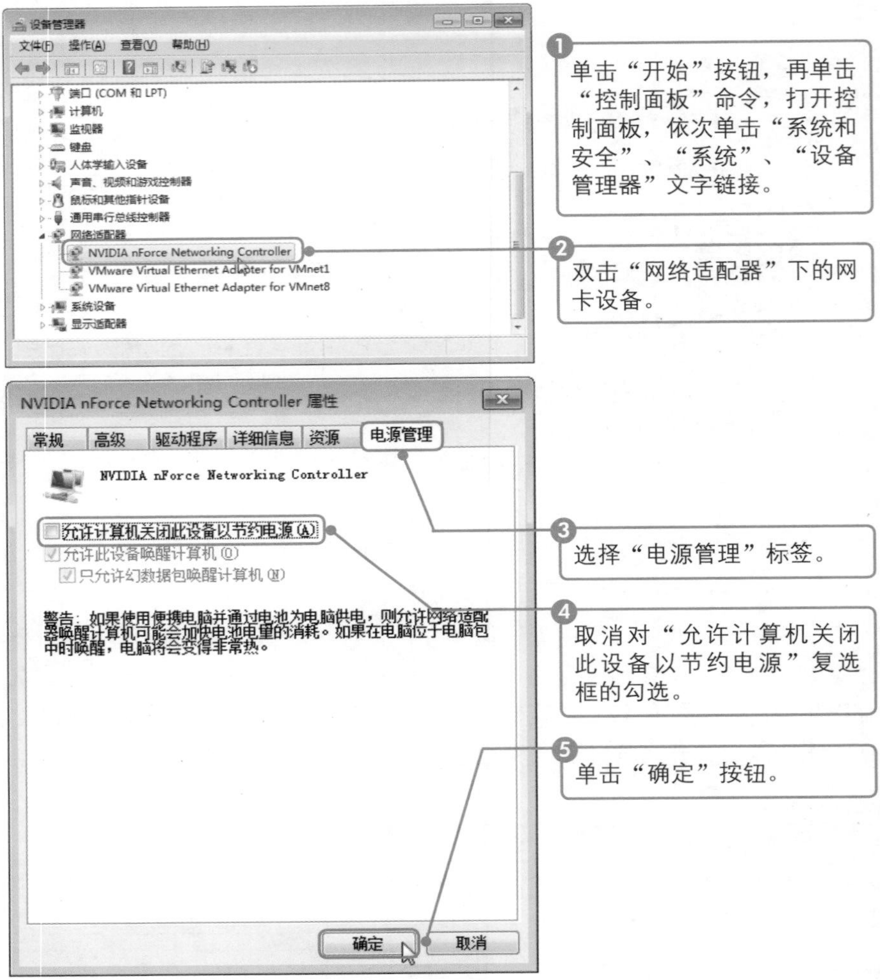
设备管理器
文件(F) 操作(A) 查看(V) 帮助(H)
端口 (COM 和 LPT)
计算机
监视器
键盘
人体学输入设备
声音、视频和游戏控制器
鼠标和其他指针设备
通用串行总线控制器
网络适配器
NVIDIA nForce Networking Controller
VMware Virtual Ethernet Adapter for VMnet1
VMware Virtual Ethernet Adapter for VMnet8
系统设备
显示适配器
1 单击“开始”按钮，再单击“控制面板”命令，打开控制面板，依次单击“系统和安全”、“系统”、“设备管理器”文字链接。
2 双击“网络适配器”下的网卡设备。
NVIDIA nForce Networking Controller 属性
常规 高级 驱动程序 详细信息 资源 电源管理
NVIDIA nForce Networking Controller
允许计算机关闭此设备以节约电源(A)
允许此设备唤醒计算机(O)
只允许幻数据包唤醒计算机(M)
警告：如果使用便携电脑并通过电池为电脑供电，则允许网络适配器唤醒计算机可能会加快电池电量的消耗。如果在电脑位于电脑包中时唤醒，电脑将会变得非常热。
确定
取消
3 选择“电源管理”标签。
4 取消对“允许计算机关闭此设备以节约电源”复选框的勾选。
5 单击“确定”按钮。

4. Windows 7系统下的Installer服务冲突

在Windows 7系统下安装软件时，系统提示：“另一程序正在安装，请等待该安装程序完成后再运行此程序”。这种现象往往是因为上个程序没有正确安装，而安装服务又没有正常退出造成的，此时可将安装服务禁用，重新安装应用程序，即可解决问题。具体操作方法如下。

❶ 按下【Win+R】组合键，弹出“运行”对话框，输入“services.msc”并单击“确定”按钮，打开“服务”窗口。

❷ 双击“Windows Installer”选项。

教您一招：取消不必要的服务

可以关闭一些不必要的服务，以提高系统运行的效率。在网页“bbs.360.cn/3229787/35434433.html”中可查看哪些服务自己不需要。

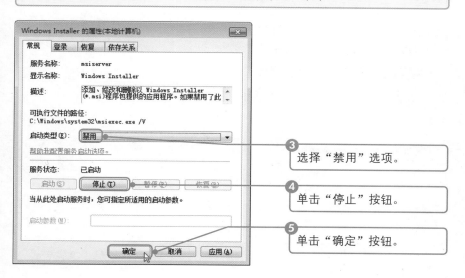

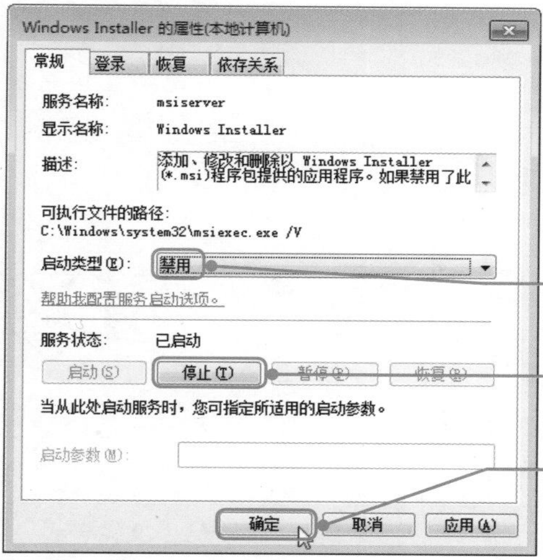

❸ 选择“禁用”选项。

❹ 单击“停止”按钮。

❺ 单击“确定”按钮。

Last 新手问答——排忧解难

下面，针对初学者学习本章内容时容易出现的问题或错误，进行相关的解答，帮助初学者顺利过关。

Q1 Windows 7系统无法启动，怎么办?

如果Windows 7的启动程序受到了破坏，就会导致系统无法启动。此时可用Windows 7的安装光盘来修复启动文件。

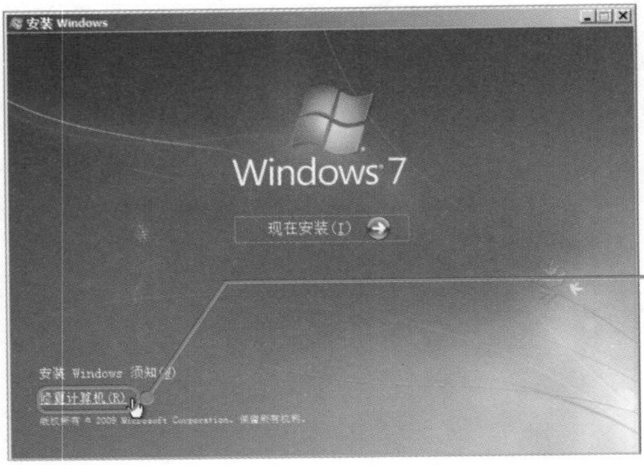

❶ 在BIOS里将电脑设置为从光驱启动，然后使用Windows 7安装光盘启动电脑，在最开始的界面单击“下一步”按钮。

❷ 单击“修复计算机”文字链接。

❸ 单击“下一步”按钮。

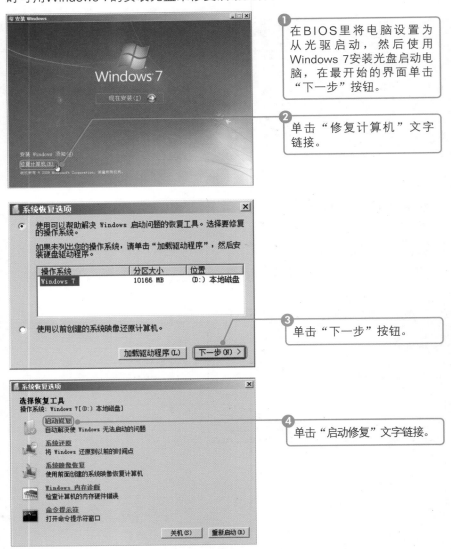

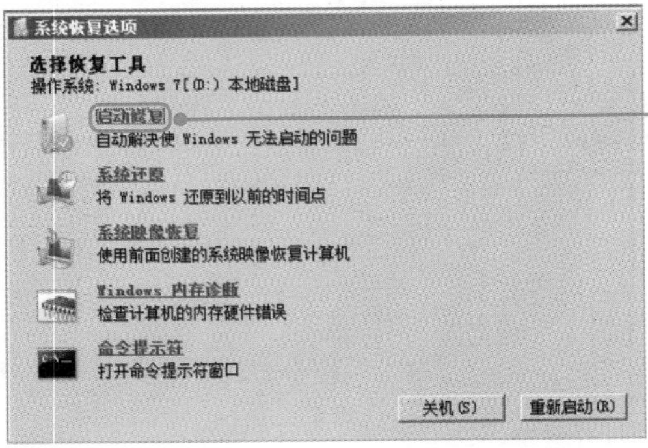

❹ 单击“启动修复”文字链接。

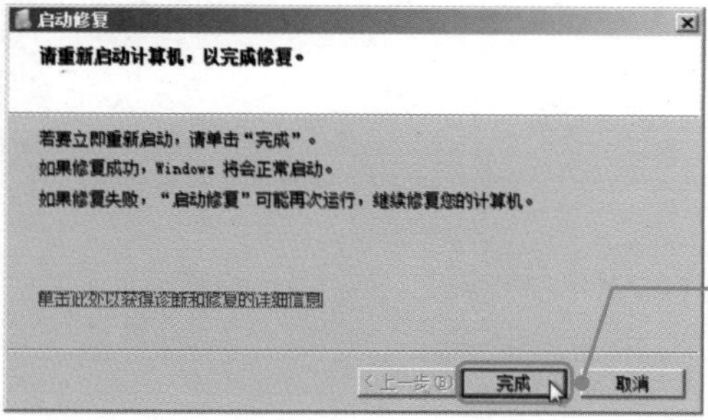

5 修复完成后单击“完成”按钮重启电脑。

Q2 如何关闭失去响应的程序？

有时候程序会因为各种原因而失去响应，此时需要将其强行关闭，以释放它占用的内容和CPU资源。

光盘同步文件

教学文件：光盘\视频教学\第8章\新手问答：Q2 如何关闭失去响应的程序.MP4

1 按下【Ctrl+Shift+Esc】快捷键，弹出“Windows任务管理器”窗口。

2 选择要关闭的任务。

3 单击“结束任务”按钮。

Q3 Windows 7下截图总是花屏，怎么办？

Windows 7本身显示很正常，但无论是用【Print Screen】键还是其他截图工具，所截取的图中都会有一部分花屏。

这主要是Windows 7自带的显卡驱动程序不完善所造成的，解决方法是下载并安装最新版的显卡驱动。

Q4 注册表编辑器被禁用了，怎么办？

上网看了一会网站后，意外地发现注册表编辑器不能使用了，这是因为被某些网站的恶意代码将注册表编辑器禁用了，解决此问题的方法如下。

打开记事本，把以下代码保存到文档里：

Windows Registry Editor Version 5.00

[HKEY_CURRENT_USER\Software\Microsoft\Windows\CurrentVersion\Policies\System]

"Disableregistrytools"=dword:00000000

将文档保存为“recover.reg”并运行，弹出一个确认对话框，单击“确定”按钮即可。

Q5 电脑被别人用过后，发现两个分区不见了，怎么办？

电脑被人用过以后，不知道修改了什么设置，导致有两个分区不见了。这多半是在组策略编辑器里进行了一些修改，导致两个分区被隐藏，将设置修改回来即可。

光盘同步文件

教学文件：光盘\视频教学\第8章\新手问答：Q5 电脑被别人用过后，发现两个分区不见了，怎么办.MP4

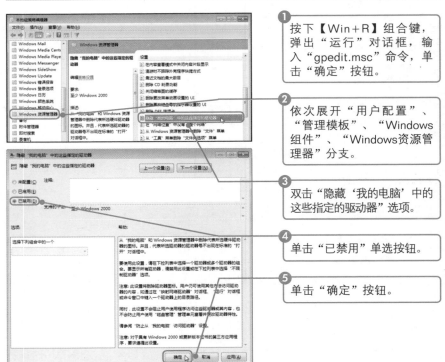

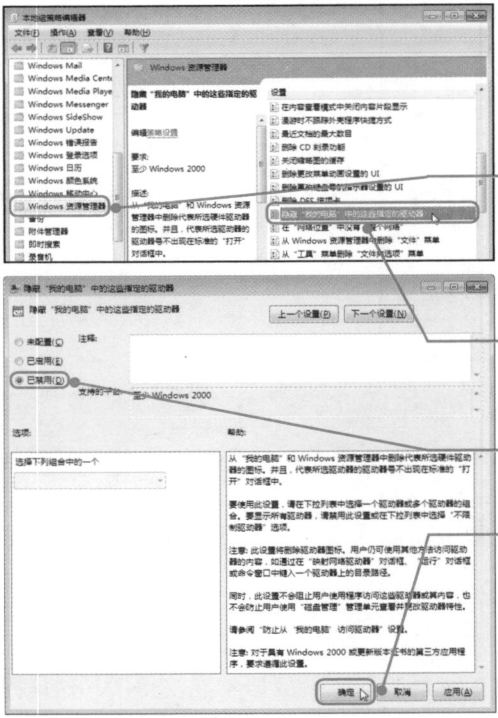

❶ 按下【Win+R】组合键，弹出“运行”对话框，输入“gpedit.msc”命令，单击“确定”按钮。

❷ 依次展开“用户配置”、“管理模板”、“Windows组件”、“Windows资源管理器”分支。

❸ 双击“隐藏‘我的电脑’中的这些指定的驱动器”选项。

❹ 单击“已禁用”单选按钮。

❺ 单击“确定”按钮。

CHAPTER 09 快速排除电脑硬件故障

关于本章

电脑的硬件大多数都是电子器件，如CPU、主板和各种板卡等，少数带有机械装置，如硬盘和光驱。这些设备在使用中都有可能会出现各种各样的问题，这就需要用到本章所讲解的知识去辨别和处理。本章遴选了最常见的硬件故障，向读者讲解其现象与解决的方法。

知识要点

- 显示器故障的排除方法
- 鼠标、键盘及移动存储器等外设故障的排除方法
- CPU故障的排除方法
- 主板故障的排除方法
- 内存、显卡和硬盘故障的排除方法

效果展示

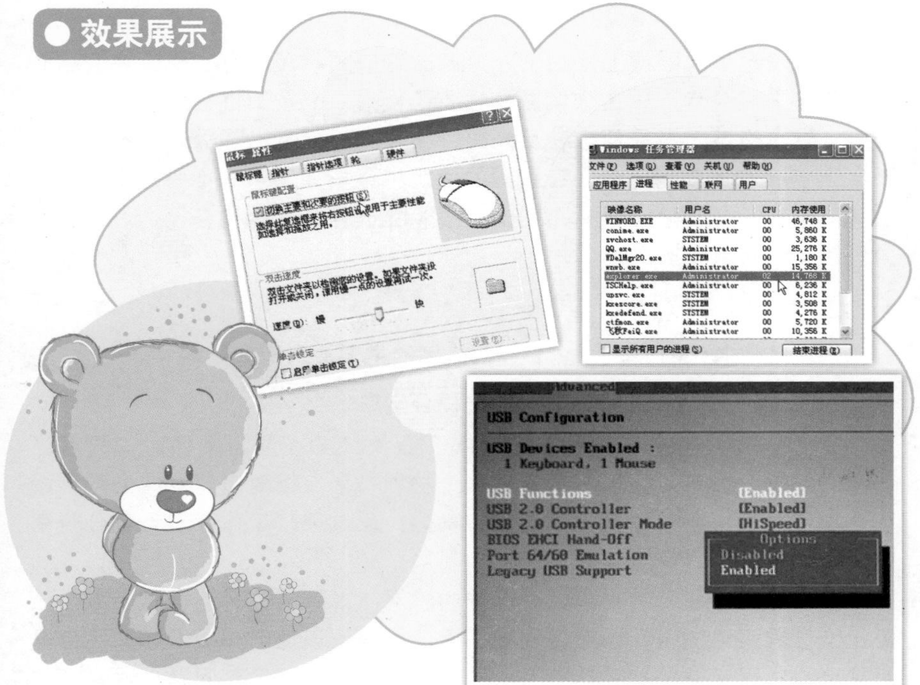

First

新手入门——必学基础

硬件故障也会影响到电脑的正常使用。电脑外部设备的故障相对比较简单，处理起来也比较容易，因此放在前面进行讲解。

主题 1 显示器常见故障排除

显示器是外设里比较贵重的一种。简单的显示器故障可以由用户自行处理；比较复杂的故障，如电路故障等，最好直接送修，用户不要打开机盖自行修理，谨防触电。

1. 关机时LCD显示器屏幕上出现干扰杂纹

这种情况是由显卡的信号干扰所造成的，属于正常现象。在显示器菜单中自动或手动调整相位可解决此问题，也有部分显示器经过调整之后还是无法解决，不过并不影响使用。

2. LCD显示器屏幕有黑斑

这种情况很大程度上是由于外力按压造成的。在外力的压迫下液晶面板中的偏振片会变形，这个偏振片性质像铝箔，被按凹进去后不会自己弹起来，这样造成了液晶面板在反光时存在差异，就会出现黑斑。不过，这不会影响LCD的使用寿命。在以后的使用中请多加注意，不要用手去按液晶屏。虽然IPS硬屏号称可以按压，但实际上也不要去强力按压，过大的压力仍然会对它造成损坏。

3. LCD显示器显示模糊

排除硬件老化的原因，LCD显示模糊的主要原因有如下两种。

（1）分辨率没有设置为LCD的最佳分辨率

最佳分辨率是LCD显示器的特点，因为LCD在显示图像时，只有当图像的每一个像素点与显示器的每一个物理像素点相对应时，才会得到最佳的显示效果，所以称为“最佳分辨率”；反过来，工作在非最佳分辨率时，LCD的显示质量就会明显下降。

很多是使用LCD的用户都有这样的感觉，当LCD的分辨率低于某个值时，文字因为“加粗”而变得模糊不清，而高于该值时，图像和文字会发虚甚至根本无法显示。究其原因，是LCD面板的生产工艺问题，因为LCD

面板上的物理像素点在出厂时就已经定型了，而且日后再也无法更改——俗称“物理分辨率”。在这个意义上说，LCD的“最佳分辨率”就等于“物理分辨率”。

（2）数字信号相位或像素设置不正确

如果不是因为分辨率设置的问题，那就可能是曾经在LCD的控制菜单中误调过信号相位、像素，或者是显卡输出信号和LCD显示器不相匹配。

解决办法非常简单，通过LCD显示器面板上的控制键就可调整为正常显示。首先选择“自动图像调整”或者“恢复”出厂设置，如果此时图像依然模糊的话，就进入“图像调整”菜单，对“微调”和“清晰度”（又可称为“相位”、“像素调节”）进行手动调节，一般的LCD都有中文菜单，这里就不再详细介绍。

4. LCD显示器字体有重影

LCD使用一段时间后，发现字体出现重影，这通常是因为显卡输出信号质量不过关引起的。

要检测是否是LCD显示器的问题，可将显卡分别与LCD显示器和CRT显示器分别连接进行测试，可以看到接CRT显示器没有重影而接LCD显示器有重影。

此时只需可更换一块确定没有问题的显卡后再看看显示器是否存在重影，如果没有重影了，就证明是原来的显卡的输出信号质量差，更换一块显卡即可。

5. CRT显示器局部抖动或出现色斑

电脑使用时发现屏幕一角的画面在抖动，这种现象偶尔出现；有时还显示有较大面积青紫的色块。

如果屏幕一角的画面在抖动，那么多半是音箱的变压器引起的；如果显示器显示有较大面积青紫的色块，那一定是显示器被磁化了。

第一种情况，把音箱拿开就可以了。同时也提醒大家，平常音箱等带磁性的电器，最好不要离显示器太近，长期靠近显示器会对其造成损害。

第二种情况，可把显示器旁的音箱等带磁性的电器挪开，然后使用显示器的消磁按钮进行消磁。现在一般的CRT显示器开机后能自动消磁，或具备手动消磁功能，可以方便地调出此功能来，如右图所示。

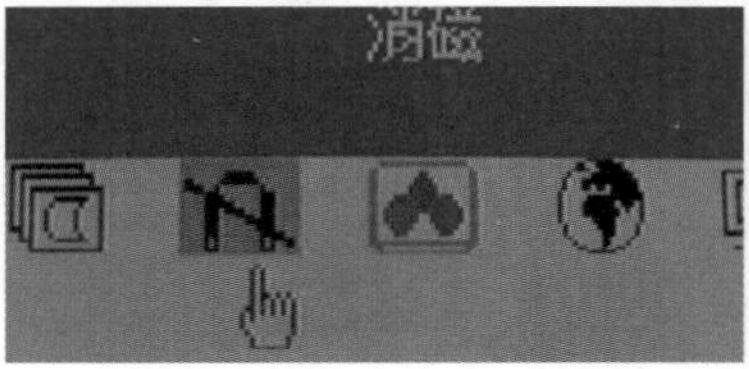

专家提示

无源音箱尤其不要靠着CRT显示器，因为里面的磁铁很容易影响到显示器。

如果调用显示器消磁功能后，还是不能回复正常，只有送到专业维修店去消磁了。

6. CRT显示器出现杂波或线条

电脑显示器屏幕上总会有挥之不去的干扰杂波或线条，而且音箱中也有令人讨厌的杂音。此类故障多半是电源插座的抗干扰性差所致，可以更换一个品牌电脑专用电源插座后再试。另外，也要注意检查一下电脑周边是否存在电磁干扰源。

主题 2 鼠标、键盘常见故障排除

鼠标和键盘是电脑上重要的输入设备，其中鼠标主要负责各类操作指令的发出，而键盘则担负文字输入的任务。这两类设备的使用频率最高，因此出现故障的频率也较高。

光盘同步文件

教学文件：光盘\视频教学\第9章\新手入门：主题2 鼠标、键盘常见故障排除.MP4

1. 鼠标左键失效

鼠标以前使用正常，现在不知是什么原因，开机进入Windows系统后鼠标左键就失效了。经确认，鼠标接口连接正常。

进入Windows以前鼠标左键正常，说明鼠标硬件是正常的，问题应该出在Windows里的鼠标驱动中。检查方法如下。

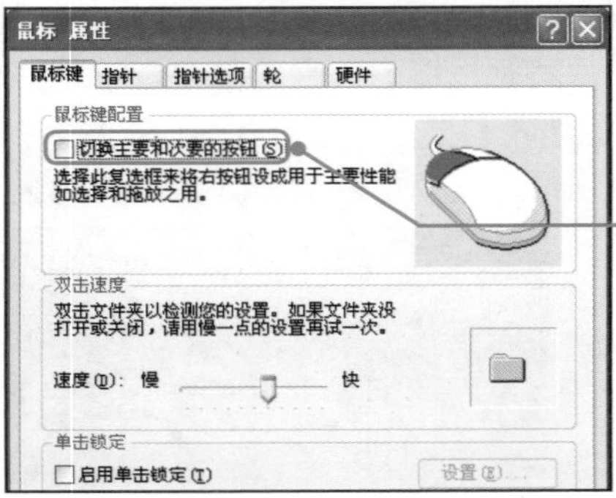

❶ 打开控制面板，双击“鼠标”图标，打开鼠标属性对话框。

❷ 检查“切换主要和次要的按钮”复选框，确保没有被勾选。

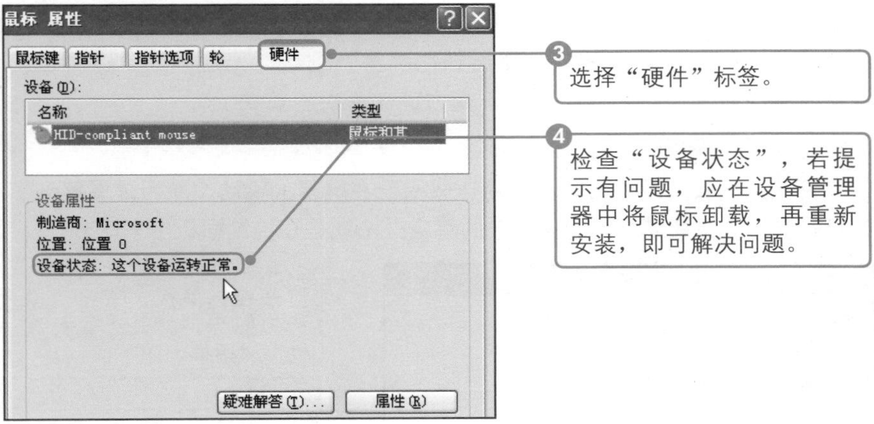

2. 系统检测不到鼠标

新购买的鼠标插上电脑后进入操作系统，却发现鼠标无法使用。在“设备管理器”中也没有发现鼠标设备。鼠标在购买时测试过，没有问题。

根据鼠标接口不同可分别按如下方法予以排查。

（1）PS/2接口

常有用户将鼠标PS/2接口和键盘接口插反，从而导致系统识别不到这两类设备。请注意在机箱背部最上方的两个PS/2接口，除了接口颜色不一样外，在接口旁边也会有相应的连接提示：绿色接口才是PS/2鼠标应该连接的位置。

（2）USB接口

如果是USB接口的鼠标，有可能是因为BIOS中没有打开使用USB设备的设置导致鼠标不能被识别。

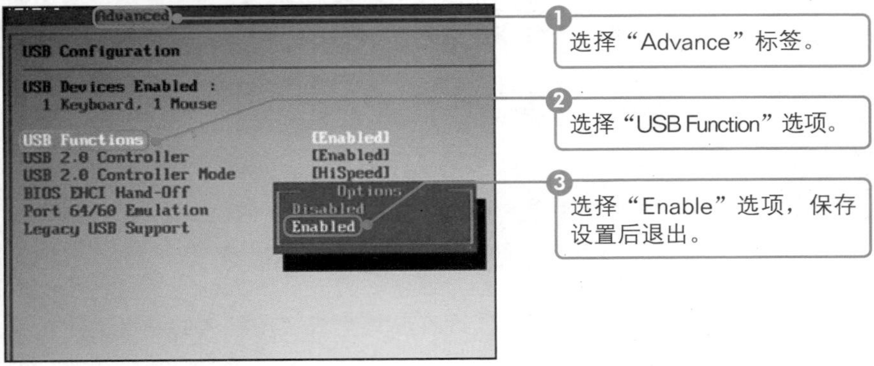

3. 鼠标指针经常乱跳

新购买的无线鼠标经常出现指针在屏幕上跳动，无法控制。这种情况排除质量问题的话，一般可从以下两方面着手进行解决。

（1）降低鼠标灵敏度

鼠标的灵敏度调得太高就容易造成指针在屏幕上跳动，原因是调整到了鼠标不支持的灵敏度上。比较简单的解决办法就是在控制面板中来调节。

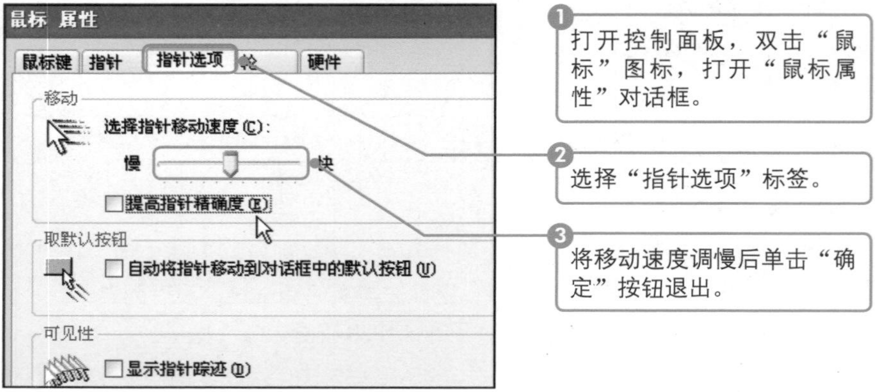

（2）换无线接收器接口

无线鼠标有一个USB无线接收器，插在电脑的USB接口上接收鼠标的无线信号。如果无线接收器驱动程序有问题或USB接口接触不好，也容易导致指针乱跳。可将无线接收器换到机箱背部的USB接口，然后再重新安装一次驱动程序，一般都可解决无线鼠标在使用上的一些小问题。

4. 键盘部分按钮不起作用

键盘上一些键，如空格键、回车键不起作用了，按下无反应。有的键需按很多次才输入一两个字符，有的键按下后弹不起来，需再按一次才能弹起来。

这种故障为键盘的“卡键”故障，不仅仅是使用很久的旧键盘，个别没用多久的新键盘上，键盘的卡键故障也时有发生。出现键盘的卡键现象主要由以下两个原因造成。

（1）键帽插柱位置偏移

如果键帽下面的插柱位置偏移，使得键帽按下后与键体外壳卡住不能弹起，就会造成卡键，此情况多发生在新键盘或使用不久的键盘上。如果是这类原因造成，可取下键帽后在键帽与键体之间放一个垫片，该垫片可用稍硬一些的塑料做成并中间开孔，将其套在按杆上后，再插上键帽。用此垫片阻止键帽与键体卡住，即可修复故障按键。

（2）按键复位弹簧性能变差

另一个原因就是按键长久使用后，复位弹簧弹性变得很差，弹片与按杆摩擦力变大，不能使按键弹起而造成卡键，此种原因多发生在长久使用的键盘上。将键帽拔下稍微拉伸复位弹簧使其恢复弹性，并加入少许键帽油（电脑城有售），通过减少按杆弹起的阻力来使故障按键得到恢复。

5. 某些字符不能输入

编辑文档时发现某些字符无法输入，按钮无反应。熟悉万用表的读者朋友可以取下该字符所在键帽，用万用表电阻挡测量接点的通断状态。再根据通断情况作出故障判断：

- 若键按下时始终不导通，则说明按键簧片疲劳或接触不良，需要修理或更换；
- 若键按下时接点通断正常，说明可能是因虚焊，或系统输入法等其他原因造成。

为了尽量避免这种某些按键失效不能输入的故障发生，特别是对于文字工作者而言，建议购买有塑胶按键的键盘，这样既能够防止手指打滑影响操作的情况发生，还能够避免按键因为多次操作而提前老化；而且，也应注意尽量选择键帽表面积更大的，这样对操作也非常有帮助，可大大降低误操作情况的发生。

主题 3 移动存储设备常见故障排查

U盘、移动硬盘价格比较便宜，应用也比较普及。由于二者经常在电脑上插拔，也比较容易出现故障，下面就讲解一些常见故障的排除方法。

光盘同步文件

教学文件：光盘\视频教学\第9章\新手入门：主题3 移动存储设备常见故障排查.MP4

1. 移动硬盘不能使用

新购买的移动硬盘在商家处试机时一切正常，而拿回家接在自己电脑上却不能用。发生这种情况是什么原因导致的呢？

其实此类问题的原因很简单，只不过是因为机箱上前后USB接口电压略有区别造成的。理论上前后USB接口不应有任何区别，但实际使用中往往就会出现一些这样的现象，即设备插到前置USB接口上，要么不能使用，要么经常出现错误，而插到后置USB接口上就一切正常了。不仅U盘、移动硬盘如此，很多其他设备，如PSP游戏机、苹果iPod、iPhone等都会有这样的现象发生。

2. 移动存储设备无法安全删除

时常会用到移动存储设备来存取数据，有时使用完毕后在准备拔除设备时，在安全删除硬件的步骤上出现问题：提示无法安全删除。

这个问题在Windows XP操作系统上比较常见，虽然有时已经把移动存储设备上的文件关闭或者退出窗口，当安全删除硬件时，还是会提示正在使用而无法删除。

实际上，这是因为有些打开的文件，虽然已经关闭，但是还未完全从内存中释放，所以出现暂时无法删除的故障，可以通过重新创建“explorer.exe”进程的办法来解决。

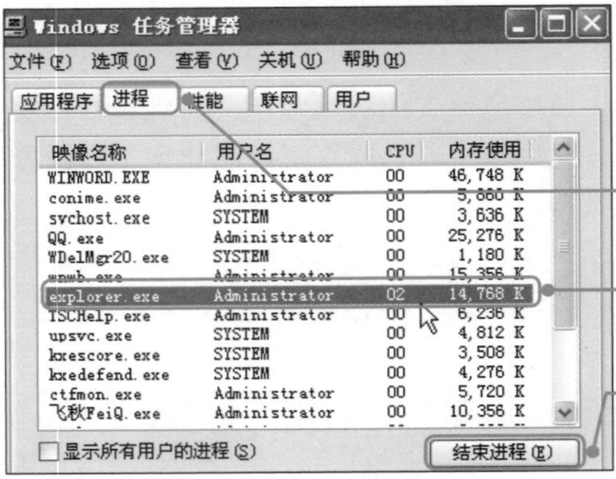

1 按下【Ctrl+Shift+Esc】键，弹出“Windows任务管理器”窗口。

2 选择“进程”标签。

3 选择“explorer.exe”选项。

4 单击“结束进程”按钮。

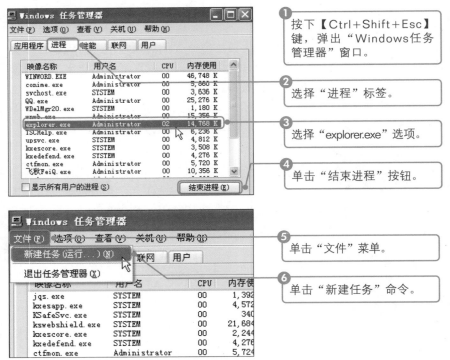

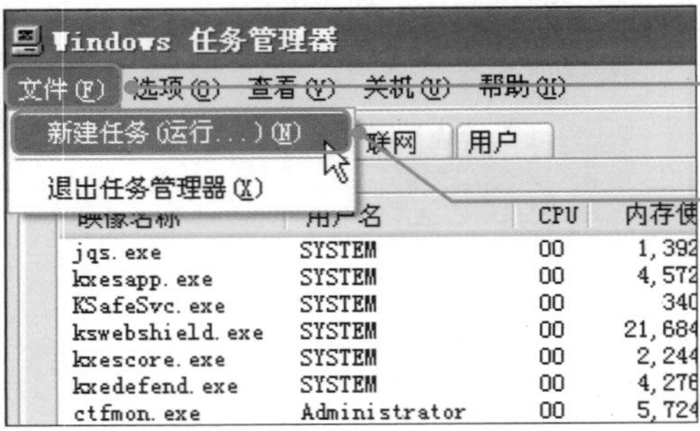

5 单击“文件”菜单。

6 单击“新建任务”命令。

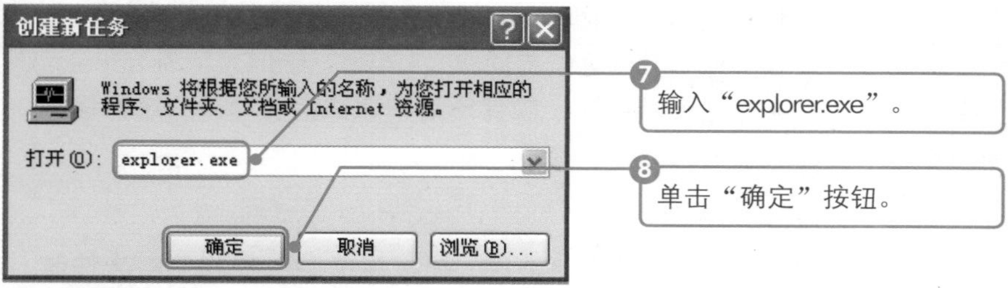

教您一招：注销并重新登录

如果当前没有正在进行的重要操作，可以通过注销系统的方法来释放内存，这样也能解决上述故障。另外，此类故障在Windows 7系统下已经得到了很好的解决。

3. 移动存储设备无法写入

连接移动硬盘准备拷贝数据时，弹出“写入缓存失败（Delayed write failed）”的提示，无法完成数据读取。

引起“写入缓存失败”的原因主要有以下几方面。

（1）移动存储设备本身原因

这种情况尤其发生在PDA等移动设备上。有些PDA或智能手机在连接电脑时，会要求安装额外的驱动程序，而这些设备在Windows XP操作系统中就会报告一个虚假消息，告诉用户“写入缓存失败”。通常的解决办法就是为移动存储设备更新安装最新版本的驱动程序。

（2）数据线的原因

错误的或者损坏的数据线，特别是外部USB线和火线，也容易造成这种情况。如果移动存储设备的数据线过长，或者数据线连接到的是一个质量不合格的USB HUB上，也会造成写入缓存失败。

（3）BIOS设置原因

如果在电脑的BIOS设置中强制开启了移动存储设备所不支持的UDMA模式，也会导致上述故障的发生。虽然UDMA 模式能够增强磁盘的性能，但是如果连接的移动存储设备不支持的话就将会导致一些错误发生。这种情况并不多见，主要是发生在新安装的硬件设备上。

解决办法就是通过升级BIOS或者将BIOS中关于硬盘驱动器的“DMA Mode”选项恢复成默认的“Auto”（自动）模式来解决。

（4）移动存储设备出现损坏

这是最严重的一种情况，可以借助HD Tune、Hard Disk Sentinel等磁盘专用检测工具来帮助诊断错误。软件通过获取磁盘驱动器的统计信息，来判断是否出现了机械（物理）故障。

4. 移动硬盘复制大文件时出错

新买不久的USB2.0接口移动硬盘，在家里电脑上复制电影文件时，硬盘发出异样的杂音，复制文件出现错误，并提示“该驱动器没有被格式化”。拔出USB连线后重新插上，又可以复制一些文件，但不久又出现同样的问题。

由于是新买的移动硬盘，硬盘质量应该不会有问题；由于该移动硬盘在出现故障后，仍能通过拔插USB接口线来重新工作，所以应重点从USB接口供电、移动硬盘的磁盘错误等方面来排查。

（1）检查移动磁盘错误

磁盘错误通常是由频繁的存取数据造成的，和设备新旧并无太大关系。所以，首要做的排查工作就是对移动硬盘进行磁盘错误的检查。可以使用系统自带的chkdsk 命令以及专门的硬盘级检测工具HD Tune Pro来进行。

（2）换插传输率更高的USB接口

移动硬盘上的USB接口通常是采用传输速率更快的USB2.0/3.0规格，有些移动硬盘还提供IEEE1394接口；而如果本机USB接口仅支持USB1.0，由于传输速率受限也会容易出现复制文件出错的故障。所以，除了保证移动硬盘已正确连接电源外，还要注意连接到主机上支持的更快的USB或IEEE1394接口上。

（3）前后USB接口换插

前面已经提到过，由于前置USB接口常常出现问题，因此可将设备换到后置USB接口，这样可为移动硬盘提供更充足的电力供应，很多问题就可迎刃而解。

主题 4 打印扫描设备常见故障排查

无论是公司还是家庭，打印机、扫描仪的使用都已经相当普遍，因此这类设备的一些常见故障及排查方法，也应该有一定的掌握。

1. 打印机经常出现卡纸问题

已使用一段时间的家用打印机，最近经常出现卡纸现象。扯出卡纸后又工作正常。

卡纸虽然不是很严重的故障，但它却对用户的日常使用带来不小的影响。事实上，如果用户能够掌握一些窍门，就能较好地摆脱卡纸的“困扰”。下面就来了解相关的窍门。

（1）打印纸张的选用

打印纸的好坏能够直接影响到卡纸率，更严重的能够影响设备寿命，请不要选用有以下现象的纸张。

- 同一包纸厚薄不均，尺寸不一，甚至有缺损；
- 纸的边缘有明显的毛茬；
- 纸毛太多，在干净的桌面上抖过后会留下一层白屑。纸毛太多的打印纸会加速打印机相关部件的磨损。

（2）注意防潮、防静电

受潮的纸张在打印机内受热后变形就容易造成卡纸。秋冬两季天气干燥，易产生静电，打印纸张就会经常两三张粘在一起，造成卡纸。有条件的话，建议最好能在打印机附近放置一台除湿器，让纸张保持干燥。

（3）注意定期保养

对打印机进行全面的清洁保养是保证打印效果、减少卡纸的最有效的手段。如果发生卡纸，在取纸时请注意以下几点：取卡纸时，只可扳动打印机说明书上允许动的部件。尽可能一次将整纸取出，注意不要把破碎的纸片留在机器内。若确信所有卡纸均被清除，但卡纸信号仍不消失时，可重新开关一次打印机电源。

2. 打印颜色和屏幕显示不一致

一台喷墨打印机彩打出的图片颜色和屏幕显示的颜色不一致，墨盒都是才换的新墨盒，也未出现墨盒用尽的提示。这是什么原因造成的？

如果喷墨打印机打印出来的颜色与屏幕上显示的颜色不一致，就说明打印机出现了偏色现象。出现这种现象的主要原因是软件设置不当，或者是由于打印机驱动程序版本太低引起。对于前者可重新调整软件设置，对于后者可安装最新驱动程序。

3. 新换的墨盒在打印时仍提示墨水用尽

打印机墨水指示灯并未亮起，而且墨盒也是新换的，但在打印时却出现没有墨水的软件提醒。

正常情况下，当墨水已用完时“墨尽”灯才会亮。更换新墨盒后，打印机面板上的“墨尽”灯还亮，发生这种故障，一是可能墨盒未装好，另一种可能是在关机状态下自行拿下旧墨盒，更换上新的墨盒。因为重新更换墨盒后，打印机将对墨水输送系统进行充墨，而这一过程在关机状态下将无法进行，使得打印机无法检测到重新安装上的墨盒。另外，有些打印机对墨水容量的计量是使用打印机内部的电子计数器来进行计数的（特别是在对彩色墨水使用量的统计上），当该计数器达到一定值时，打印机判断墨水用尽。而在墨盒更换过程中，打印机将对其内部的电子计数器进行复位，从而确认安装了新的墨盒，如果关机更换墨盒，则计数器没有复位，导致误报。

解决方法很简单，打开电源，将打印头移动到墨盒更换位置。将墨盒安装好后，让打印机进行充墨，充墨过程结束后，故障排除。

4. 操作时提示扫描仪未准备就绪

打开扫描仪电源后，发现Ready灯不亮，在系统中操作准备要扫描照片时，也提示扫描仪未准备好。

可先检查扫描仪内部灯管。若发现内部灯管是亮的，就可能与室温有关。解决的办法是让扫描仪通电半小时后关闭扫描仪，一分钟后再打开它，一般问题即可解决。

若此时扫描仪仍然不能工作，则先关闭扫描仪，断开扫描仪与电脑之间的硬件连接；重新启动电脑后再开启扫描仪电源。在冬季气温较低时，最好在使用前先预热几分钟，这样就可避免开机后Ready灯不亮的现象。

5. 扫描画面颜色模糊

用扫描仪扫描出来的照片，感觉图像模糊，其解决方法如下。

可先看看扫描仪上的平板玻璃是否脏了，如果是的话将玻璃用干净的布或纸擦干净，注意不要用酒精之类的液体来擦，那样会使扫描出来的图像呈现彩虹色。

如果不是上述问题，再检查扫描仪使用的分辨率。比如光学分辨率低的扫描仪扫描高清数码图片，就有可能出现影像比较模糊的情况；因此要注意在扫描仪管理程序中进行适当调节。另外，如果是扫描一些印刷品，有一定的网纹造成的模糊是可以理解的，处理方法可以用扫描仪本身自带的软件，也可以用Photoshop等图像软件加以处理。

主题 5 声音输入输出设备常见故障排查

声音输入输出设备，主要包括电脑音箱以及便携式耳机、电脑话筒等。在使用过程中，这两类声音设备的故障大多都是因为系统设置以及平常一些误操作造成。解决该问题的方法如下。

光盘同步文件

教学文件：光盘\视频教学\第9章\新手入门：主题5 声音输入输出设备常见故障排查.MP4

1. 麦克风不能录音

重装系统后发现带麦克风没法录音了，没有任何反应。这种情况在排除了硬件故障之后，可以判断是因为设置问题引起的。

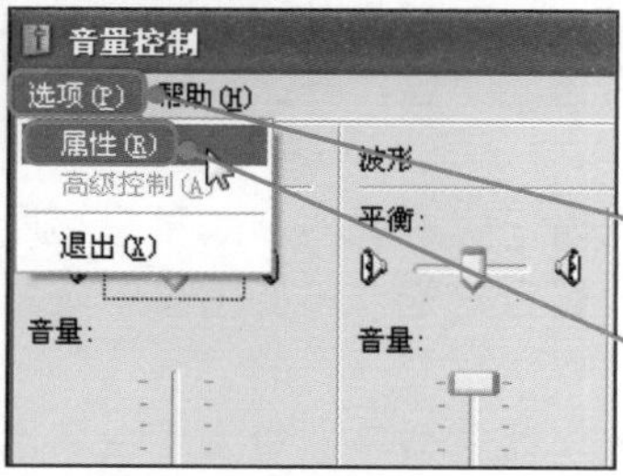

1 双击任务栏右下角的喇叭图标。

2 单击“选项”菜单。

3 单击“属性”命令。

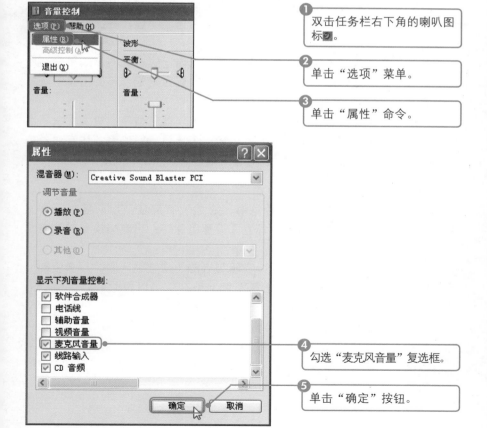

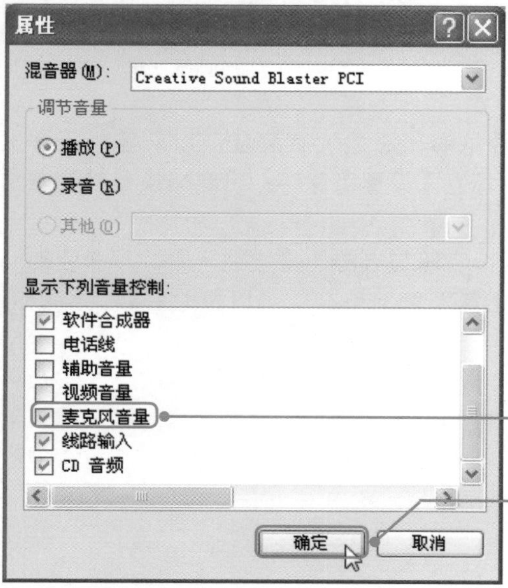

4 勾选“麦克风音量”复选框。

5 单击“确定”按钮。

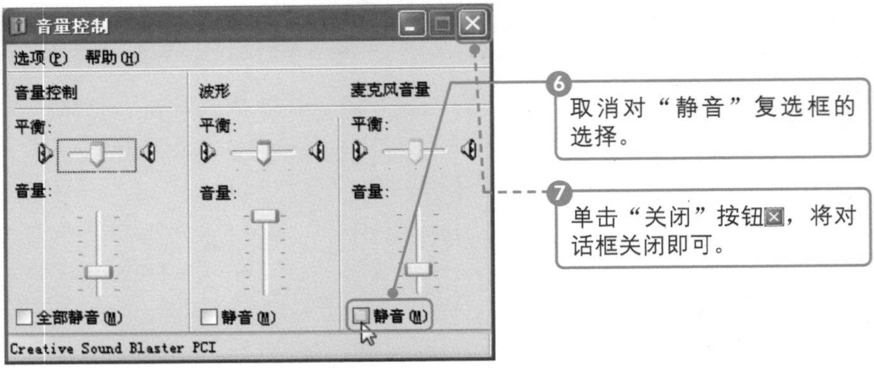

2. 音箱经常发生异响是怎么回事

只要显示器屏幕产生变化，比如打开窗口、浏览网页时，音箱里就会发出“嗞嗞”的异响；已排除是音箱与灰尘引起的问题，各板卡的安装也没有问题。

这类故障通常是由显示器和音箱之间的电磁干扰造成的，如果想彻底解决这类问题，最好的办法就是将电脑音箱放置远一些，不要太靠近液晶显示器。

另外，这两类设备如果共插在一个插座上，而且插座质量太差或其他电流原因，也可能导致音响的异响。更换一个质量更好的电源插座或是将显示器和音响的电源插头分开，也能起到很好的故障排除效果。

3. 音箱不发声

音箱不管是放MP3还是播放电影，总是没有声音，以前都能正常发声，检查了桌面右下角有声音图标且未设置为静音；将音箱换到其他电脑上都能正常发音。

这类故障无外乎就两个原因：音箱与电脑的连接线问题、声卡驱动问题。如果在其他电脑上音箱能正常发声，那么就可以排除音箱本身的问题。除此外，就需要特别注意区别电脑音箱接口。

在机箱背部面板上有三个音源接口，外接电脑耳机和外接木质音箱时，要插入对应的接口才能让相应的设备正常工作。音箱或耳机要插入到绿色的接口，才能正常发声。机箱背部面板上的三个音源接口都有相应的接入提示，请注意检查，如下页图所示。

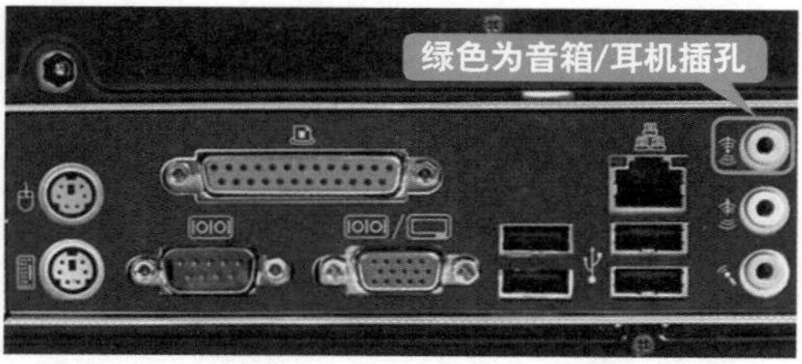

Next 新手提高——技能拓展

前面讲解了相对比较简单的外设故障的排除方法，下面讲解复杂一些的主机内部设备故障的排除方法。

主题 1 CPU常见故障排查

CPU是电脑的核心硬件，下面将介绍有关CPU在出现故障时所应采取的解决方法。

1. CPU散热类常见故障及解决方法

CPU散热类故障是指由于CPU散热片或散热风扇问题引起的CPU工作不良故障。由于目前的双核处理器集成度非常高，因此发热量也非常大，散热风扇对于CPU的稳定运行便起到了至关重要的作用。

目前CPU都加入了过热保护功能，超过规定温度以后便会自行关机，以免CPU因过热而烧毁。但温度过高会使CPU工作不正常，导致电脑产生频繁死机，重新启动或黑屏等现象，严重影响用户的正常使用。

当出现CPU散热类故障时，可以采用下面的方法解决。

- 首先检查CPU散热风扇运转是否正常，如果不正常，更换CPU散热风扇。
- 如果CPU风扇运转正常，检查CPU风扇安装是否到位，如果没有安装好，重新安装CPU风扇。
- 接下来检查散热片是否与CPU接触良好，如果接触不良，重新安装CPU散热片，并在散热片上涂上硅胶。

2. CPU超频类常见故障及解决方法

很多用户为了追求更高的工作频率，都喜欢将CPU超频使用。虽然

CPU超频后的确在性能上有所提升，但对系统的稳定性和CPU的使用寿命是非常有害的，因为超频后的CPU对散热的要求比较高，如果散热不良将出现无法开机、开机自检时死机、能够正常开机却进入不了操作系统、在运行过程中经常发生死机蓝屏等现象。

当出现CPU超频类故障时，可以按照下面的方法解决。

- 首先改善CPU的散热条件（如更换更大的散热片和散热风扇），看故障是否消失。
- 如果故障没有排除，接着在BIOS中或通过主板跳线将CPU的工作电压调高0.05V，看故障是否消失。
- 如果故障依然没有消失，接着恢复CPU的频率，使CPU工作在正常的频率下即可排除故障。

3. CPU供电类常见故障及解决方法

CPU供电类故障是指CPU没有供电，或CPU供电电压设置（通常在BIOS中进行设置）不正确等引起的CPU无法正常工作的故障。

如果CPU供电电压设置不正确，一般表现为CPU不工作故障现象，而如果主板没有CPU供电，则一般无法开机。

当电脑出现CPU供电类故障时，可以按照下面的方面进行检修。

- 先将CMOS放电，将BIOS设置恢复到出厂时的初始设置，然后开机，如果是由于CPU电压设置不正常引起的故障，一般可以解决。
- 如果故障发生前没有进行CPU电压的设置，则可能是CPU供电电路有故障，需要送到主板生产厂商或专业维修点进行维修。

4. CPU安装类常见故障及解决方法

CPU安装类故障是指由于CPU安装不到位或CPU散热片安装不到位引起的故障。

CPU安装基本都采用了针脚对针脚的防呆式设计，方向不正确是无法将CPU正确装入插槽中的，所以在检查时应把重点放在安装是否到位上。

当电脑发生CPU安装类故障，可以按照以下的方法进行检修。

- 首先检查CPU风扇运转是否正常，如果正常，接着检查CPU风扇是否安装到位。如果不到位，重新安装CPU风扇。
- 如CPU风扇安装正确，接着用手摇摆CPU散热片并观察，检查CPU散热片是否安装牢固，是否与CPU接触良好。
- 如没有发现异常，接着卸掉CPU风扇，拿出CPU，然后用肉眼观察CPU是否有烧焦、挤压的痕迹。

- 如有异常，再将CPU安装到另一台能正常运行的电脑中进行检测，如果CPU依然无法工作，则CPU损坏，更换CPU。
- 如CPU没有异常，将CPU重新安装好，再在CPU散热片上涂上硅脂，然后重新安装好即可。

主题 2 主板常见故障排查

主板故障往往表现为系统启动失败、屏幕无显示等难以直观判断的现象，下面就介绍一些常见的故障及解决办法。

1. 主板常见故障

由于主板上包含的组件较多，因此主板故障产生的原因也相对较多，主要包括以下几个方面。

（1）主板组件接触不良或者短路

造成主板接触不良或短路的原因有以下几种。

- 主板上的灰尘较多。如果主板上的灰尘较多，则很可能导致插槽与板卡接触不良而产生故障。
- 主板上的部件接触不良。主板上有多个部件，如果这些部件没有正确地插入主板上相对应的插槽或者插得不牢靠也会因接触不良而产生故障。
- 在拆装机箱时，不小心掉入主板上的诸如小螺丝之类的金属物可能会卡在主板的元器件之间从而出现短路现象。
- 也可能是主板与机箱底板间少安装了用于支撑主板的小铜柱而使得主板与机箱直接接触了，从而导致具有短路保护功能的电源自动切断了。

（2）CMOS电池电量不足

CMOS电池电量不足将会造成电脑在开机时不能正确地找到硬盘、系统时间不正确、CMOS设置不能保存等故障。

（3）主板电路元件损坏

主板上部件的物理性损伤导致主板故障，包括芯片被烧毁、电阻损坏、电容被击穿以及其他的电路元件的故障。例如，主板上打印机控制芯片损坏造成了无法联机打印的故障。

（4）BIOS受损

主要是指BIOS刷新失败或者CIH病毒造成的BIOS受损问题。如果引导块没有被破坏，则可用自制的启动盘重新刷新BIOS；如果引导块也损坏的话，则可用热插拔法或者利用编程器进行修复。

（5）主板兼容性问题

主要指的是添加新的硬件或者启用某个硬件的某项功能后，与原有的主板不兼容而导致的故障。

（6）主板参数设置不当

目前的主板都提供有调节CPU电压、外频，甚至显卡电压等方面的设置。不论是用软跳线技术（通过BIOS设置自动/手动调节）或者硬跳线技术进行设置，都要考虑所使用的硬件的额定工作条件。如果设置的不当，则可能引发种种故障。例如在对CPU进行超频设置时，通常需要增加CPU的电压。但是如果超出了CPU的电压范围，就会出现系统无法启动的故障。

（7）主板散热问题

有些主板将北桥芯片上的散热片省掉了，这可能会造成芯片的散热效果不佳，从而导致系统运行一段时间后死机。

（8）主板驱动程序问题

主板驱动丢失、破坏、重复安装都会引起操作系统引导失败或者造成操作系统工作不稳定的故障。

2. 主板常见故障解决方法

电脑主板结构比较复杂，故障率比较高，故障现象较复杂，分布也较分散，下面列举几种常见主板的维修方法。

（1）开机无显示的故障处理

很多人认为，开机无显示故障是由硬件所引起的，这种看法有一定的片面性。在检修这类故障的时候，一般还是应该先从软故障的角度入手解决问题。开机时，若电源指示灯没有亮，一般应该怀疑外接电源没有接好或电源有问题。

若开机电源指示灯亮但无显示，这种情况一般应按以下的顺序去排查故障。

- 先用工具清除主板上的灰尘再开机。
- 通过主板的跳线（一般在CMOS的电池旁边，具体位置可以参看主板说明书）清除主板上CMOS原有的设置再开机。
- 重新安装CPU后再开机。
- 将电脑硬件组成最小系统后再开机。

在经过以上四个步骤后，若开机还是没有显示，这时可以在最小系统中拔掉内存。若开机报警，则说明主板应该没有太大的问题。故障的怀疑重点应该放在其他设备上，可以参考启动类故障的检修方法去确定故障点。若在拔掉内存后开机不报警，一般来说，故障可能出在主板上，这时只能把主板送到专业的维修点去维修了。

（2）开机有显示但自检无法通过的故障处理

开机有显示但自检无法通过，这类故障一般都会有错误提示信息。我们在排除这类故障时，主要是根据该提示信息，找出故障点。但这类故障一般是因为主板的某个部件损坏而引起的，多数应该属于硬故障，但也不排除软故障的可能。针对软故障的排查，我们可以依照以下的顺序进行。

- 部件的检查：主要是针对连接在主板上的所有板卡、连接线和其他连接设备的检查。检查是否有短路、接插方法是否正确、接触是否良好，可以通过重新插拔来解决一些故障。同时应检查部件的后挡板尺寸是否合适，这可通过去掉后挡板检查。另外，对有些部件可以换个插槽和连接头使用。
- BIOS设置检查：主要是检查因BIOS设置不正确引起的故障。首先可以尝试清除CMOS，看故障是否消失。主板上一般都有清除CMOS的跳线，具体的位置可以参看主板说明书。同时也应该检查BIOS中的设置是否与实际的配置不相符（如：磁盘参数、内存类型、CPU参数、显示类型、温度设置、启动顺序等）。最后可以根据需要更新BIOS来检查故障是否消失。

主题 3 内存常见故障排查

内存发生故障时，通常表现为无法开机、突然重启、死机蓝屏、出现“内存不足”的错误提示、内存容量减少等现象。

1. 内存常见故障诊断方法

当怀疑内存问题出现故障时，可以按照下面的步骤进行检修。

- 首先将BIOS恢复到出厂默认设置，然后开机测试。
- 如果故障依旧，接着将内存拆下，然后清洁内存及主板内存插槽上的灰尘。
- 如果清洁后故障依旧，用橡皮擦拭内存的金手指（也就是内存伸入卡槽的部分），擦拭后，安装好开机测试。
- 如果还是没解决问题，将内存安装到另一插槽中，然后开机测试。如果故障消失，重新检查原内存插槽的弹簧片是否变形。如果变形了，调整好即可。

- 如果更换内存插槽后，故障依旧，再用替换法检测内存。如果用一条好的内存安装到主板后，故障消失，则可能是原内存的故障；如果故障依旧，则是主板内存插槽问题。
- 同时将故障内存安装到另一块正常的主板上测试，如果没有故障，则内存与主板不兼容；如果在另一块主板上出现相同的故障，则是内存质量问题。

2. 内存设置常见故障及解决方法

内存设置故障是指由于BIOS中内存设置不正确引起内存故障。如果内存参数设置不正确，电脑将出现无法开机、死机或无故重启等故障现象。

当电脑出现内存设置故障时，可以按照以下的方法进行检修。

- 进入BIOS设置程序，接着使用“Load BIOS Defaults”选项将BIOS恢复到出厂默认设置即可。
- 如果电脑无法开机，则打开电脑机箱，然后将利用CMOS跳线将主板放电，接着再开机重新设置即可。

3. 内存接触不良常见故障及解决方法

内存接触不良故障是指内存条与内存插槽接触不良引起的故障，通常会造成电脑死机、无法开机、开机报警等现象。

引起内存条与内存插槽接触不良的原因主要包括内存金手指被氧化、主板内存插槽上蓄积尘土过多、内存插槽内掉入异物、内存安装时松动不牢固、内存插槽中簧片变形失效等。

当电脑出现内存接触不良故障时，可以按照如下方法进行解决。

- 首先拆下内存，然后清洁内存条和主板内存插槽中的灰尘，接着重新将内存安装好，并开机测试，看故障是否消失。
- 如果故障依旧，接着用橡皮擦拭内存条的金手指，清除内存条金手指上被氧化的氧化层，然后安装好开机测试。
- 如果故障没有消失，可以将内存插在另一个内存插槽，开机测试。如果故障消失，则是内存插槽中簧片变形失效引起的故障，重新检查原内存插槽的弹簧片是否变形。如果变形了，调整好即可。

4. 内存兼容性常见故障及解决方法

内存兼容性故障是指内存与主板不兼容引起的故障，通常表现为电脑死机、内存容量减少、电脑无法正常启动、无法开机等故障。

当出现内存兼容性故障时，可以按照以下方法进行检修。

- 首先拆下内存条，然后清洁内存条和主板内存插槽中的灰尘，清洁后重新安装好内存。如果是灰尘导致的兼容性故障，即可排除。
- 如果故障依旧，再用替换法检测内存。如果内存安装到其他电脑后可以正常使用，同时其他内存安装到故障电脑也可以正常使用。则是内存与主板不兼容故障，需要更换内存。

5. 内存质量不佳或损坏常见故障及解决方法

内存质量不佳或损坏故障是指内存芯片质量不佳引起的故障或内存损坏引起的故障，将导致电脑经常进入安全模式或死机；而内存损坏通常会导致电脑无法开机或开机后有报警声。

对于内存芯片质量不佳或损坏引起的故障需要用替换法来检测。一般芯片质量不佳的内存在安装到其他电脑时也出现同样的故障现象。测试后，如果确定是内存质量不佳引起的故障，更换内存即可。

主题 4 显卡常见故障排查

显卡故障主要集中在兼容性与驱动的安装上，主要表现为起动后花屏、黑屏、死机等现象，下面就来看看几种常见故障的解决方法。

1. 显卡接触不良故障解决方法

显卡接触不良故障是指由于显卡与主板接触不良导致的故障，具体表现为电脑无法开机且有报警声，或系统不稳定死机等现象。显卡接触不良一般是由于显卡金手指被氧化、灰尘过多、显卡品质差或机箱挡板问题等引起。

当电脑出现显卡接触不良故障时，可以按照下面的方法进行检修。

- 首先打开机箱检查显卡是否完全插好，如果没有，将显卡拆下，然后重新安装。
- 如果还是没有安装好，接着检查机箱的挡板，调整挡板位置使显卡安装正常。
- 如果显卡已经完全插好，接着拆下显卡，然后清洁显卡和主板显卡插槽中的灰尘，并用橡皮擦拭显卡金手指中被氧化的部分。之后将显卡安装好，然后进行测试。如果故障排除，则是灰尘引起的接触不良故障。
- 如果故障依旧，接着用替换法检查显卡是否有兼容性问题，如果有，更换显卡即可。

2. 显卡驱动程序故障解决方法

显卡驱动程序故障是指由显卡驱动程序引起的无法正常显示的故障，一般表现为系统不稳定、死机、花屏、文字图像显示不完全等故障。显卡驱动程序故障主要包括显卡驱动程序丢失、显卡驱动程序与系统不兼容、显卡驱动程序损坏、无法安装显卡驱动程序等。

当电脑出现显卡驱动程序故障时，可以按照下面的方法进行检修。

- 首先查看显卡的驱动程序是否安装正确。打开“设备管理器”窗口查看是否有显卡的驱动程序。
- 如果没有发现显卡驱动程序项，说明没有安装显卡的驱动程序，重新安装即可。如果有，但显卡驱动程序上有黄色的“!”，说明显卡驱动程序没有安装好，或驱动程序版本不对，或驱动程序与系统不兼容等。
- 如果还不正常，则可能是驱动程序与操作系统不兼容，下载新版的驱动程序然后重新安装。
- 如果安装后故障依旧，则可能是显卡有兼容性问题，或操作系统有问题。接着重新安装操作系统，然后检查故障是否消失。
- 如果故障依旧，再用替换法检查显卡，看显卡是否有兼容性问题。如果有问题更换显卡即可。如果没有，则可能是主板问题，更换主板。
- 再用安全模式启动电脑，对于一般的注册表损坏故障安全模式可以进行修复。
- 如果用安全模式启动电脑后，注册表故障没有消失，接着用“最后一次正确的配置”启动电脑。这样可以用系统自动备份的注册表恢复系统注册表。
- 如果还不行，可使用手动备份的注册表文件恢复损坏的注册表，一般恢复后故障即可消除。
- 如果恢复后故障依旧。则可能故障还有其他方面的原因（如系统有损坏的文件等），就只有使用重新安装操作系统的方法来解决故障问题。

3. 显卡兼容性故障解决方法

显卡兼容性故障是指显卡与其他设备冲突，或显卡与主板不兼容无法正常工作的故障。通常表现为电脑无法开机且有报警声、系统不稳定经常死机、屏幕出现异常杂点等故障。显卡兼容性故障一般发生在电脑刚装机或进行升级后，多见于主板与显卡的不兼容或主板插槽与显卡金手指不能完全接触。

当电脑出现显卡兼容性问题时，可以采用下面的方法进行检修。

- 首先关闭电脑，然后打开机箱，拆下显卡，清洁显卡及主板显卡插槽灰尘，特别是显卡的金手指。清洁后测试电脑是否正常。
- 如果故障依旧，接着用替换法检查显卡，如果显卡与主板不兼容，更换显卡即可。

主题 5 硬盘常见故障排查

硬盘是负责存储我们资料的仓库，硬盘的故障如果处理不当往往会导致系统无法启动和数据丢失，初学者处理此类故障有很大难度。

1. 硬盘故障分类

硬盘的故障大体可以分为硬故障和软故障。

- 硬故障：硬盘的硬故障主要包括磁头组件故障、控制电路故障、综合性故障和物理坏道等。
- 软故障：硬盘的软故障主要包括磁道伺服信息出错、系统信息区出错和扇区逻辑错误（也称为逻辑坏道）等。

2. 硬盘常见故障及原因

硬盘常见的故障现象主要有以下几种。

- 在读取某一文件或运行某一程序时，硬盘反复读盘且出错，或者要经过很长时间才能成功，同时硬盘会发出异样的杂音。
- FORMAT硬盘时，到某一进度停止不前，最后报错，无法完成。
- 对硬盘执行FDISK时，到某一进度会反复进退。
- 硬盘不启动，黑屏。
- 正常使用计算机时频繁无故出现蓝屏。
- 硬盘不启动，无提示信息。
- 硬盘不启动，显示“Primary master hard disk fail”信息。
- 硬盘不启动，显示“DISK BOOT FAILURE INSERT SYSTEM DISK AND PRESSENTER”信息。
- 硬盘不启动，显示“Error Loading Operating System”信息。
- 硬盘不启动，显示“Not Found any active partition in HDD”信息。
- 硬盘不启动，显示“Invalidpartitiontable”信息。
- 开机自检过程中，屏幕提示“Missing operating system”、“Non Os”、

“Non svstem diskor disk error，replace disk and press a key to reboot”等类似信息。

- 开机自检过程中，屏幕提示“Hard disk not present”或类似信息。
- 开机自检过程中，屏幕提示“Hard disk drive failure”或类似信息。

造成硬盘故障的原因较多，主要有以下几种。

- 硬盘的连接或设置错误：硬盘的数据线或电源线和硬盘接口接触不良，造成硬盘无法工作。在同一根数据线上连接两个硬盘，而硬盘的跳线没有正确设置，造成BIOS无法正确识别硬盘。
- 硬盘的引导区损坏：由于感染了引导型病毒，硬盘的引导区被修改，导致电脑无法正常读取硬盘，此故障通常提示“Invalid partition table”信息。
- 硬盘被逻辑锁锁住：由于遭受“黑客”攻击，电脑的硬盘被逻辑锁锁住，导致硬盘无法正常使用。
- 硬盘坏道：硬盘由于经常非法关机或使用不当而造成坏道，导致电脑系统文件损坏或丢失，电脑无法启动或死机。
- 分区表丢失：由于病毒破坏造成硬盘分区表损坏或丢失，将导致系统无法启动。
- 硬件部件损坏：包括主轴电机、磁头、音圈电机、接口电路等损坏，将导致硬盘无法正常工作。

3. 硬盘故障常用诊断方法

硬盘产生故障的原因会有很多种，所以维修方法也是不一而足。下面就来了解一下诊断硬盘故障的常用方法。

- 程序诊断法：针对由硬盘引起的系统运行不稳定等故障，用专用的软件来对硬盘进行测试，如Scandisk、NDD等。经过这些软件的反复测试，就能比较轻松地找到一些由于硬盘坏道引起的故障。
- CMOS检测法：将硬盘接到计算机中，然后开机进入COMS程序，通过检查计算机COMS是否能检测到硬盘，来排除硬盘的部分故障，如COMS检测不到硬盘，则可能是硬盘的接口故障、电路板故障等。
- 清洁法：清洁法是通过清理硬盘来解决问题的方法。清洁的对象一般是硬盘的接口、PCB电路板和盘体的触点等。
- 分区法：分区法主要是通过分区修复硬盘被感染病毒，无法引导的故障，或隐藏硬盘的坏道，减少坏道的“传染”。分区常用的软件主要有FDISK、Partition Magic等软件。
- 低级格式化法：低级格式化法是通过低级格式化硬盘来修复磁盘坏道的维

修方法，常用的低级格式化软件有DM等。

- 杀毒软件修复法：杀毒软件修复法是使用杀毒软件修复硬盘故障的方法。病毒和黑客程序往往是导致硬盘故障的重要因素，使用杀毒软件可以恢复硬盘数据和删除病毒、木马程序来解决硬盘故障。

4. 硬盘故障常用维修方法

当硬盘出现了故障时，可以采用如下解决方法进行检修。

- 检查BIOS中硬盘是否被检测到。如果BIOS中检测到硬盘信息，则可能是软故障。
- 用相应操作系统的启动盘启动计算机，看是否有各个硬盘分区盘符。
- 检查硬盘分区结束标志（最后两个字节）是否为55 AA；活动分区引导标志是否为80（可以借助一些工具来查看，如KV3000等）。
- 用杀毒盘杀病毒。
- 如果硬盘无法启动，可用系统启动盘启动，然后输入命令“SYS C：”后按下【Enter】键。
- 运行“scandisk”命令以检查并修复FAT表或DIR区的错误。
- 如果软件运行出错，可重新安装操作系统及应用程序。
- 如果依旧出错，可对硬盘重新分区、高级格式化，并重新安装操作系统及应用程序。
- 如果还没有效果的话，那么只能对硬盘进行低级格式化。

Last

新手问答——排忧解难

下面，针对初学者学习本章内容时容易出现的问题或错误，进行相关的解答，帮助初学者顺利过关。

Q1 电脑开机自检时出现的错误代码是什么意思？

当电脑开机自检到相应的错误时，会以两种方式进行报告，即在屏幕上显示出错信息或以报警声响次数的方式来指出检测到的故障。

常见的代码（不一定是错误代码）如下所示。

- Press ESC to skip memory test（内存检查，可按【Esc】键跳过）：如果在 BIOS 内并没有设定快速加电自检的话，那么开机就会执行内存的测试，如果不想等待，可按【Esc】键跳过或将CMOS设置中的“Quick Power On Self Test”项设置为“Enabled”。

- HARD DISK INSTALL FAILURE（硬盘安装失败）：硬盘的电源线、数据线可能未接好或者硬盘跳线不当出错误（例如一根数据线上的两个硬盘都设为 Master 或 Slave）。
- Hard disk(s) diagnosis fail（执行硬盘诊断时发生错误）：这通常代表硬盘本身的故障。可以先把硬盘接到另一台电脑上试一下，如果问题依旧则可能是硬盘已经出现损坏，只有送修。
- Memory test fail（内存检测失败）：通常是因为内存不兼容或故障所导致，可用替换法来逐一排查。
- Press TAB to show POST screen（按【Tab】键可以切换屏幕显示）：有些OEM 厂商会以自己设计的显示画面来取代 BIOS 预设的开机显示画面，此提示就是要告诉使用者可以按【Tab】键来把厂商的自定义画面和BIOS预设的开机画面进行切换。

Q2 电脑开机自检时发出嘟嘟警报声是什么意思？

电脑启动时如果遇到硬件方面的故障，在POST自检时会通过报警声响次数的方式来指出检测到的故障。但由于目前主板BIOS类型又有AWARD和AMI两种版本之分，所以不同类型的BIOS其自检响铃次数所定义的自检错误是不一样的。

1. AMI BIOS

- 1短：内存刷新失败。
- 2短：内存ECC较验错误。
- 3短：系统基本内存检查失败。
- 4短：系统时钟出错。
- 5短：中央处理器（CPU）错误。
- 6短：键盘控制器错误。
- 7短：系统实模式错误，不能切换到保护模式。
- 8短：显示内存错误（显示内存可能坏了）。
- 9短：ROM BIOS检验和错误。
- 1长3短：内存错误（内存损坏，请更换）。
- 1长8短：显示测试错误（显示器数据线松脱或显卡未插稳）。

2. Award BIOS

- 1短：系统正常启动。
- 2短：常规错误，请进入CMOS SETUP重新设置不正确的选项。
- 1长1短：RAM或主板出错。
- 1长2短：显示错误（显示器或显示卡）。
- 1长3短：键盘控制器错误。
- 1长9短：主板FlashRAM或EPROM错误（BIOS损坏）。
- 不断地响（长声）：内存不稳或损坏。
- 重复短响：电源问题。
- 无声音无显示：电源问题。

Q3 ADSL拨号时，出现了各种错误代码，怎样处理？

这通常是由宽带服务商端的信息输出出现错误，可致电服务商客服报修。了解一些常见的宽带拨号错误代码及处理方法，也可以方便用户更快地排查网络故障，下面将这些错误代码进行说明。

- 错误代码606：拨号网络不能连接所需的设备端口。注意检查网线和ADSL Modem的连接情况。
- 错误代码619：与ISP服务器不能建立连接。这通常是因为宽带服务商的线路故障造成，在确认ADSL Modem信号灯异常情况下，致电宽带服务商予以解决。
- 错误代码645：网卡没有正确响应。可在设备管理器中查看网卡设备工作是否正常，最好再重新安装一次网卡驱动程序。
- 错误代码678：远程计算机没有响应，断开连接。首先要排除网卡与ADSL Modem的连接问题，可用“Ping”命令来判断；然后检查ADSL Modem信号灯是否能正确同步；然后删除所有网络组件重新安装网络；恢复系统到较早时间；致电宽带服务商询问。

Q4 新购买的扫描仪接上电脑后，发现扫描头不能移动，怎样处理？

这是因为扫描仪底部有一个保护锁，锁上之后，扫描头就不能移动。这个锁的目的是为了保护扫描仪的光学器件不随便移位，在搬动扫描仪时，应将此锁关上。新购买的扫描仪保护锁都是关上的，如不将之打开，扫描仪是不能正常工作的。

Q5 电脑升级内存后黑屏是怎么回事？

为电脑升级内存，新购一根2GB内存条和原来的1GB内存条混合使用；安装完成后开机，屏幕却无任何反应，且出现长短不一的报警声。

这种情况通常是因为新旧内存不匹配引起的。内存的升级，一定要注意新加的内存条要和原机的相匹配，否则极易出现因为不兼容而导致的无法启动等故障。因此正确的内存升级原则就是：选用和原机同品牌、同频率的内存条。

CHAPTER 10 坚持做好电脑日常维护

关于本章

本书最后要学习的是电脑的日常维护方法。电脑作为一个精密的电子设备，其实对环境的要求也是不低的，环境中的灰尘和潮气，对电脑的损害很大。本章全面地讲解了电脑外围设备和主机内设备的使用方法和维护方法，通过这些方法，可以延长电脑的寿命，减少电脑的硬件故障。

知识要点

- 电脑外设的日常维护方法
- 电脑核心部件：主板、CPU和内存的日常维护方法
- 硬盘的日常维护方法
- 光驱的日常维护方法
- 机箱与电源的日常维护方法

效果展示

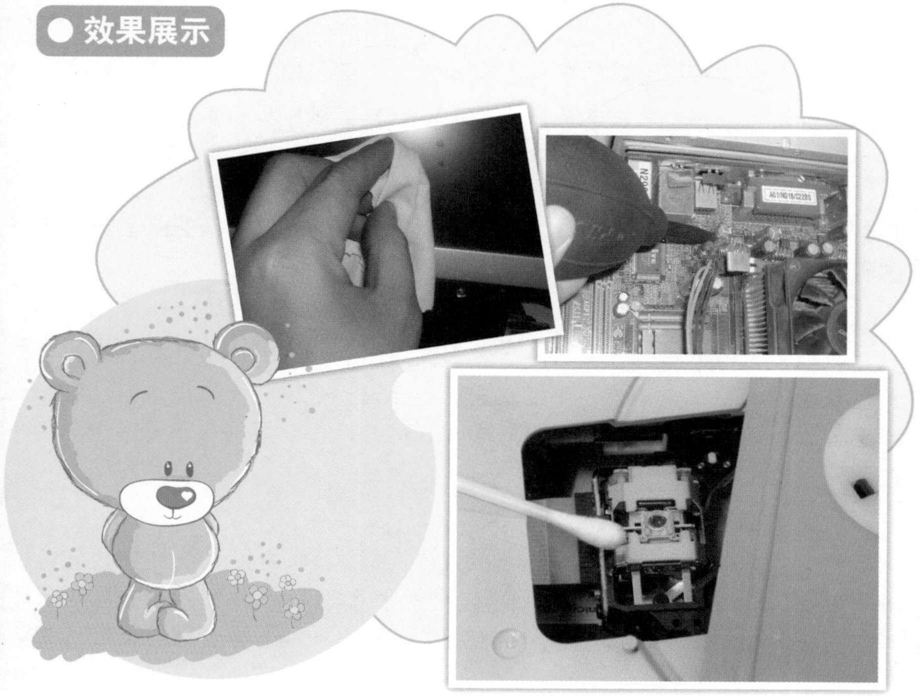

First 新手入门——必学基础

电脑的外部设备维护相对来说比较简单，因为无需打开机箱，基本上比较安全，不会造成什么损害。

主题 1 掌握显示器的日常维护方法

环境条件和人为因素是造成显示器故障的主要原因。因此，了解和掌握显示器的一般维护常识和保养方法对于用户而言非常重要。下面就来介绍显示器的常用维护和保养方法。

1. 显示器使用注意事项

在平常使用显示器时，应注意以下事项。

（1）远离潮湿的空气

在使用显示器时，应尽量保证室内湿度不要太高，这样可有效防止显示模糊的故障出现。不要在有电脑的房间内养花草、烧水做饭等，显示器要离空调远一些。

如果发现CRT显示器的屏幕上有雾气，应该用软布将其轻轻地擦去，然后才能打开电源；如果长时间不用的CRT显示器，可对其定期通电工作一段时间，这样可将显示器内部的潮气驱赶出去。

如果LCD显示器内部已经有结露，必须将其放到较温暖的地方，让其中的水分和有机化合物自然蒸发，千万不要对发生这种情况的LCD显示器通电，否则会导致液晶电极腐蚀，从而造成永久性损坏。

（2）合理摆放

在平时使用电脑时，用户应尽量避免显示器靠近电冰箱、空调等容易产生磁场的大功率电器。否则CRT显示器会因为被磁化而出现偏色，不能正常显示图像（LCD一般不会被影响）。另外，显示器的显示屏一定要背向阳光，以免显像管过早老化。

（3）注意通风散热

有的用户为了防止灰尘进入显示器内部，可能将显示器外壳用布盖住，这样反而影响了显示器的正常散热。长此以往，显示器内的各种元件（包括显像管在内）就会因长期工作在高温下而过早老化或造成虚焊故障。

（4）避免触摸显示屏

对于显示屏，特别是LCD显示屏，使用时应尽量避免用手或笔等物体去触摸，这样会在显示屏上留下很多难以清除的污渍。另外在显示器上，不要摆放过重的物体，以免压伤显示器屏幕。

（5）长时间离开电脑应关闭显示器

对于CRT显示器而言，如果长时间不用电脑，可设置屏幕保护程序来保护显示器。但这种方法对于液晶显示器来说意义不大，正确的方法是直接关闭显示器的电源。

2. 清洁显示器

显示器的清洁分为两个部分：清洁显示器外壳和清洁显示屏。

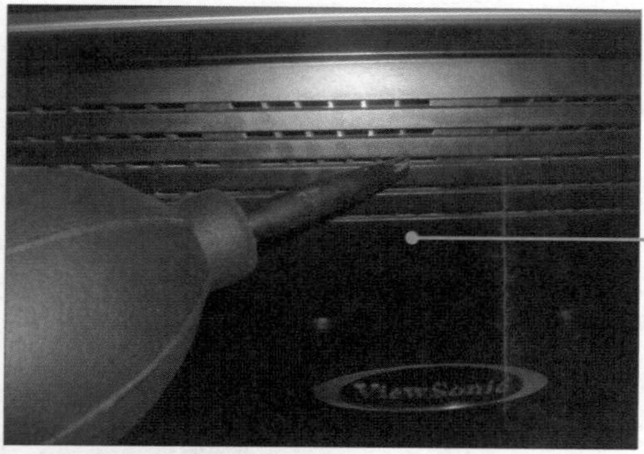

1 使用干布擦去或皮老虎来吹去外壳灰尘，再用湿润的布（不能滴水）擦拭。

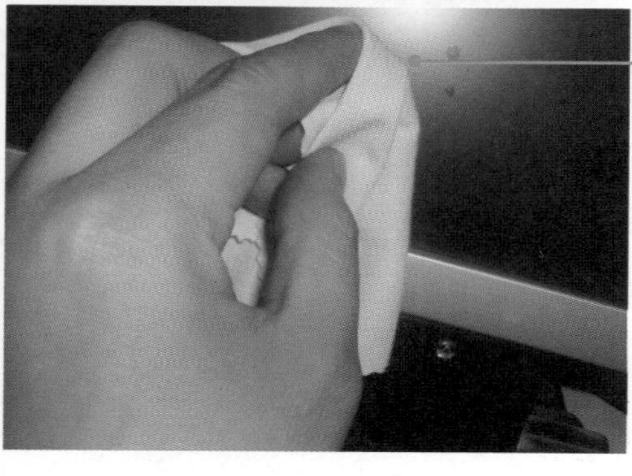

2 用湿润的布（不能滴水，不能蘸酒精等有机溶剂）擦拭屏幕，再用干布擦干。

主题 2 掌握其他外围设备的日常维护方法

由于显示器是比较贵重的设备，因此对它的维护进行了单独的讲解。

对于其他相对比较廉价的外设的维护方法，在下面集中进行讲解。

1. 维护键盘与鼠标

键盘与鼠标是使用最频繁的输入设备，也是最容易弄脏和损坏的设备。键盘里容易掉进很多杂物碎屑以及泼溅的各种饮料等，这些东西过多会影响键盘按键的弹起速度和灵敏度，因此要定时清理。鼠标的清理相对来说要简单得多，只需定时擦拭其表面即可。

键盘的清洁要点如下。

- 在清洁键盘时，可以先将键盘表面的灰尘及杂物用毛刷轻扫一遍。
- 将键盘翻转，正面朝下轻磕，会把键盘内隐藏的一些小杂物清理出来。
- 用抹布蘸少许清洁液，轻轻擦拭键盘表面和键帽。
- 然后用棉签蘸少许清洁液，将每颗键帽周围的缝隙全面擦拭一遍。
- 最后用潮湿的干净棉布再擦拭一次，基本就可以把键盘表面清理干净了。
- 如果有某个键位弹起不顺畅，可将其键帽撬开，用棉签蘸酒精清洗里面的污垢，然后再扣上键帽即可。

鼠标的清洁方法更简单，按照如下方法进行。

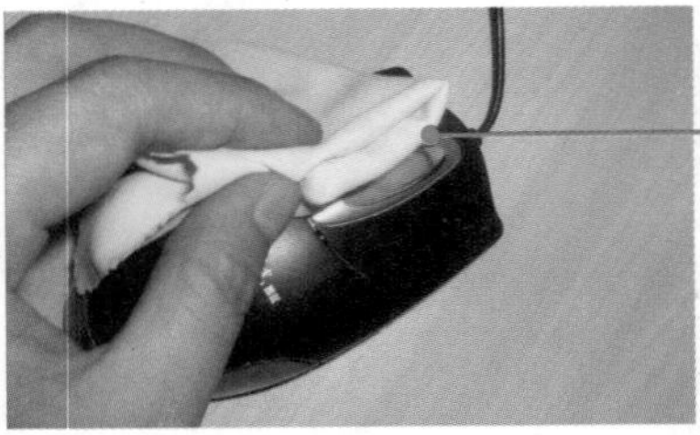

❶ 用抹布蘸少许清洁液，将鼠标外壳及按键清理干净。

教您一招：清理机械鼠标

如果万一还在使用机械鼠标，可将鼠标底部的盖子旋开，取出里面的小球清洗干净，再把里面纵横排列的两根轴清理干净即可。

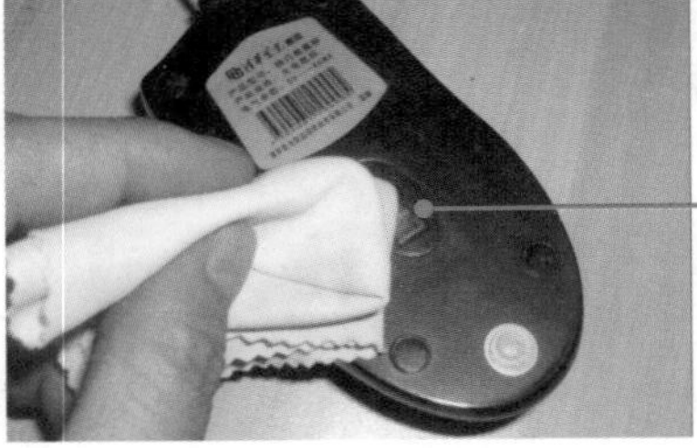

❷ 将鼠标翻转过来，清洁鼠标的底部发光二极管处的污垢。

专家提示

清理完鼠标之后，不要忘记还要清理鼠标垫。鼠标垫上容易积起灰尘、油脂等，如果条件允许的话，可以使用餐具洗洁精进行清洗，并用清水漂净后悬挂晾干。

2. 维护打印机

常用打印机分为三种：激光打印机、喷墨打印机和针式打印机。三者的结构完全不同，维护方法也有所区别。

（1）激光打印机

激光打印机内部结构复杂，存在着光学、电子部件，这些部分不是专业人士最好不要去拆开进行维护。用户可以自行维护的是硒鼓，硒鼓为有机硅光导体，存在着工作疲劳问题，因此，连续工作时间不可太长，若输出量很大，可在工作一段时间后停下来休一会儿再继续输出。有的用户用两个粉盒来交替工作，也是一种办法。至于硒鼓的保养维护，一般可按如下进行。

- 小心地拆下硒鼓组件，用脱脂棉花将表面擦拭干净，但不能用力，以防将硒鼓表层划坏。
- 用脱脂棉花蘸硒鼓专用清洁剂擦拭硒鼓表面。擦拭时应采取螺旋划圈式的方法，擦亮后立即用脱脂棉花把清洁剂擦干净。
- 用装有滑石粉的纱布在鼓表面上轻轻地拍一层滑石粉，即可装回使用。
- 平常在更换墨粉时要注意把废粉收集仓中的废粉清理干净，以免影响输出效果。因为废粉堆积太多时，首先会出现“漏粉”现象。

（2）喷墨打印机

喷墨打印机的墨水是液体，喷头也很细，如果墨水干涸导致喷头被堵，就很麻烦。要让喷墨打印机正常工作，可按照下面的规则来维护保养。

- 要保持打印机有清洁的工作环境，包括打印的纸张清洁干净，以免环境中或打印纸上的杂质颗粒造成堵头。
- 墨盒一旦装机，在未确信要将其更换之前，不要将其从打印机上取下及再装入，因为将墨盒从打印机上取下，会使空气进入墨盒的出墨口，再装机后这部分空气会被吸入打印头而使打印机出现空白，并对打印头造成致命损害。
- 一定要先关机再断电，因为不论是人为还是非人为的断电，都是不正常情况，并会对打印机寿命造成严重影响。一旦出现非正常断电，请及时让打印头回复到停机待命位置，以避免打印头喷孔干涸造成堵头而形成永久性损害。

- 更换墨盒必须按《使用手册》中规定的程序进行。任何违反规定程序的更换墨盒操作不仅会对打印机的机械部件造成破坏。还会使打印机不能正常识别新旧墨盒，导致打印机不能正常工作，影响打印效果。
- 旧墨盒用完及从打印机上取走后，都应立即换上新墨盒，否则，让打印机过长时间地暴露在空气中会使打印头干涸而造成不可修复的损害。

（3）针式打印机

针式打印机使用细针击打覆盖在纸张上的色带，从而在纸张上留下由一个一个黑点组成的字符。针式打印机的维护方法如下。

- 打印机必须放在平稳、干净、防潮、无酸碱腐蚀的工作环境中，并且应远离热源、震源和避免日光直接照晒。
- 要保持清洁。定期用小刷子或吸尘器清扫机内的灰尘和纸屑，要经常用在稀释的中性洗涤剂（尽量不要使用酒精等有机溶剂）中浸泡过的软布擦拭打印机机壳，以保证良好的清洁度。
- 打印机上面请勿放置其他物品，尤其是金属物品，如大头针、回行针等，以免将异物掉入针式打印机内，造成机内部件或电路板损坏。
- 针式打印机并行接口电缆线的长度不能超过2米。各种接口连接器插头都不能带电插拔，以免烧坏打印机与主机接口元件，插拔时一定要关掉主机和打印机电源，不要让打印机长时间地连续工作。
- 打印头的位置要根据纸张的厚度及时进行调整。在打印中，一般情况不要抽纸。因为在抽纸的瞬间很可能刮断打印针。
- 定期检查色带及色带盒，若发现色带盒太紧或色带表面起毛就应及时更换（不要使用质量差的色带），否则色带盒太紧会影响字车移动，色带破损则会挂断打印针。
- 应尽量减少打印机空转。许多用户在实际工作中，往往打开主机即开打印机，这既浪费了电力又减少了打印机的寿命，最好在需要打印时再打开打印机。

3. 维护扫描仪

普通家庭使用扫描仪来扫描照片，企业使用扫描仪来扫描资料，扫描仪是一种重要的输入设备，其维护和保养的要点如下。

- 扫描仪里面的光电转换设置非常精致，光学镜头或者反射镜头的位置对扫描的质量有很大的影响，因此在使用过程中，要尽量避免对扫描仪的震动或者倾斜。另外在运送扫描仪时，一定要把扫描仪背面的安全锁锁上，以避免改变光学配件的位置，或者造成其他的配件的损坏。
- 平时要认真做好扫描仪的保洁工作。扫描仪中的玻璃平板以及反光镜片、镜头，如果落上灰尘或者其他一些杂质，会影响图片的扫描质量。在清洁扫描仪时，使用润湿而不滴水的软布擦拭外壳，用镜头纸或眼镜布等擦拭玻璃板，以免刮花。注意不要用酒精、乙醚等有机溶剂擦拭。

4. 维护音箱

音箱是家用电脑里不可或缺的多媒体设备，有了音箱，才能够欣赏音乐和电影（耳机长时间佩戴会造成听力损伤，不推荐经常使用）。音箱的维护主要靠平时使用时多多注意。

- 音箱多是采用纸盆喇叭，纸盆喇叭对于液体非常敏感，因此尽量不要泼溅液体到音箱上，万一泼溅了，立即断电并吸干液体，以免纸盆吸水变形以及液体渗进音箱内部造成短路。
- 环境温度至少应控制在10℃～40℃之间，一般说来。音箱要放置于相对湿度50% ～ 80% 之间。过于湿润的环境会使得机内元器件过早失效，或机体内外生锈。
- 音箱上不宜放置物品，过重的物品会让音箱变形，尤其是木质音箱，变形之后音质会下降。

Next 新手提高——技能拓展

前面讲解了外围设备的日常维护方法，接下来讲解难度稍微高一些的主机内部设备的维护方法。

主题 1 掌握主板的日常维护方法

主板上遍布着众多的电子元件和电路，任何不恰当的安装和拆卸都有可能导致主板产生故障，因此用户在使用主板时应多加注意。

1. 主板使用注意事项

主板安装和使用时，都需要注意一些地方，以免造成损坏，主要的因素有静电和形变两种。

（1）防止静电

电脑硬件对静电放电极其敏感，用户在用手接触前要释放身上的静电，避免损坏硬件上的电气元件。

用户在操作电脑前最好事先洗手，并用棉布擦干。操作时先用一只手接触电脑机箱裸露的金属表面，然后用另一只手与电脑配件的静电防护袋接触，至少保持两秒钟的时间以使静电尽量释放。

用户在从静电防护袋中取出硬件时（尤其是板卡），最好只拿住硬件的边缘部分，避免触及电路和集成电路芯片。

（2）防止形变

主板形变可能导致主板电路断裂、电子元件脱焊及各种插槽松动等故障，因此在携带主板时，最好将主板放入其包装盒中。

另外，在安装主板时，要保证主板平稳地固定在机箱上，切忌出现偏移和倾斜。在拔插主板上的配件时，也要注意平均施力，避免用力过猛对主板造成损害。

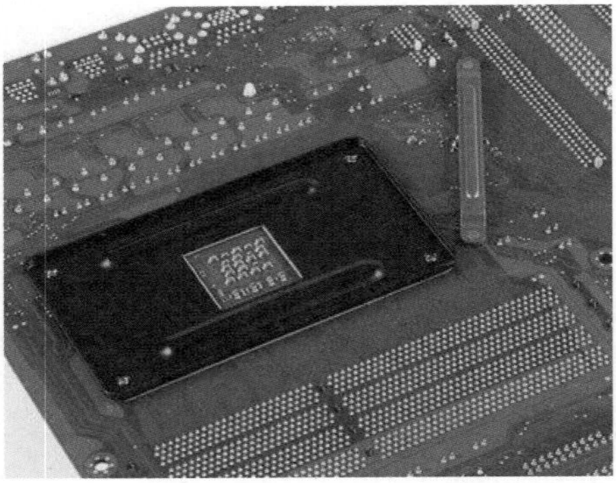

教您一招：主板扣具

如果条件允许的话，建议用户在主板背面安装防止形变的扣具，可大大增强主板的抗形变能力。

2. 清洁主板

主板上的电子元件密布，很容易积累空气中的灰尘，不仅看起来肮脏无比，同时会导致元件温度升高，稳定性下降，还有可能引起短路，给电脑带来极大的危害。

（1）清洁电路板

主板电路板上是积聚灰尘最多的地方，应重点进行定时扫除。

A01/N018/C228S
1 用皮老虎将电路板上的灰尘吹走。
2 如果有些顽固的灰尘难以吹掉，可使用毛刷将之刷去。注意毛刷必须是干的，不要使用湿毛刷。

（2）清洁插槽

插槽是连接主板与各种板卡、数据线的部件，如果插槽中灰尘过多，可能会导致接触不良。

插槽中的灰尘同样是先用皮老虎吹去，吹不动的，再使用毛刷刷走。

（3）清洁散热片

随着硬件技术的飞速发展，主板芯片要处理的数据量也越来越大，其发热量也随之增加。所以目前几乎所有的主板南北桥上都覆盖着散热片，如果主板散热片上覆盖的灰尘过多，就会导致芯片组散热不良，引起死机等电脑故障。

散热片的清洁，可以使用皮老虎和毛刷，但如果上面有顽渍，可以使用干布来进行擦拭。

主题 2 掌握CPU的日常维护方法

CPU作为电脑的核心硬件，一般情况下很少出现故障，但如果CPU长期处于非正常环境下工作（如高温、超频等环境），就可能导致CPU出现故障。

1. CPU使用注意事项

CPU是比较脆弱的硬件设备，用户在日常使用电脑的时候，应该注意呵护CPU，让其工作在一个良好的工作环境下。

（1）注意散热

CPU的散热不好，将导致CPU内部温度过高，从而引发电脑死机故障。所以用户在使用电脑时，注意不要将其放置在过于密闭的环境中，同时要定时清理CPU风扇和散热片上的灰尘。

（2）注意工作电压

很多电脑用户喜欢将CPU超频后使用，以获取更高的频率。但要注意超频时不要将CPU的工作电压设置得过高，否则容易将CPU烧毁。

2. 监控CPU的温度

CPU过热会对CPU造成严重伤害，用户可使用软件对CPU的温度进行监控，以便及时发现故障，如下图所示。

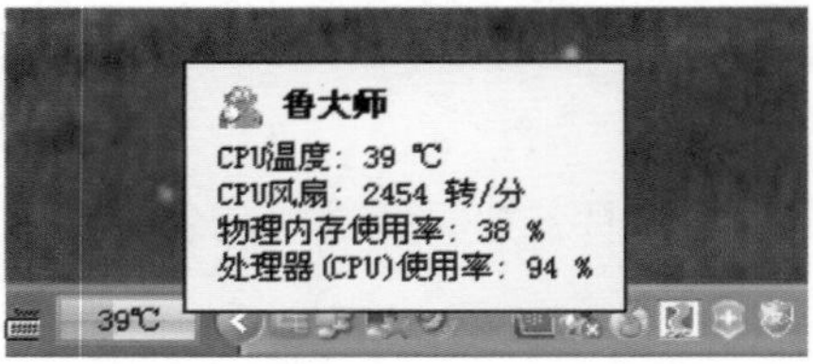

教您一招：手写输入技巧

目前监控CPU温度的应用软件有很多，比如著名的“鲁大师”。

3. 清洁CPU风扇

CPU由于其本身比较脆弱，尤其是针脚，任何一根都不能损坏，所以不能像清洁主板那样来进行维护。一般在维护CPU时，都是对其风扇和散热片进行清理。

❶ 用毛刷和皮老虎打扫散热风扇。

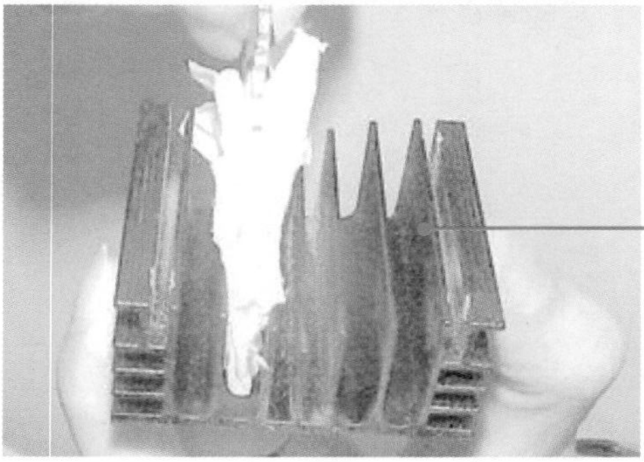

❷ 用纸巾包在钥匙上，将钥匙推进散热片的凹槽中进行擦拭。

3 揭开风扇上的封纸和中心的塑料盖。

4 往中间滴入润滑油（如缝纫机油，摩托车、汽车机油等）。

5 然后将风扇以相反的顺序安装好即可。如果封纸失去粘性，可用胶水将其粘牢。

主题 3 掌握内存的日常维护方法

相对来说，内存比主板、CPU更容易出故障，因此，在平时维护操作中，更要多加注意。

1. 内存拔插注意事项

内存在安装、清洁和更换时都需要插拔。插拔内存需要注意以下几点。

- 切勿带电插拔。带电插拔极容易烧毁内存或内存插槽。
- 插拔时，须让内存垂直于插槽，不然容易造成内存或插槽损伤。
- 插拔前须打开卡扣，如插拔不动，切勿强行操作，应检查卡扣是否打开，或者是否搞混了内存的正反面。
- 插拔时与平时拿住内存时，注意不要用手接触内存的“金手指”部分，以免汗液对之造成腐蚀，导致接触不良。

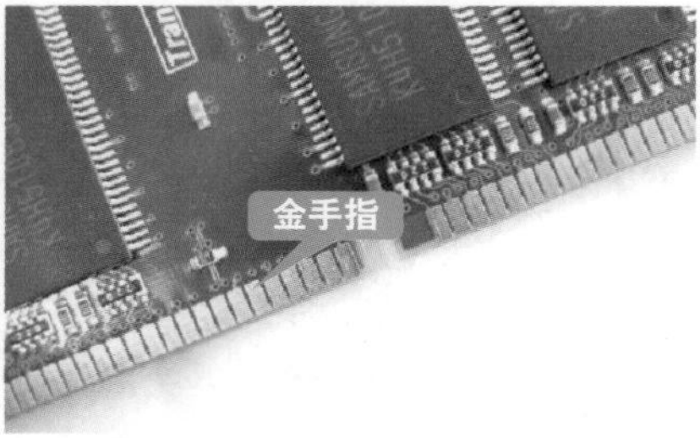

专家提示

金手指是配件与插槽之间的连接部件，由于它是由众多金黄色的导电触片组成，排列如手指状，所以一般被形象地称为“金手指”。

2. 清洁内存

内存条的安装位置由于靠近CPU风扇附近，所以极易沾染灰尘。这些灰尘如果掉落到内存插槽中，久而久之就会影响到金手指与内存插槽的接触，因此用户应定期对内存条进行清理。

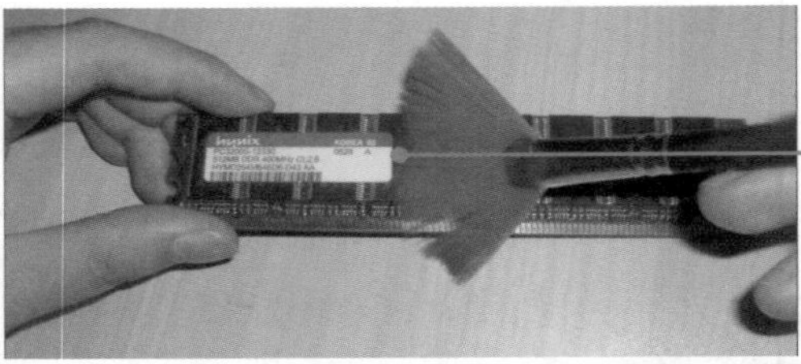

❶ 使用皮老虎或毛刷清除掉内存颗粒上的灰尘。

❷ 使用橡皮擦擦去金手指上的污垢。

主题 4 掌握硬盘的日常维护方法

硬盘是存放资料的设备，开启时以每分钟数千转的速度工作，既有机械装置，也是“发热大户”，因此它的维护工作也不能轻视。

1. 硬盘使用注意事项

在日常使用电脑时，应注意养成以下良好习惯，以保证硬盘能够长期高效地运行。

（1）避免震动与撞击

硬盘在进行读写时，磁头在盘片表面的浮动高度只有几微米，所以此时千万不要移动硬盘，以免磁头与盘片产生撞击，导致盘片被划伤，造成数据区损坏和硬盘内的文件信息丢失。在硬盘的安装拆卸过程中也要多加小心，严禁摇晃磕碰。

（2）防止高温

硬盘的主轴电机、步进电机及其驱动电路工作时都要发热，在使用中要注意控制环境温度。在炎热的夏季，要注意控制硬盘周围的环境温度低于40℃。

（3）定期整理硬盘

用户应该为硬盘建立一个清晰整洁的目录结构，为工作带来方便的同时，也避免了软件的重复放置和垃圾文件过多浪费硬盘空间，影响运行速度。另外还要注意定期整理硬盘碎片和及时扫描磁盘错误。

2. 清洁硬盘

硬盘工作环境中如果灰尘过多，或者过于潮湿，都有可能引起硬盘故障，因此除了平时要对硬盘做定期清洁以外，还要保持环境卫生，减少空气中的含尘量，并控制湿度。

清洁硬盘的工作很简单，一般就是使用皮老虎或毛刷除去硬盘电路板以及接口附近的灰尘即可，另外还可以用干布将硬盘擦拭干净。

主题 5 掌握光驱的日常维护方法

光驱属于较易损耗的设备，如果用户平时注重对光驱的维护，就能大大延长光驱的使用寿命。

1. 光驱使用注意事项

（1）保持光驱水平放置

在安装光驱时，用户应尽量保持光驱的水平放置。否则光驱在读取光盘时，会因重心不平衡导致读盘能力下降，严重时还会损伤到激光头。

（2）正确放入光盘

用户在向光驱中放入光盘时，应确保光盘的平稳放置，不要有倾斜和偏移。另外在取放光盘时，手不要直接接触到光盘有反射涂层的一面，否则手上的汗液就会对光盘涂层产生腐蚀作用，影响光驱读盘。

（3）少用劣质、磨花的光盘

光驱在读取劣质或磨花的光盘时，会自动调高激光头的发射功率，这样将大大缩短光驱的使用寿命，所以用户应尽量避免用光驱读取此类光盘。

（4）尽量将光盘内容复制到硬盘上使用

可以将要经常使用的光盘制作成虚拟光盘镜像文件存放在硬盘上，通过虚拟光驱来进行读取，这样就可大大减少光驱的使用时间，有效延长光驱的使用寿命。

2. 清洁光驱

光驱经过长时间的使用，读盘能力就会降低，很多光盘都读不出来，而且即使能读出来，读盘的速度也是慢得可怜。此时应该进行光驱激光头的清洗，具体步骤如下。

1
拧开光驱背部的四颗固定螺丝，将光驱背板拆下。

2
用蘸清水的脱脂棉签轻轻擦拭光头表面。

注意在清洁光头时，同样不要使用诸如酒精之类的有机溶剂。

主题 6 掌握机箱与电源的日常维护方法

机箱是承载电脑内部配件的设备，电源是为电脑提供动力的设备，因为电脑城售卖机箱时，常常把电源和机箱一起搭配出售，因此用户习惯上将机箱和电源归为一类。下面就来看看二者的日常维护方法。

1. 维护机箱

机箱的维护比较简单，在断开电源的状态下，用软布轻轻擦拭机箱表面，去除上面的浮土即可。不可避免的，长时间运行电脑后，机箱内部也会聚积大量的灰尘，此时需要将机箱内的所有硬件设备拆除后，再进行清理。由于这项工作牵扯到其他硬件设备，建议用户每半年或一年清理一次即可。

2. 维护电源

机箱电源是为整个主机提供稳定电脑的重要设备，与CPU散热风扇一样，电源上积聚的灰尘也很多，因为电源也有一个较大的散热风扇。因此定期清除电源内的灰尘非常重要。

❶ 拧下电源外壳的固定螺丝，并取下电源外壳。

❷ 清除电源散热风扇上累积的灰尘。

❸ 清除电路板及元器件上面的灰尘。

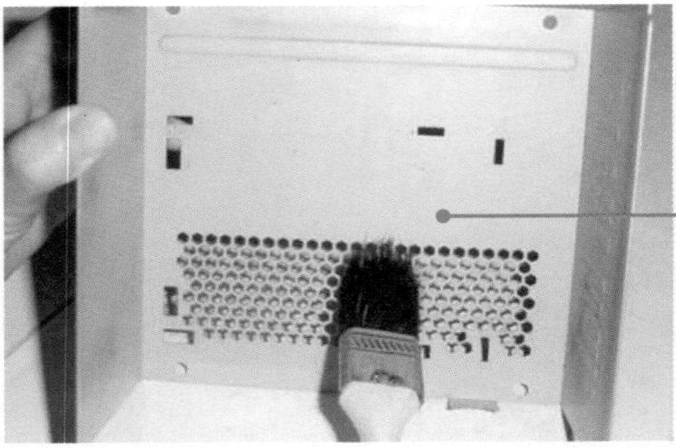

4 清除电源外壳内侧的灰尘。

Last 新手问答——排忧解难

下面针对初学者学习本章内容时容易出现的问题或错误，进行相关的解答，帮助初学者顺利过关。

Q1 怎样安全地清洁笔记本电脑的外壳?

笔记本外壳暴露于外面，很容易因指纹汗渍、灰尘污垢等玷污，为了减少灰尘、污垢带来的损伤，清洁笔记本外壳是有必要的。

不过由于笔记本外壳材质不同，其清洁方法也有所差异，譬如采用钛合金复合碳纤维的笔记本外壳，脏了只需用干净的软布蘸一点清水轻松擦一下即可。

如果采用的是铝镁合金，由于这种材质很容易掉色，为此建议使用汽车清洁蜡进行清洁。

采用ABS工程塑料的笔记本，或者笔记本屏幕内侧、键盘周围的边沿部分，建议用笔记本专用清洁剂清洁。

专家提示

如果笔记本外壳上印有字体，字体不能用汽车清洁蜡清洁，否则字可能会被清洁掉，外壳上的字体应该用干净的软布蘸一点液晶屏清洁液清洁。

Q2 键盘进水了怎么办?

很多用户喜欢在键盘旁放一个水杯，以便随时喝水，但有时候会不慎将水洒进键盘中，键盘的按键随即失灵。

当出现这样的情况时，可立即关闭电脑，拔下键盘并拧开键盘后盖螺丝，打开键盘，将电路板和导电橡胶皮上的水擦干，再用电吹风低温档吹干即可。

专家提示

如果担心键盘被泼水，有两种方法可以解决：一是购买防水键盘，防水键盘的主键区一般能防水泼水溅，有的甚至能防水洗，但小键盘区因为集中了控制电路，一般只能防水泼水溅；另外一种方法是购买硅胶做的键盘保护膜，贴上膜以后不仅可以隔绝液体，连其他残渣碎屑都无法再进入键盘，不过缺点是贴膜后打字手感不佳。

Q3 如何为笔记本电脑液晶屏做清洁？

液晶屏不可以用有机溶剂清洁，也不可以用一般的织物擦拭，最理想的方案是使用纯净水和镜头纸，也可以用软纸巾或软布蘸液晶屏清洁液来进行。

清洁前建议用皮老虎吹去液晶屏上的浮尘，而且要顺着一个方向吹。如果使用纯净水和镜头纸清洁，首先用纯净水将镜头纸润湿，之后按照从屏幕中心向周围的顺序轻轻擦拭。

如果使用软纸巾或软布配合液晶屏清洁液，先将清洁剂倒一部分在干净的软抹布上，接着轻轻擦拭液晶屏即可；或者将清洁液喷洒在屏幕上，注意不要喷太多，以免清洁剂滴到液晶屏里面，然后用干的软纸巾擦干屏幕即可。

Q4 夏天电脑经常自动重启，如何解决？

在夏天电脑经常自动重启，经检查，电脑并未中毒，而且电脑温度也并不高（在空调房中）。

夏天电脑自动重启，主要原因是使用空调的人过多，造成电压不稳，导致电脑自动重启。解决的方法很简单，购买一个不间断电源（UPS），接在电脑上即可起到稳定电压的作用。不仅如此，UPS还可以在停电时为电脑提供数分钟的电力，供电脑保存数据并正常关机之用。

专家提示

有的用户使用家用稳压器来为电脑提供稳定的电压，其实这样不可取，因为稳压器并不是为电脑这样的精密电器设计的，稳压器的每一次稳压操作都会造成电流短暂中断，这对一般电器来说没有任何危害，但对电脑来说则有可能造成硬盘等设备的损坏。因此最好还是为电脑配置UPS来稳压。

Q5 针式打印机断了一根针，能将就着使用吗？

针式打印机最常见的故障可能就是断针了。一旦断针，打出来的字总会缺行或缺点。这个时候更换打印头，总觉得太浪费。

其实网络上有些专门针对针式打印机的修补程序，它可以控制其他打印针来打印断针的部分，这样的程序有“针式打印机断针修复程序”或“断针即时打XP”等，适用于大多数24针打印机。

专家提示

要注意的是，虽然可以使用其他针来代替断针，但其他针的工作量也增加了，如果此时再让打印机进行长时间高强度的工作，那么其他针也很快会断掉。